아인슈타인과 논쟁을 벌여봅시다

和爱因斯坦一起吵个架

ISBN：9787121465673

This is an authorized translation from the SIMPLIFIED CHINESE language edition entitled《和爱因斯坦一起吵个架》published by Publishing House of Electronics Industry Co., Ltd., through Beijing United Glory Culture & Media Co., Ltd., arrangement with EntersKorea Co.,Ltd.

12명의 천재 물리학자가 들려주는 물리학 이야기

Band of Möbius

Schrödinger's cat

Law of conservation of momentum

Compactization

아인슈타인과 논쟁을 벌여봅시다

Rotation

Faraday's law of electromagnetic induction

후위에하이 지음 · 이지수 옮김
천년수 감수

An electron climbing the stairs

Where will the pencil fall

The structure of a string

미디어숲

추천의 글

　갈릴레이, 뉴턴의 시대부터 물리학자들은 다양한 수학적 도구를 이용한 실험을 실시했다. 이로써 여러 가지 효과적인 물리학 연구 방법들이 탄생하고 현대 고전 물리학이 빠르게 발전할 수 있었다. 이후 호이겐스, 패러데이 등 인류 문명을 빛낸 위대한 과학자들이 300여 년에 걸쳐 차곡차곡 고전 물리학이라는 거대한 빌딩을 완성시켰다.

　하지만 물리학의 발전은 여기서 끝나지 않는다. 거대한 빌딩이 완성되던 그 순간 모두가 잘 알고 있는 두 개의 먹구름이 하늘에 드리웠다. 20세기에 접어든 이후, 미시 세계의 물리 법칙에 관한 연구와 시공간 이론에 관한 연구가 활발하게 진행되면서 과학자들은 새로운 이론들을 제시하기 시작했고, 이를 통해 중대한 과학적 발견과 기술 혁신을 실현했다. 이 과정에서 여러 물리학의 거장들이 역사적인 무대에 등장했고, 그들의 지혜로운 사상이 끊임없이 충돌하면서 상대성 이론, 양자 역학, 전약 통일 이론$^{\text{Electroweak theory}}$, 끈 이론 등 수많은 창조적인 이론들이 탄생했다.

　이 책에서는 이러한 이론들의 탄생과 발전 과정을 깊이 있으면서도 알기 쉽게 설명하고 있다. 또한 공상과학 소설이나 영화에 자주 등장하는 다차원 공간, 평행우주와 같은 개념의 물리적인 배경 등을 소개한다.

우주학과 기본 입자의 연구 과정에서 무한대와 무한소의 개념이 조화롭게 통일을 이루었다. 최대 척도와 최소 척도가 연결되어 마치 뱀이 자기 꼬리를 물고 있는 형태가 만들어진 것이다. 수백 년의 물리학 발전 역사에는 간결하면서도 깊이 있는 철학적 원리와 과학적 사고 방법들이 담겨 있고, 이는 수많은 과학 작가들이 독자들과 나누고 싶은 주제이기도 하다.

그러나 오늘날 이미 출간되어 있는 자료들을 살펴보면 내용에 오류가 많고, 자칫 과학의 양극단으로 치우치게 만드는 책들이 많다. 또 일반 독자들이 편하게 읽을 수 있도록 복잡한 수학적 추론과 분석을 생략하고, 과학의 역사를 이야기 형식으로 풀어내 독자들이 과학자들의 탐구와 사고 과정을 진정으로 이해하는 데 도움이 되지 않고 있다. 또 어떤 책들은 수학적 추론과 분석에만 매달려 공식을 유도하는 데 주력하기 때문에 비전공자들이 물리학의 지혜에 접근하는 것을 방해한다.

그래서 저자는 아주 특별한 시각으로 접근해 수학 난이도와 이해 난이도의 절충을 이루었다. 또 이해하기 쉬운 설명과 적절한 수학적 추론을 통해 독자들이 물리학의 역사를 더 자세히 이해할 수 있게 했다.

이 책은 저자의 뛰어난 글솜씨와 체계적인 과학적 배경 지식 덕분에 쉽고 재미있게 읽을 수 있다. 이 책에서는 200년의 물리학 발전 역사와 이 과정에서 탄생한 중요한 이론들을 설명하고, 관련된 수학적 추론을 함께 살펴봄으로써 독자들이 물리학의 기본 개념과 이론 체계를 이해하는 데 큰 도움을 준다. 이 책은 총 11장으로 구성되어 있고, 각 장마다 하나 혹은 여러 개의 중요한 물리학 법칙이나 이론을 설명하고 있다. 학교에서 물리학을 접한 고등학생이나 비전공 대학생, 그리고 물리학에 관심이 많은 일반 독자들은 물론 수학이나 물리학에 대한 기본 지식이 아주 조금만 있더라도 누구나 읽을 수 있는 책이다.

이 책을 통해 많은 이들이 물리학에 더 많은 관심을 가질 수 있기를 바라며, 이 책이 물리학을 보다 더 깊이 이해하려는 독자들에게 좋은 참고 자료가 될 수 있기를 바란다.

후지차오

프롤로그

아주 오래전, 세상 사람들은 지구가 평평하다고 믿었다. 하늘은 지구 전체를 뒤덮는 투명한 덮개고, 달과 별은 우주를 아름답게 수놓은 하늘의 불덩이들이라고 생각했다. 이처럼 옛날 사람들이 세상을 이해하는 방식은 낭만적이었다. 그들은 직접 눈으로 관찰할 수 있는 자연 현상을 바탕으로 세상에 대한 보편적인 결론을 얻었고, 온갖 상상력을 발휘해 생동감 넘치는 신화들을 만들어내기도 했다. 동양에서는 하늘 위에 신선들이 사는 천상계가 존재하며, 보통 사람들도 수행을 통해 신선이 될 수 있다고 생각했다. 한편 서양에서는 올림푸스 산에 제우스를 포함한 모든 신들이 살고 있다고 여겼고, 인간세계와 마찬가지로 신들의 세계에도 분쟁이 존재하며 신들 간의 전쟁이 발생할 수 있다고 생각했다.

근대에 이르러 자연 과학은 비약적으로 발전하기 시작했다. 이론과 실험이 서로 호흡을 맞춰 협력하며 강력한 체계를 만들어 나갔고, 베일에 싸여 있던 대자연의 비밀이 밝혀지기 시작했다. 미시적인 측면에서 보면 세포에서 분자로, 원자에서 전자로, 양성자와 중성자에서 쿼크로 과학적인 접근이 대자연의 말단 구조에까지 이르렀다. 거시적인 측면에서 보면 사람들의 시야가 지구를 벗어나 태양계, 은하계를 포함한 온 우주로 뻗어나갔고, 곧 우주의 창조 원리를 이해하게 되었다.

인류는 대자연에 대한 광범위한 탐구를 통해 수많은 성과를 거두고, 깊은 곳에 감추어져 있던 자연의 비밀들을 하나씩 풀어나갔으며, 뉴턴, 아인슈타인, 갈릴레이 등의 위대한 과학자들을 탄생시켰다. 지구는 광활한 우주에서 보면 기껏해야 먼지 한 톨 크기에 불과하지만, 그 안에 살고 있는 인류는 자신들의 이해의 경지를 드넓은 우주로까지 확장해 나갔다. 그러고 보면 인간이란 정말 대단한 존재다.

오늘날 가장 정밀한 기구를 통해 관찰할 수 있는 최대치는 쿼크의 구조까지다. 그 이상은 아직 알 방법이 없다. 거시적인 측면에서는 우주의 경계 밖에는 무엇이 있는지, 우주 대폭발 이전에는 어떤 모습이었는지 등의 궁극적인 문제들이 향후 과학자들의 연구 과제로 남아 있다. 그 밖에도 과학자들은 미시적, 거시적인 양극단을 향해 연구를 계속할수록 '척도'가 대자연의 진상을 파헤치는 유일한 열쇠가 아닐 수도 있다는 생각에 도달했다. 다시 말해, 쿼크에 관한 수수께끼를 풀거나 우주 밖의 풍경을 이해한다고 해도 대자연에 관한 모든 문제의 답을 얻을 수는 없다는 의미다. 대자연의 모든 현상은 숫자와 관련되어 있고, 그렇기 때문에 모든 것은 '영(0)'과 불가분의 관계에 있다.

이 책은 쉽고 간결한 설명을 통해 과학자들의 눈에 비친 세상을 여러분에게 보여주고자 한다. 책을 읽다 보면 눈송이, 나비, 흐르는 강물, 빛, 모래알 등 일상생활에서 쉽게 볼 수 있던 것들의 새로운 모습을 발견하기도 하고, 깊이 있는 토론을 통해 현대 과학의 가장 심오한 영역을 탐구하며 대자연의 경이로움을 깨닫게 될 것이다.

국내외 기타 물리학 책들과 달리 이 책은 재미를 추구하는 동시에 과학적인 원리를 가능한 한 자세히 설명하고자 노력했다. 상대성 원리, 불확정성 원리, 대칭성 원리 등 어려운 물리학 원리도 복잡한 공식과 계산과정을 생략하면 더욱 간결하고 명확하게 이해할 수 있다. 이러한 원리들은 대부분 대자연에 대한 인류의 철학적 사고에서 출발한 것이므로 물리학에 대한 기본 지식이 없어도 이해할 수 있다.

마지막으로 이 책을 선택해 준 모든 독자에게 감사의 마음을 전한다. 필자의 학문적 소양의 한계로 일부 누락된 내용이나 오류가 있을 수도 있다. 만약 책을 읽다가 이러한 점을 발견한다면 기탄없이 지적해 주기를 바란다.

저자 후위에하이

차례

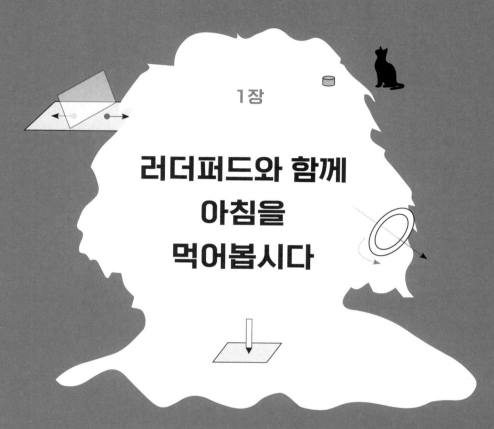

1장

러더퍼드와 함께
아침을
먹어봅시다

빵 한 조각으로 시작된 물질의 구성에 관한 고찰

1.1
아침 식사로 먹은 '빵'

톰슨은 이공계 대학의 신입생이다. 처음 학교에 입학했을 때, 그는 앞으로 4년간 자신의 전공인 물리학을 공부하며 대자연의 신비한 비밀을 풀어나갈 수 있을 거란 기대에 부풀어 있었다. 대학 캠퍼스는 녹음이 우거지고 잘 가꾸어진 아름다운 화단으로 둘러싸여 있었고, 백 년의 역사를 지닌 강의실 건물은 얼마 전 페인트칠을 새로 해 밝은 햇살 아래 반짝반짝 빛이 났다. 마치 이 건물에서 공부하는 학생들은 수백 년 동안 전해져 내려온 인류의 지혜를 모두 전수받아 더욱 훌륭한 인재로 거듭날 수 있을 것 같은 밝은 기운이 느껴졌다.

대학교 1학년 신입생의 일과는 매우 빡빡했다. 낮에는 종일 강의를 듣고, 저녁에는 그날 배운 내용을 혼자 복습하다가 밤늦게야 잠자리에 들었다. 톰슨은 보통 아침 8시쯤 일어났는데 8시 30분에 강의가 시작되기 때문에 세수하고 옷만 갈아입고 집을 나서기에도 시간이 빠듯했다. 당연히 제대로 된 아침 식사는 꿈도 못 꿨다. 그래서 톰슨은 매일 아침 빠르게 배를 채울 수 있는 빵으로 아침 식사를 대신했다. 바쁜 아침 빵 하나를 뚝딱 먹어 치우고 나면 금방 포만감이 느껴졌다. 늘 급하게 먹다 보니 빵 맛을 제대로 느껴볼 새도, 빵이 어떻게 우리 몸에 열량을 공급하는지 생각해 볼 새도 없었다.

빵의 주성분은 탄수화물이고, 탄수화물은 탄소(C), 수소(H), 산소(O) 세 가지 원소로 구성된 화합물이다. 탄수화물이 몸속에 들어오면 각종 효소에 의해 포도당으로 변하고 산화반응이 일어나면서 에너지를 방출하게 된다. 빵 200g은 대략 500kcal의 열량을 제공하며 이는 성인 한 사람이 반나절 정도 활동할 수 있는 열량이다. [그림 1-1]을 살펴보자.

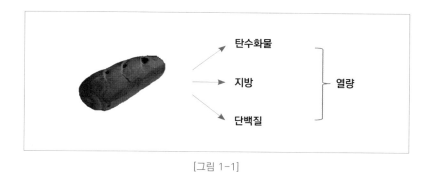

[그림 1-1]

그렇다면 이렇게 풍부한 열량을 제공하는 빵의 내부 구조는 어떻게 생겼을까? 빵의 진짜 모습을 알기 위해서는 원자 단위까지 깊숙이 들어가 봐야 한다.

1.2
운동장과 작은 개미

원자를 운동장에 비유하자면 그중에서 원자핵이 차지하는 부분은 작은 개미 한 마리 크기밖에 되지 않는다.

1.2.1 텅 빈 원자

1908년 영국의 물리학자 러더퍼드는 인류 역사상 가장 훌륭한 물리학 실험으로 손꼽히는 'α(알파) 입자 산란 실험'을 통해 미시 세계의 문을 활짝 열었다.

α 입자는 두 개의 중성자와 두 개의 양성자로 구성된 입자다. 러더퍼드는 얇은 금박(마이크로미터(μm)급 두께)에 α 입자를 빠르게 충돌시켜 관찰 결과를 기록했다. 러더퍼드는 이 실험을 통해 대부분의 α 입자가 직진하여 금박을 통과했지만 일부 극소수의 α 입자에서 [그림 1-2]처럼 90° 이상의 굴절이 나타난 것을 발견했다. 그리고 계산 결과 약 $\frac{1}{8000}$ 의 α 입자에서 비교적 큰 굴절이 나타난 것을 알 수 있었다.

이 과정은 흡사 쌀을 키에 올려놓고 키질하는 것과 비슷하다. 옛날에는 쌀에 모래나 자갈 등의 이물질이 섞여 있는 경우가 많았기 때문에 사람들은 쌀을 사 오면 먼저 키에 올려놓고 마구 흔들었다. 그러면 모래나 자갈 등의 이물질은 키를 통과해 제거되고 쌀만 남게 된다.

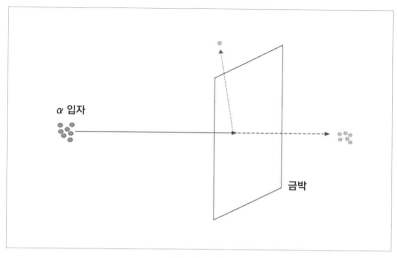

[그림 1-2]

키는 멀리서 보면 구멍이 없이 완전히 막혀있는 것처럼 보이지만 가까이 들여다보면 이물질이 통과할 수 있는 작은 구멍들이 많다.

α 입자를 쌀이라고 하고, 금박을 키라고 해 보자. 대부분의 α 입자들은 힘들이지 않고 금박을 직진하여 통과하고, 극소수의 α 입자만이 금박을 통과하지 못하고 걸려 있다.

러더퍼드 실험 설명

(1) 금박은 바람이 통하지 않을 만큼 빽빽한 구조가 아니라 다수의 미세한 틈을 가진 구조다.

(2) 금박 안에는 일부 걸러지지 않는 물질이 존재하지만 아주 극소량이다.

러더퍼드는 실험 결과를 바탕으로 원자 행성 모형을 제시했다. 이 모형에 따르면 금박은 원자로 구성되어 있고, 원자의 중심에는 원자핵이 있는데 전자들이 원자핵 주위로 움직인다. 그래서 원자 내부의 모습은 [그림 1-3]에서 보이는 것처럼 마치 행성이 항성 주위를 도는 것처럼 보인다. 원자에서 원자핵이 차지하는 면적은 아주 작기 때문에 대부분의 α 입자는 금박을 통과하고, 극소수만이 원자핵과 충돌해 튕겨 나온 것이다. 러더퍼드는 원자핵은 치밀해서 α 입자가 통과하기 어렵고, 반면에 원자의 나머지 공간은 넓은 편이라 α 입자가 쉽게 통과할 수 있는 거라 생각했다.

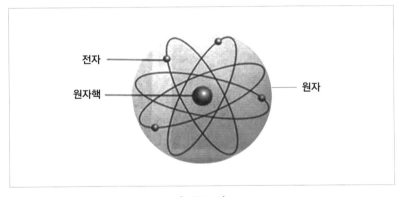

[그림 1-3]

인류는 아주 오랜 시간 물질의 구조에 대해 탐구해 왔다. 그리고 그동안 원자는 줄곧 물질을 이루는 가장 기본 요소로 여겨져 왔다. 마치 집을 지을 때 가장 기본적으로 필요한 벽돌처럼 말이다. 고대 그리스의 과학자 데모크리토스는 원자론에서 '원자는 물질을 구성하는 기본 요소고, 더 이상 분할할 수 없는 실체'라고 말했다. 그 이후 사람들은 원자론의 관점을 바탕으로 원자는 더 이상 분할될 수 없으며, 물질이 서로 다른 이유는 원자의 배열과 조합이 다르기 때문이라고 믿었다. 그런데 원자 행성 모형이 이러한 오래된 인식을 깨트렸다. 원자는 더 이상 분할할 수 없는 입자가 아닐뿐더러 원자 내부는 거의 텅 비어 있다는 사실이 밝혀진 것이다.

원자의 내부는 99.99%가 빈 공간이다. 원자는 지구상에 존재하는 거의 모든 물질의 기본 구조로, 원자의 텅 빈 내부 구조 역시 우리가 흔히 볼 수 있는 거의 모든 물체에 적용된다. 예를 들어 톰슨이 아침에 먹은 빵과 물을 원자의 각도에서 놓고 보면 [그림 1-4]처럼 텅 비어 있는 형태다.

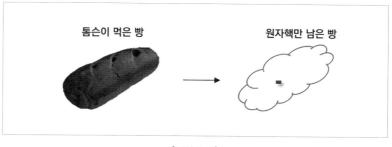

[그림 1-4]

원자의 내부가 이렇게 텅 비어 있다면 어째서 고무공 두 개가 서로 부딪혔을 때 관통하지 않고 튕겨 나가는 걸까? 그 이유는 고무공의 원

자들 사이에는 화학적 결합으로 구성된 분자가 있고, 또 분자들 사이에
서는 반데르발스 힘에 의한 결합이 생겨 결국 그물망 형태의 물체가 만
들어지기 때문이다. 즉, [그림 1-5]에서 보이는 것처럼 고무공 두 개가
서로 부딪히는 것은 그물망 두 장이 서로 부딪히는 것과 같으므로 상대
를 관통해 지나갈 수 없다.

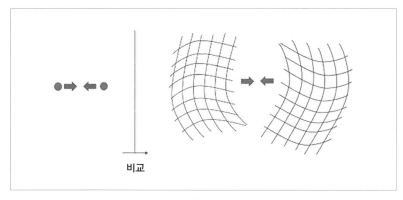

[그림 1-5]

　만약 α 입자와 같은 고에너지 입자를 고무공에 쏘면 고무공을 관통
할 확률이 매우 높다. 우주에는 '중성미자'라는 신비한 입자가 있는데,
이 중성미자는 지구에 도달해도 아주 쉽게 관통해 지나간다. 마치 처음
부터 지구라는 행성이 그곳에 없었던 것처럼 말이다. 중성미자가 이렇
게 지구를 관통할 수 있는 이유는 지구를 구성하는 각종 원자의 내부가
거의 텅 비어 있기 때문이다.

1.2.2 텅 빈 원자핵

1930년대 전까지만 해도 원자핵은 굉장히 치밀하고, 더 이상 쪼개질 수 없다고 알려져 있었다. 그러나 실험 기술이 발전함에 따라 과학자들은 원자핵을 세분할 수 있다는 사실을 발견했다. 앞서 얘기했듯이, 원자를 커다란 운동장에 비유한다면 원자핵은 그 안에 기어 다니는 작은 개미 한 마리 크기에 불과하다. 하지만 이러한 원자핵도 미세한 구조로 되어있고, 더 나아가 양성자와 중성자로 구성되어 있다. 1960년대에 이르러 과학자들은 양성자와 중성자가 쿼크로 구성되어 있다는 사실을 또 한 번 발견하게 되었다. [그림 1-6]을 살펴보자.

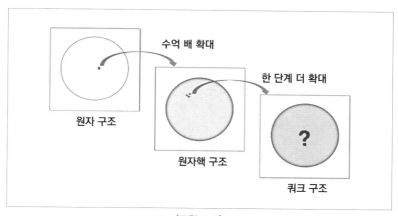

[그림 1-6]

측정 결과 쿼크의 직경은 약 10^{-18}m이고, 면적은 양성자와 중성자의 10억 분의 1에 불과한 것으로 나타났다. 결국 양성자와 중성자의 내부도 텅 비어 있다는 의미이기도 하다.

쿼크만 해도 이미 형용할 수 없을 정도로 작은 단위지만 크기가 10^{-35}m로 알려진 플랑크 상수와 비교해 보면 굉장히 큰 격차가 있다. 그리고 앞으로 과학 기술이 한 단계 더 발전하면 인류는 분명 쿼크보다 훨씬 더 작은 단위의 물질을 찾아낼 것이다.

쿼크보다 더 세밀한 구조가 존재하는지 여부를 떠나 현재까지의 관찰 결과를 종합해 보면 원자 내부는 텅 비어 있고, 원자핵을 구성하는 양성자와 중성자의 내부 역시 텅 비어 있으므로 쿼크를 구성하는 내부 구조 역시 비어 있을 가능성이 높다.

물질의 미시 구조 탐구는 탐정이 범죄 사건을 파헤치는 과정과 비슷하다. 탐정이 먼저 한 용의자를 지목했는데 그 사람은 죄가 없는 것으로 밝혀지고, 곧이어 또 다른 의심스러운 용의자를 찾지만 얼마 후 그 사람보다 더 의심스러운 용의자가 나타나는 상황을 생각해 보면 말이다. 현재까지 과학자들은 물질을 이루는 가장 최소 단위의 구성이 무엇인지 밝혀내지 못한 상태다.

톰슨이 아침 식사로 빵을 먹는 장면을 다시 생각해 보자. 얼핏 톰슨이 아주 큰 덩어리의 빵을 먹은 것 같지만 원자 내부의 텅 비어 있는 공간을 제외하면 실제로 먹은 양은 겨우 0.001%밖에 안 된다. 더 미시적인 관점에서 보면 이 정도면 생략해도 무방한 양이다. 그렇다면 과연 톰슨은 빵을 먹은 걸까?

1.2.3 텅 빈 우주

원자의 행성 구조에서 벗어나 광활한 우주로 시야를 확대해 보자. 우주의 행성 구조(태양계)를 가만히 관찰하다 보면 또 한 번 '텅 빈'이라는 표현이 떠오른다.

태양계의 직경은 1광년이 넘는다. 광선이 한쪽 끝에서 다른 한쪽 끝으로 이동하는 데 1년 넘는 시간이 걸린다는 의미로, 이것을 km로 환산하면 무려 약 9조 4,600억 km라는 어마어마한 거리가 나온다. 1977년 지구에서 출발한 보이저 1호 탐사선은 40년이 넘는 시간 동안 8대 행성의 가장자리만 겨우 탐사했을 뿐 태양계 바깥쪽의 오르트 구름에는 아직까지도 진입하지 못했다. 전문가들의 예측에 따르면 보이저 1호가 태양계를 완전히 벗어나려면 앞으로 3만 년의 시간이 더 필요하다고 한다. 태양은 지구 130만 개를 수용할 수 있을 만큼 아주 거대하지만 사실 태양계 전체 크기와 비교하면 아주 미미한 존재다. [그림 1-7]을 보면 쉽게 이해할 수 있다. 만약 은하계를 사과 한 알에 비유한다면 태양은 사과를 구성하는 세포 하나보다 더 작은 존재일 뿐이다.

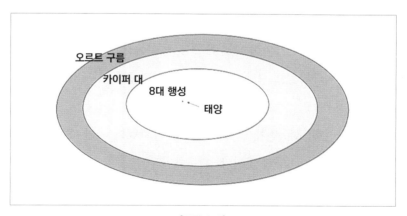

[그림 1-7]

태양에서 가장 가까운 별은 프록시마 켄타우리로 태양에서 4.22광년, 거리로 환산하면 약 40조 km 떨어져 있다. 지구에서 비행기를 타고 출발하면 약 500만 년 후에야 도착할 수 있고, 우주선을 타고 비행한다고 해도 10만 년 가까이 걸린다. 중요한 건 이렇게 먼 두 항성 사이의 공간은 대부분 텅 비어 있다는 사실이다.

그럼 이제 시야를 조금 더 넓혀 은하계를 한번 살펴보자. 은하계의 직경은 약 10만 광년이다. 여름밤에는 육안으로도 은하를 확인할 수 있는데, 이것은 무려 천억 개의 별들로 이루어진 거대한 조직의 단면이다. 이렇게 멀리서 보면 은하계 안에는 천체들로 가득 차 있을 것 같지만 자세히 들여다보면 은하계 안에 별들의 밀도는 매우 낮은 편이다. 별들 사이의 거리는 적게는 몇 광년부터 많게는 수십 광년까지 서로 멀리 떨어져 있기 때문이다.

[그림 1-8]에서 볼 수 있듯이 안드로메다은하는 은하계에서 가장 가까운 항성계(왜소 은하 제외)로, 둘 사이의 거리는 250만 광년 정도 떨어져 있다. 관측에 따르면 현재 은하계와 안드로메다은하가 서로 접근하고 있어 약 40억 년 이후에는 두 은하가 서로 충돌할 거란 예측이 나오고 있다. 은하계와 안드로메다은하가 충돌하면 모든 천체가 사라져 버리는 것 아니냐고 걱정하는 사람들이 있는데 사실 그것은 기우에 불과하다. 두 항성계 모두 천체 밀도가 매우 낮기 때문에 아마 때가 되면 충돌 확률도 아주 미미해질 것이다.

은하계, 안드로메다은하 및 기타 30~50개의 별을 묶어 '국부 은하군'이라고 부르는데 전체 직경이 약 350만 광년에 달한다. 그러나 이렇게

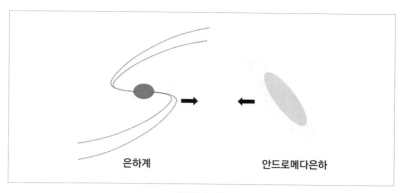

은하계   안드로메다은하

[그림 1-8]

거대한 국부 은하군도 우주 전체 크기와 비교하면 그저 미미한 존재일 뿐이다. 지금까지 관측 가능한 우주 전체의 크기는 직경 930억 광년 정도로 알려져 있는데 관측 가능한 범위 외에도 인간의 상상을 초월하는 거대한 공간이 있을 것으로 예상한다. 현재 인류가 관측한 천문학적 사건 중 지구에서 가장 먼 거리에서 일어난 사건은 약 130억 광년 떨어진 곳에서 생긴 감마선 폭발이다. 이 우주 방사선은 오랜 시간에 걸쳐 아주 먼 거리를 이동한 후에야 지구에 있는 인류에게 관찰된다.

우주는 끝없이 거대하며 대부분의 공간은 칠흑같이 어둡다. 우주의 온도는 가장 낮은 온도라고 하는 절대 0도에 가깝고 물질의 밀도는 1세제곱미터당 원자 1~2개 정도로 매우 낮다. 이처럼 우주는 우리가 흔히 상상하는 것처럼 화려하고 복잡한 곳이 아니다. 만약 우주 공간으로 깊숙이 들어가 탐험할 기회가 생긴다면 칠흑같이 어둡고, 고요하며, 텅 비어 있는 우주의 진짜 모습을 발견할 수 있을 것이다.

0에서 출발해 0으로 끝나다

우주에는 언뜻 반짝이는 별들이 빼곡히 늘어서 있을 것 같지만 실제로는 매우 듬성듬성 자리 잡고 있다. 100억 광년 떨어진 별에서 출발한 빛줄기가 아무런 막힘없이 우주를 관통해 지구에 도착할 수 있는 이유도 바로 이러한 특징 때문이다. 인간이 육안으로 관찰할 수 있는 물체들은 사실 아주 작은 단위의 구조로 이루어져 있다. 과학자들은 미시구조를 연구하는 과정에서 미시 세계 역시 굉장히 듬성듬성한 구조로 이루어져 있다는 사실을 발견했으며, 아직까지 완전히 하나로 이루어진 '실체'는 찾지 못한 상태다.

고대 그리스에서는 데모크리토스를 시작으로 많은 사람들이 물질을 이루는 기본 구조를 찾고, 객관적 세계의 실재를 증명하기 위해 노력했다. 물질이란 나무 블록을 쌓는 것처럼 대자연의 온전한 실체를 가진 작은 나무 블록들이 차곡차곡 쌓여 커다란 구조를 이룬다고 생각했다. 쌓아 올리는 나무 블록의 크기가 아무리 작아도 그것을 이해하고 받아들이는 데 어려움이 없었다. 그러나 근대에 이르러 과학 기술이 비약적으로 발전하면서 새롭게 알게 된 사실은 그동안 진실이라 믿어왔던 것과 너무나 달랐다. 새로운 과학 기술은 오히려 물질을 구성하는 근본적인 실체를 발견하지 못했으며 심지어 실체가 없을 거란 주장을 하고 있다.

만약 우리가 사는 세상이 완전한 실체로 이루어진 것이 아니라고 한다면 수학자들은 가장 먼저 숫자 '0'을 떠올릴 것이다. 다시 말해, 우리가 사는 세상은 '0'으로 이루어져 있다는 의미다.

　1929년 과학자들은 물질의 구조보다 더 놀라운 발견을 하게 된다. 그해 미국의 천문학자 허블은 자신이 만든 망원경으로 천체를 관찰하다가 모든 별이 서로 멀찍이 떨어져 있으며, 점점 더 멀리 그리고 빠른 속도로 멀어지고 있다는 사실을 발견했다. 허블의 발견으로 사람들은 우주가 정적이고 항구적인 곳이 아니라 여전히 동적으로 변화하고 있는 곳이라는 사실을 알게 되었다. 이러한 발견은 그동안의 믿음을 완전히 뒤집어 버리는 것이었다.

　그 이후 우주 마이크로파 배경의 발견과 헬륨 질량비 측정 등을 통해 우주가 약 138억 년 전 한 차례의 대폭발로 탄생했으며, 대폭발이 일어난 아주 짧은 순간 동안 특이점에서 방출된 거대한 에너지와 물질이 계속 팽창하다가 오늘날의 세상을 만들었다는 결론에 이르렀다. 대폭발 우주론에 따르면 우주의 탄생은 '0'(혹은 '0'에 무한히 가까운)이라는 특이점에서 시작되었다. 그리고 '0'은 대폭발의 방식을 통해 끝없이 펼쳐진 세상을 만들어냈다.

　만약 대폭발 우주론이 사실이라면 모든 것은 '0'에서 시작되어 오늘날까지 크고 아름다운 모습으로 발전한 것처럼 보이지만 본질은 여전히 '0'인 셈이다. 다시 말해, 우리가 사는 세상은 '0'에서 출발해 다시 '0'으로 귀결된다는 의미다.

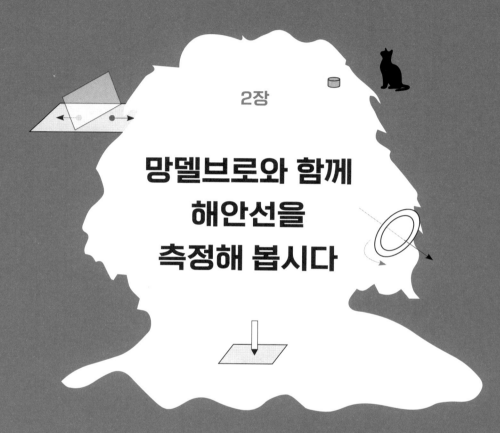

2장

망델브로와 함께
해안선을
측정해 봅시다

자연계의 자기 복제

2.1

겨울 창가의 눈송이

2.1.1 눈송이의 비밀

며칠 있으면 겨울 방학이 시작된다.

북부 지방의 겨울은 특히 길어서 영하의 날씨가 4개월 가까이 지속되기도 했다. 주말 아침, 톰슨은 오랜만에 9시까지 실컷 늦잠을 자고 일어나 도서관에 갈 준비를 하고 있었다. 그는 바깥 날씨를 확인하려고 창밖을 바라보다가 문득 창문에 응결된 눈송이에 시선이 닿았다. 눈송이의 모양은 [그림 2-1]과 같았다. 톰슨은 눈송이의 모양을 자세히 관찰했다. 보통 사람들이라면 눈송이의 아름다운 대칭 구조를 보며 대자연의 정교한 창조력에 감탄하겠지만 물리학도인 톰슨은 눈송이에 과연 어떤 과학적인 비밀이 숨겨져 있을지가 더 궁금했다.

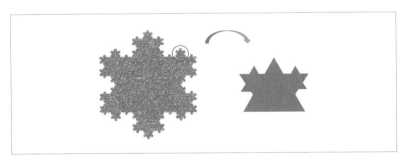

[그림 2-1]

눈송이를 자세히 관찰해 보니 전체적으로는 육각형 구조를 띠고 있고, 가장자리에 동일한 구조를 가진 작은 눈송이들이 반복적으로 나타나 있는 것을 볼 수 있었다. 그리고 이 작은 눈송이를 살펴보니 마찬가지로 가장자리에 동일한 구조를 가진 더 작은 눈송이들이 반복적으로 나타나 있었다. 만약 눈송이가 끊임없이 자기 복제를 한다면 과연 눈송이의 둘레는 얼마나 늘어나게 될까? 톰슨의 머릿속에 문득 이런 질문이 떠올랐다. 그래서 곧장 계산기를 꺼내 눈송이의 둘레를 계산해 보기 시작했다.

눈송이의 한 변의 길이가 1인 정삼각형에서 시작된다고 가정해 보자. 정삼각형의 모든 변에서 한 변의 길이가 $\frac{1}{3}$인 삼각형이 나오고, 다시 이 작은 삼각형의 모든 변에서 한 변의 길이가 $\frac{1}{9}$인 삼각형이 나오는 식으로 끊임없이 자기 복제를 한다면 결국 둘레를 나타내는 급수는 수렴하지 않는다. 다시 말해, 둘레의 길이는 무한하다는 의미다.

$$S = \left[\left(1 \times \frac{4}{3} \right) \times \frac{4}{3} \right] \times \frac{4}{3} \cdots$$

정말 흥미로운 결과가 아닌가!

1960년대 수학자 망델브로는 과학학술지 《사이언스》에 '영국 해안선의 총 길이는 얼마인가?'라는 질문을 던졌다. 그 당시 사람들은 직접 재보면 알 수 있지 않겠냐며 그의 질문을 대수롭지 않게 생각했다. 그러면서 영국 해안선의 길이를 대략 수천 킬로미터 정도로 예상했다. 그런데 놀랍게도 망델브로는 영국 해안선의 길이가 무한하다고 주장했다. 비록 지금까지 직접 해안선의 길이를 재본 사람은 아무도 없지만 눈송이 둘레의 예시를 생각해 보면 완전 터무니없는 주장이라고 볼 수는 없다.

2.1.2 대자연의 프랙탈

앞서 언급했던 눈송이와 해안선은 모두 프랙탈의 개념에 해당된다. 가장 기본적인 개념의 프랙탈은 하위 구조와 상위 구조가 동일하며 1:1의 비율로 복제되는 경우다. [그림 2-2]에 보이는 것처럼 나뭇가지의 잎사귀들이 거의 비슷한 모양으로 자라고, 겹쳐 놓았을 때 모양이 크게 어긋나지 않는 것처럼 말이다.

[그림 2-2]

조금 더 복잡한 개념의 프랙탈은 하위 구조와 상위 구조가 완전히 동일하지 않고 일정한 비율에 따라 확대 혹은 축소되는 경우다. 황금 나선을 예로 들면, 큰 정사각형에서 0.618의 황금분할 비율로 작은 정사각형이 복제되어 나오고 이 과정이 계속 반복된다. 그리고 대각선을 곡선으로 서로 연결하면 [그림 2-3]처럼 아름다운 나선형이 완성된다. 이러한 나선형 구조는 조개껍질의 곡선이나 달팽이껍데기의 곡선 등에서 쉽게 찾아볼 수 있다.

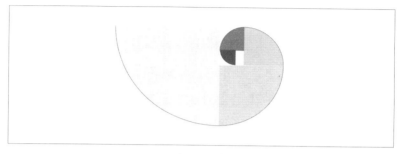

[그림 2-3]

대자연을 자세히 관찰해 보면 자기 복제를 하는 생명체들이 많다는 것을 알 수 있다. 예를 들어 [그림 2-4]에 나와 있는 로마네스코 브로콜리는 표면이 나선형의 작은 꽃들로 뒤덮여 있고, 이 작은 꽃들은 송이의 중심을 대칭축으로 쌍을 이루어 배열되어 있다. 자세히 관찰해 보면

[그림 2-4]

중심에 있는 꽃은 아주 작고 밖으로 향할수록 점점 더 커진다. 꽃의 크기가 커지는 것은 그 유명한 피보나치 수열과 관련이 있다. 즉, 1, 2, 3, 5, 8, 13… 이러한 규칙에 따라 크기가 증가한다는 의미다.

　겨울철 고목나무 모형을 살펴보면 가지가 일정한 높이까지 자라면 하나였던 것이 두 개로 나눠지고, 두 개로 나뉜 가지들도 일정한 높이로 자라면서 다시 두 개로 나누어지는 것을 볼 수 있다. [그림 2-5]에서 볼 수 있듯이 이러한 성장 과정은 가지의 말단에 도달할 때까지 여러 번 반복된다. 물론 나무의 성장 과정이 모형처럼 단순하지는 않지만 대자연의 자기 복제 특성을 보면 이러한 자기 복제는 유전자에 새겨져 있는 것처럼 보인다. 로마네스크 브로콜리가 자기 복제를 하면서 모양이 점점 커지는 것과 달리 나뭇가지는 자기 복제를 하면서 점점 작아진다. 그러나 두 가지 양상 모두 시작 부분의 표면이 가장 작고 표면이 점점 더 커지는 형태로 발전한다. 비슷한 예로 솔방울, 인간의 폐, 대뇌 신경, 혈관 등의 구조도 자기 유사성을 띤다.

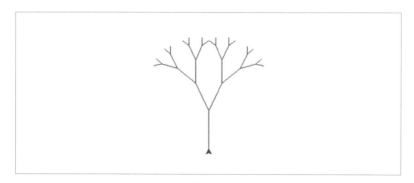

[그림 2-5]

지구상에서 볼 수 있는 각종 생물들뿐만 아니라 우주에서도 자기 유사성을 발견할 수 있다. 예를 들어 직경이 5억 광년인 라니아케아 초은하단을 보면 섬유 다발과 유사한 구조를 띠고 있는데, 이러한 섬유 다발 구조는 인간의 뇌의 신경망과도 유사하다. 또 항성계에서 행성들이 항성 주위를 도는 모습은 원자 구조와 유사하다.

2.1.3 다채로운 세계

중국 당나라 시인 두보杜甫의 시 여야서회旅夜書懷에는 이런 시구가 있다.

'광활한 평야엔 별들이 낮게 떠 있고, 달은 강물에 비춰 물결 따라 흐른다.'

시인들의 눈에 비친 대자연은 고요하면서도 때로는 격정적이고, 단조로운 듯 보이지만 한편으로는 굉장히 다채롭다. 하늘의 별과 달 그리고 광활한 평야와 강물이 한데 어우러져 조화로운 풍경을 완성한다.

화가들의 눈에 비친 대자연은 다양한 색채들과 각종 형상들의 집합체다. 그들은 동적인 새들의 모습과 정적인 농장의 풍경을 한 캔버스에 담아 아름다운 작품을 완성한다.

그럼 수학자들의 눈에 비친 대자연은 어떨까? 수학자들은 모든 물체를 고도로 추상화시키는 능력이 있다. 물질세계를 숫자의 조합으로 본다면 대자연은 일련의 수열과 닮아있고, 다음과 같은 공식으로 나타낼 수 있다.

$$a_{n+1} = f(a_n)$$

위의 공식은 일련의 수열을 구성하며 어떤 함수를 통해 수열의 변화 규칙을 확인할 수 있다는 의미를 담고 있다. 함수 $f(a_n)$을 1:1로 복제한다면 가장 간단한 수열 $a_{n+1} = a_n$을 얻게 되고, 이는 위의 항과 아래 항이 서로 동일하다는 뜻이다.

이러한 예시는 우리 주변에서 쉽게 찾아볼 수 있는데, 앞에서 살펴봤던 나뭇가지가 바로 1:1 복제를 통해 자라나는 경우다. 해변의 모래사장은 부드럽고 고운 모래가 마치 한 장의 이불처럼 해안선을 덮고 있는 것처럼 보이는데 이것은 사실 비슷하게 생긴 모래알들이 1:1 복제를 거쳐 한데 모여 있는 것이라고 볼 수 있다.

또 다른 예로 농지에 심어놓은 유채들을 살펴보자. 매년 4, 5월경이 되면 황금색으로 물든 유채꽃들이 바람에 나부끼며 길게 늘어선 농지를 황금색으로 물들이며 장관을 이룬다. 이 또한 유채꽃이 1:1 복제를 한 결과이며 다량의 복제를 통해 아름다운 장관을 만들어내는 것이다.

조금 더 복잡한 복제의 경우 수열 $a_{n+1} = A \times a_n$을 통해 나타낼 수 있다. 여기서 A는 1보다 클 수도 있고, 1보다 작을 수도 있으며 아래 항이 일정한 비율로 위의 항을 복제한다는 의미다. 앞에서 살펴봤던 눈송이의 경우 A가 0.33에 근접해 전체 구조가 점점 작아지면서 최종적으로 아름다운 형상이 완성된다. 반대로 양파는 [그림 2-6]처럼 안쪽에서부터 바깥으로 층층이 자라나는데 완전한 양파 한 알이 될 때까지 층마다 조금씩 커지는 구조로 자란다.

여기서 한 단계 더 복잡해지면 수열 $a_{n+1} = a_n + a_{n-1}$을 통해 나타낼 수 있다. 다음 항이 직전의 두 항의 합과 같다는 의미로, 만약 처음 두 항이

[그림 2-6]

각각 1, 2라면 이어서 3, 5, 8, 13…라는 결과를 얻게 되는 전형적인 피보나치 수열에 해당한다.

우리는 대자연의 황금분할을 달팽이 껍질이나 해바라기꽃 등에서 쉽게 관찰할 수 있다. 예술가들은 이러한 황금분할을 건축물, 그림, 조각상 등에 적용하기도 했는데, 예를 들면 파리 에펠탑과 고대 그리스의 파르테논 신전 등이 있다. 에펠탑의 2층은 전체 탑의 황금분할 지점에 위치해 있고, 파르테논 신전의 가로 세로의 비율은 0.618의 황금 비율을 이룬다.

앞에서 살펴봤던 예시들 외에도 수열은 여러 가지 형태로 변화해 일상생활 속 거의 모든 사물에 적용될 수 있다. 세상에 이렇게 많은 물질과 생명이 자기 유사성, 즉 자기 복제를 거쳐 만들어진다니, 이쯤 되면 조물주의 게으름을 의심해볼 법도 하지 않은가!

2.2
열대성 회오리바람

2.2.1 삼체 三體

톰슨은 페인 교수의 천체 물리학 강의를 수강 중이다. 최근 페인 교수는 천체의 운행과 관련된 삼체 문제에 대해 학생들과 깊이 토론했다.

17세기 뉴턴이 고전 역학을 창시한 이후, 과학자들은 우주의 운행에 관한 모든 규칙을 파악했다고 생각했다. 그들은 역학의 3대 법칙과 만유인력의 법칙을 통해 모든 천체의 운행 궤적과 미래의 운행 노선을 예측할 수 있다고 믿었다. 18세기 과학자들은 태양계의 모든 행성들의 운행을 관측한 데이터를 통해 천왕성의 궤적과 역학의 법칙이 서로 위배된다는 사실을 발견했다. 그들은 이로써 해왕성의 존재를 예측했고 머지않아 실제로 해왕성을 관측할 수 있었다. 해왕성의 발견은 인류가 이론과 계산을 통해 미지의 사물을 예측하고 발견했다는 점에서 고전 역학의 위대한 승리로 평가된다.

한편 천체의 운행과 관련해 한 가지 꿍장히 특수한 문제가 존재하는데, 바로 삼체 문제다. 태양에서 가장 가까운 항성계는 센타우루스자리 알파로 프록시마, 센타우루스 A, 센타우루스 B 세 개의 항성으로 이루어져 있다. 그중 프록시마가 태양에서 가장 가깝고 둘 사이의 거리는

4.22광년이다. 센타우루스 A와 센타우루스 B는 조금 더 멀리 떨어져 있으며 태양과의 거리는 약 4.37광년 정도 된다. 이 세 개의 항성이 함께 삼체 구조를 이루는데 각자의 궤도는 나머지 두 개의 항성의 영향을 받는다.

고대 신화에는 여러 개의 태양이 동시에 떠올라 대지를 뜨겁게 타오르게 하는 기이한 장면이 등장하는데 이후 영웅적인 인물이 등장해 태양들을 활로 쏘아 떨어트리고 한 개의 태양만 지구에 남겨 놓았다는 전설이 있다. 이러한 비슷한 전설이 우주에도 존재한다. 만약 센타우르스자리 알파에 생명체가 살고 있다면 세 개의 항성이 차례로 하늘에 떠오르는 기이한 현상을 보게 될 것이라는 전설이다. 마치 매일 세 개의 태양이 하늘에 떠 있는 것처럼 말이다. 그런데 전해지는 이야기와 달리 센타우루스자리 알파의 세 개의 항성은 순서대로 떠올랐다가 순서대로 내려오는 것도, 일정한 형상(예를 들면 삼각형)으로 하늘에 떠 있는 것도 아니라 사실은 시시각각 어지럽게 떠다니고 있다.

페인 교수는 학생들에게 삼체 구조의 운행 과정을 직접 계산해 보게 했다. 톰슨은 곧바로 종이와 연필을 꺼내 계산을 시작했다. [그림 2-7] 처럼 센타우루스 A, 센타우루스 B가 고정되어 있다면 프록시마 항성의 운행 법칙을 계산하는 것은 아주 쉬웠다.

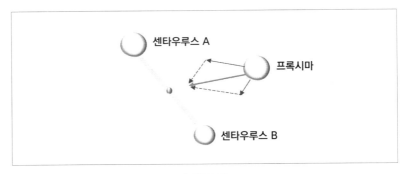

[그림 2-7]

프록시마 항성의 응력을 분석하고 평행사변형의 법칙을 적용해 보면
센타우루스 A와 센타우루스 B의 중심 주위를 원운동하고 있다는 사실
을 알 수 있고, 이를 통해 프록시마 항성의 운동 방정식을 구할 수 있었
다. 톰슨은 순조롭게 첫 번째 단계를 통과했다.

이제 두 번째 단계로 넘어갔다. 이번에는 센타우루스 A의 위치만 고
정되어 있고 나머지 두 항성이 '자유 상태'에 놓여 있는 경우를 계산해
야 했다. 톰슨은 두 번째 단계에 들어서자마자 난관에 봉착했다. 나머
지 두 항성의 작용력이 크기와 방향에 따라 변하기 때문에 계산이 훨씬
더 복잡해진 것이다. 이것은 미분방정식을 적용해야 하는 문제였다.

톰슨은 일단 두 번째 단계를 건너뛰고 세 번째 단계로 넘어가 보기로
했다. 이번에는 두 개의 항성 모두 고정되어 있지 않은 경우였다. 두 개
의 운동하는 주체가 우주 공간에서 일정하게 반복되는 주기성도 없이
이리저리 떠다니고 있는 상태라니! 톰슨은 이제 완전히 좌절하고 말았
다. 이제 컴퓨터 공학을 전공하는 친구들조차 계산에 엄두를 내지 못할

만큼 복잡한 문제가 된 것이다. 게다가 삼체 구조는 섭동(행성의 궤도가 다른 천체의 힘에 의해 교란이 일어나는 현상-옮긴이)에 아주 취약하기 때문에 이러한 영향이 원래의 운행 궤도를 완전히 바꿔놓을 수도 있다.

이처럼 삼체 문제는 뉴턴의 역학도 힘을 발휘하지 못할 만큼 구조가 복잡하다. 하지만 알고 보면 센타우루스자리 알파 항성계가 우주에서 가장 복잡한 구조를 가진 것은 아니다. 태양에서 50광년 떨어진 곳에 여섯 개의 항성으로 이루어진 카스토르라는 항성계가 있는데, 이곳의 운행 궤적을 계산하는 일은 몇 배 더 어렵고 복잡하다.

다행인 건 지구를 도는 위성은 '달' 하나뿐이라는 점이다. 만약 지구를 도는 위성이 두 개 이상이고, 위성의 질량이 컸다면 지구의 밤낮의 변화, 계절의 변화 등에 굉장히 큰 영향을 미쳤을 것이다. 그리고 그보다 더 다행인 건 태양의 질량이 태양계의 여덟 개 행성보다 훨씬 더 크기 때문에 태양계에서는 여덟 개의 작은 행성들이 고정되어 움직이지 않는 항성 주위를 도는 것 같은 운행 구조를 보여준다는 점이다. 그렇지 않다면 태양은 지금보다 훨씬 더 복잡한 형태로 움직이게 되고, 지구의 온도변화에도 큰 영향을 미치게 된다. 또 한 가지 다행스러운 점은 은하계 중심에 거대한 블랙홀이 있다는 것이다. 만약 블랙홀이 없다면 은하계 내의 천체들의 운행은 더욱 복잡해지고, 은하계 전체에 혼란을 가중시키게 될 것이다.

삼체 문제는 천문학의 뜨거운 감자로, 단일 응력분석마저 효력을 발휘하지 못할 만큼 대단히 복잡한 시스템을 가지고 있다. 천체의 (상대론적 효과를 고려하지 않은) 삼체 운동에 적용되는 학문은 고전 역학이지만 만약 원자, 양자, 중성자 등의 입자까지 고려해야 한다면 이는 양자 역학을 통해 해결할 수밖에 없고, 계산의 난이도는 급격히 상승하게 된다. 톰슨은 갖고 있던 양자역학 교과서를 펼쳐봤지만 온통 전자 혹은 전자의 투과에 관한 내용들만 나와 있을 뿐, 두 전자의 상호작용이나 세 입자의 상호작용에 관한 분석 내용은 거의 찾아볼 수 없었다.

이처럼 인간에게는 컴퓨터를 사용해도 계산하기 힘든 복잡한 문제지만 대자연은 아무 문제없이 처리하고 운행하고 있다. 삼체뿐만이 아니다. 십체, 백체라고 해도 대자연은 이를 자유자재로 운행할 수 있다. 인간의 몸은 약 $10^{27} \sim 10^{28}$개의 원자로 이루어져 있으며, 이렇게 수많은 입자들로 구성된 거대한 복합체는 컴퓨터의 힘을 빌리더라도 모든 시스템을 정확히 계산해 내기 힘들다. 그러나 인간은 자연계에서 아무 혼란 없이 잘 살아가고 있으니, 대자연은 정말 위대하지 않은가!

2.2.2 교수의 담배 연기

강의가 끝난 뒤, 페인 교수는 복도로 나와 담배를 한 대 피웠다. 그는 담배를 피우며 깊은 생각에 잠겼다. 담배 연기는 조용히 피어올라 복도에 자욱하게 퍼져나갔지만, 다행히 환기 시스템이 작동하면서 금방 사라졌다.

담배 연기를 자세히 관찰해 보면 다음과 같은 규칙을 발견할 수 있다. 연기는 처음에 가지런히 한 방향을 향해 피어오르는데, 이때는 연기가 이동하는 궤적을 비교적 분명하게 파악할 수 있다. 그러나 잠시

후 연기는 불규칙적으로 흩어지기 시작하고 각각 다른 방향을 향해 퍼져나가다가 공기 중의 다른 분자들과 융합하기도 한다. [그림 2-8]을 살펴보자.

연기가 퍼져나가는 현상을 유체 역학에서 '난류 문제'라고 부르는데 지금까지도 아무도 정확하게 해결하지 못한 복잡한 문제다.

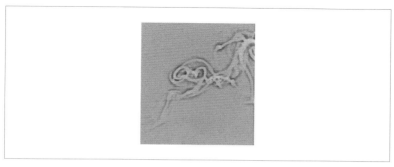

[그림 2-8]

난류는 유체의 유동 형태 중 하나다. [그림 2-9]에서처럼 유속이 느릴 때 유체는 층을 나눠서 유동하는데, 이를 층류라고 부른다. 유속이 점점 빨라지면 유체의 유선이 물결 모양으로 일렁이기 시작하는데, 이를 천이유동이라고 부른다. 유속이 빨라지면 유선의 움직임을 더 이상 정확하게 판별할 수 없고, 유동장에 작은 회오리들이 생기면서 층류가 파괴된다. 이웃한 유동층은 끊임없이 오르내리면서 서로 뒤섞이고 유체는 더 이상 규칙적으로 이동하지 않으며 관축에 수직한 분속도가 발생한다. 이것이 바로 난류다.

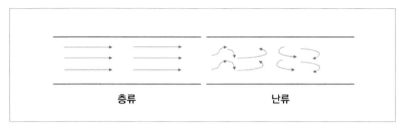

[그림 2-9]

난류는 여러 문제에 광범위하게 적용된다. 예를 들면 미사일 발사 과정에서 난류는 아주 중요한 요소인데, 발사 전에 공기 유동에 대한 비행의 저항력 변화를 파악하는 것이 중요하다. 그 밖에도 해류와 조석 현상의 계산과 시뮬레이션 모두 난류와 관련이 있다. 유체 문제뿐만 아니라 요즘 화제가 되고 있는 딥 러닝 역시 난류 이론을 기본 모형으로 사용한다.

난류 문제를 해결하는 핵심은 나비에-스토크스 방정식의 해를 구하는 것인데, 이 방정식의 비선형성과 난류의 불규칙성 때문에 난류 이론은 유체 역학에서 가장 어려우면서도 흥미로운 분야로 손꼽히고 있다.

2.2.3 나비효과와 폭풍

삼체 문제와 난류 문제는 공통적으로 물리학의 섭동 개념과 관련이 있다. 즉, 어떤 미미하고, 예측할 수 없는 요동이 시스템 전체에 걷잡을 수 없는 혼란을 야기하는 것을 의미한다.

섭동의 가장 전형적인 예시는 바로 나비효과다. 나비효과란 남아메리카에 사는 나비 한 마리의 날갯짓이 연쇄반응을 일으켜 미국 텍사스주에 거대한 파괴력을 가진 폭풍을 불러일으키는 현상을 뜻한다. 나비가 날갯짓을 하는 순간 기류는 작은 회오리 모양으로 요동치고, 주변 공기가 함께 움직이면서 근방 1세제곱미터 범위 내의 기체 균형을 깨트린다. 이처럼 작은 움직임이 평온했던 공기의 흐름을 깨트리고 더욱 넓은 범위의 기체 유동을 일으키며 점차 확대되어 가다 결국 지구 반대편에 큰 폭풍을 일으키게 된다.

나비효과는 아주 사소한 행동이나 사건이 거대한 변화를 일으킬 수 있다는 것을 보여준다. 때로는 이 사소한 사건이 긍정적인 방향으로 확대되어 좋은 운을 불러올 수도 있다. 하지만 반대의 경우 심각한 오류로 이어질 수 있다. 대표적인 예가 바로 일기예보다.

날씨의 변화는 기압, 온도, 습도, 풍속, 지리 등 여러 가지 변수의 영향을 받는 아주 복잡한 물리적 현상이다. 1960년대 컴퓨터가 세상에 처음 등장한 이후, 과학자들은 편미분방정식을 적용해 날씨의 변화를 시뮬레이션하고 며칠간의 일기예보를 발표했다. 그러나 예보는 빗나가는 날이 더 많았다. 사람들은 아침에 그날의 일기예보를 참고해 외출 준비를 했는데, 종종 예보와 전혀 다른 날씨 때문에 당황하곤 했다.

날씨를 정확하게 계산하기 힘든 이유는 나비효과와 관련이 있다. 날씨는 계산 과정 자체가 여러 사이클의 반복[Iteration]과 관련이 있고, 매 사이클마다 요인을 예측하고 계산하는 과정이 포함된다. 그런데 이때 한 개 혹은 한 개 이상의 요인으로 인해 아주 미세한 편차가 발생했다고 가정해 보자. 처음에 편차는 5% 정도로 미미하다. 하지만 미미했던 편차는 여러 사이클을 거치면서 큰 폭으로 확대된다. 예를 들어 매 사이클의 반복 값이 앞에 나온 결과에 2를 곱한 값이라고 해 보자.

$$A_{n+1} = A_n \times 2$$

처음에 5%의 편차가 발생했다면 이 편차는 12번의 사이클을 거치면서 80%까지 늘어나게 된다.

물론 오늘날에는 컴퓨터 기술이 예전보다 훨씬 발달해서 날씨를 비교적 정확하게 예측할 수 있다. 톰슨은 주말의 날씨가 궁금할 때 뉴스의 일기예보를 보거나 휴대폰으로 날씨 정보를 찾아본다. 그리고 날씨가 좋으면 외출 계획을 세운다. 요즘 일기예보는 대부분 정확해서 그를 실망시키는 적이 별로 없다.

2.2.4 세포 분열

세포는 생명을 구성하는 기본 요소다. 세포는 유전 물질을 통해 자기 복제를 하며 이로써 생명을 대대로 이어 나간다.

1950년대 미국의 왓슨과 영국의 크릭은 유전 물질인 DNA의 이중나선 구조를 처음으로 발견했다. [그림 2-10]에서 보이는 것처럼 세포의 복제 과정에서 DNA의 이중나선 구조는 두 가닥으로 분리되는데, 분리된 가닥이 각각 다시 두 개의 가닥으로 복제되면서 하나였던 세포가 두 개로 복제된다.

일반적인 상황에서 DNA가 완벽히 복제될 경우 이전 세대와 다음 세대는 똑같은 모습을 갖게 된다. 풀은 다음 세대에도 풀로 태어나고, 국화는 다음 세대에도 국화로 태어난다. 기린은 새끼도 목이 길고, 토끼

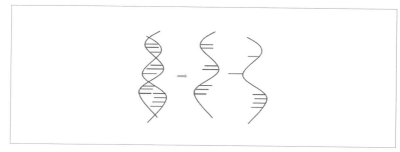

[그림 2-10]

는 새끼도 꼬리가 짧다.

그러나 DNA 복제가 언제나 한 치의 오차도 없이 일어나는 것은 아니다. 종종 유전 물질의 복제 과정에서 갑작스러운 변화가 일어나기도 하는데, 이러한 변화는 환경 변화나 기후 변화, 우주방사선 등의 영향으로 발생한다. 그 결과 유전자는 단순한 자기 복제가 아니라 환경의 변화에 따라 함께 변화하는 '진화'가 일어난다. 아프리카 초원의 기린은 아카시아 나무의 높이 변화에 따라 백만 년의 시간 동안 서서히 유전자의 변화가 일어났고, 현재는 육지에서 가장 키가 큰 동물이 되었다. 또 오늘날의 생물들은 산소 농도의 하락(원시 시대에 비해 10% 하락했다)에 적응하기 위해 몸집이 점점 작아지고 있다. 공룡처럼 거대한 몸집을 가진 동물들을 찾아보기 힘든 이유도 바로 이러한 변화 때문일 것이다. 그 외에도 유사한 진화 사례는 정말 많다. 모두 자기 복제 과정에서 일어난 작은 교란이 거대한 변화를 가져온 경우다. 유전자의 변화가 환경에 잘 적응하면 생물은 생존의 기회를 얻게 되고, 유전자의 변화가 환경에 적응하지 못하면 생물은 점차 도태된다.

2.2.5 카오스

삼체 문제, 나비효과, 날씨 변화 등은 모두 수학의 카오스이론과 관련이 있다. 그리스 신화, 이집트 신화, 북유럽 신화, 중국 고대 신화 등에서 우주가 처음 생겼을 때의 상태를 카오스라고 표현했다. 고체, 액체, 기체 상태의 물질들이 한데 섞여 있고, 캄캄한 어둠과 미지로 가득한 곳이라는 의미다. 현대 수학에서는 고대 신화에 등장하는 이 용어를 가져와 복잡한 시스템을 설명하는 이론을 만들었다.

어떤 시스템에서 변수 x는 다음과 같은 식을 만족한다.

$$\dot{x} = f[x(t),\, u(t),\, r(t)]$$

위의 방정식은 어떤 시스템을 평가할 때 사용할 수 있는 식이다. $\dot{x}$는 도함수의 형태로 시스템의 변화 상황을 보여준다. 이러한 변화는 방정식의 우항의 내용으로 결정된다. 그중 $u(t)$는 외부 세계가 시스템에 미치는 영향을, $r(t)$는 시스템의 함수를 나타낸다. 이 방정식은 제어이론의 핵심 개념이고, 전력 제어나 정보 제어 등 다양한 분야에서 활용된다.

시스템이 선형(일차 도함수를 상수로 하는)이고, 제어량 u를 고려하지 않으며, 매개변수 r 역시 시간에 따라 변하지 않는다면 방정식은 다음과 같은 형태로 퇴화한다.

$$\dot{x} = f[x(t),\, r]$$

시간이 r만큼 흐른 뒤 시스템 변화의 최대치는 $e^{\lambda^A max}\tau$으로 제한된다. 여기서 e는 자연대수이고, $\lambda^A max$는 시스템의 특정 행렬 A 실수 부분의 최대치를, τ은 경과한 시간을 나타낸다. 일반적으로 시스템이 일정 시간 운행했을 때 시작과 종료 상태 사이의 차이는 계산이 가능한 유한치고, 무한대로 커지지 않는다.

반면 카오스 이론에서 다루는 시스템은 비선형 시스템으로, τ만큼 시간이 흘렀을 때 시스템 변화 최대치는 주로 상한선이 없는 경우가 많다.

선형 세계에서는 변화가 오랜 시간 지속되어도 변동에는 한계가 있다. 다시 말해, 결과가 예상에서 크게 벗어나지 않는다는 말이다. 그러나 현실 세계에서 선형에 부합하는 가설은 거의 존재하지 않는다. 대부분의 사물은 '비선형'의 성질을 갖고 있고 변수 간의 변화 관계가 매우 복잡하다. 그렇기 때문에 현실 세계에서 종종 아주 사소한 실수가 큰 재앙을 불러일으키기도 한다.

2.3
셋에서 만물이 나오다

이처럼 카오스 이론은 세상의 본질을 아주 사실적으로 반영하고 있다.

대자연에서는 습관적으로 자기 복제가 이루어지며, 로마네스코 브로콜리, 솔방울, 나뭇가지, 인간의 폐, 뇌신경 등이 이러한 특성을 잘 보여준다. 대자연의 자기 복제는 노자가 말한 '일생삼一生三', 즉 '하나에서 셋이 된다'는 개념과도 일맥상통한다. 자기 복제는 대자연의 천태만상을 완성하는 중요한 과정이기도 하다. 그런데 '하나에서 셋'이 된 다음에는 무슨 일이 일어날까? 단순한 자기 복제 과정이 계속 반복될까? 결론부터 이야기하면 그렇지 않다. 대자연에서는 아주 작은 움직임이 예측할 수 없는 변화를 불러일으킬 수 있고, 이에 따라 복잡성도 증가하기 때문이다. 그래서 '삼생만물三生萬物', 즉 '셋에서 만물이 나오다'라는 말이 나오게 된 것이다.

처음에는 비슷했던 두 개의 시스템이 진화 과정에서 조금씩 차이가 발생하게 되고, 이 차이는 시간이 흐르면서 계속 확대된다. 예를 들면, 들판에 봄바람이 불어 민들레 씨가 바람에 흩어져 날아갔다고 하자. 민들레 홀씨 하나는 비옥한 땅에 떨어져 이듬해 새로운 민들레로 피어나지만 또 다른 민들레 홀씨는 옆에 있던 작은 개울에 떨어지는 바람에 물에 휩쓸려 떠내려가 민들레로 자라날 기회를 잃는다. 또 다른 예로 한 반에 성적이 비슷한 두 친구가 있었는데, 졸업 후 한 친구는 떠오르는 신흥 산업 분야에 취직해 연일 승승장구하는 반면, 또 다른 친구는 전통 산업 분야에 취직해 그저 그런 평범한 인생을 살아가게 된다. 이처럼 처음에는 비슷했던 두 사람이 우연한 선택으로 인해 운명이 완전히 달라지기도 한다.

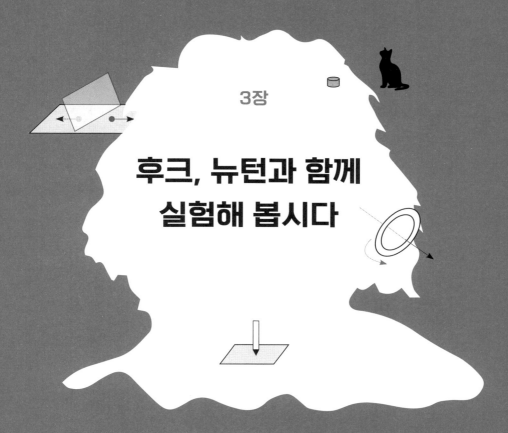

3장

후크, 뉴턴과 함께
실험해 봅시다

300년 동안 이어진 입자와 파동의 논쟁

3.1
캠퍼스의 작은 연못

톰슨의 학교 캠퍼스 남쪽에는 작은 연못 하나가 있다. 가로 세로의 폭이 10m 정도이고, 가운에는 조각상이 하나 세워져 있다. 날씨가 좋은 날이면 학생들은 연못가에 삼삼오오 모여 앉아 연못의 잔잔한 물결을 바라보며 이야기를 나눴다.

그날도 연못에 바람이 불어 잔잔한 물결이 일었다. 연못이 사각형 모양이었기 때문에 물결은 서쪽에서 동쪽으로 일었고, 동쪽 벽에 부딪힌 다음에는 다시 튕겨져 나오면서 뒤따라오던 물결과 부딪혀 [그림 3-1]처럼 약 2cm 높이의 잔잔한 물보라를 일으켰다.

'퐁당' 소리가 들려서 돌아보니 한 여학생이 조그만 조약돌 하나를 연못에 던지고 있었다. 수면에는 조약돌이 빠진 지점을 중심으로 동그

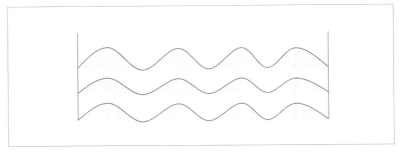

[그림 3-1]

랗게 파문이 일었다가 이내 넓게 흩어졌다. 그녀는 조약돌을 던지며 물결의 움직임을 흥미롭게 바라보고 있었다. 그런데 그녀의 얼굴이 어쩐지 낯이 익었다. 자세히 보니 수학과의 소피아였다. 두 사람은 학생회 모임에서 만난 적이 있었다. 톰슨이 얼른 다가가 인사를 건넸고, 두 사람은 오랜만에 즐거운 대화를 나눴다.

"물결이 넘실넘실 일렁이는 모습이 정말 아름다워!"

소피아가 말했다.

"우리 고향에는 크고 작은 호수들이 아주 많아. 고등학교 때 시험 기간이 되면 호숫가에 가서 한참을 앉아 있었어. 호수에 물결이 일렁이는 모습을 보고 있으면 마음이 편안해져서 시험을 더 잘 볼 수 있었거든."

톰슨의 이야기에 소피아는 귀를 기울였다. 두 사람은 그날 이후 친구가 되었고, 서로 공부를 도와주기로 약속했다. 톰슨은 소피아에게 물리학을 설명해 주고, 소피아는 톰슨에게 여러 가지 수학적인 기교를 가르쳐주기로 했다.

3.2
만물의 형태

톰슨과 소피아의 대화 주제는 파동과 관련이 있다. 파동은 만물의 두 가지 형태 중 하나다. 세상 만물은 크게 입자와 파동이라는 두 가지 형태로 나타난다. 우리가 흔히 볼 수 있는 탁구공, 축구공, 하늘 위의 새, 고가도로 위의 자동차 등은 입자 형태에 속하고, 물결, 음파, 전자기파 등은 파동 형태에 해당한다. 이 두 가지 형태는 분명한 차이가 있기 때문에 구별하는 것은 어렵지 않다.

3.2.1 입자 이야기

1589년 이탈리아의 과학자 갈릴레이는 많은 사람들을 이끌고 피사의 사탑으로 갔다. 그는 사람들이 지켜보는 가운데 [그림 3-2]처럼 무게 100파운드짜리 쇠구슬과 1파운드짜리[1] 쇠구슬을 동시에 땅으로 떨어트렸다. 피사의 사탑 중력 실험은 물리학의 대표적인 실험 중 하나로, 자유 낙하 속도는 물체의 무게와 상관이 없다는 사실을 증명했다.

---

1) 1파운드 ≒ 0.45kg

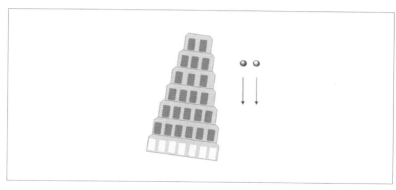

[그림 3-2]

자유 낙하 실험 외에도 갈릴레이는 저서에서 경사면 실험에 관해 이야기한다. [그림 3-3]을 살펴보자.

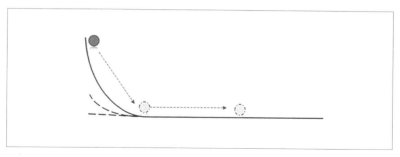

[그림 3-3]

갈릴레이는 공이 곡선을 따라 낙하하는 과정을 상상하며, 만약 곡선의 표면이 매끈할 경우 경사면을 타고 내려온 공은 앞으로 끝없이 굴러갈 것이라고 주장했다. 이때 곡선의 경사가 낮아져도 공은 계속 굴러가고, 공은 수평면에 완전히 내려와도 처음의 속도로 계속 앞으로 굴러간다. 이러한 현상을 훗날 뉴턴은 '관성의 법칙'이라는 중요한 물리학 법칙으로 정리했다.

관성의 법칙 : 물체에 작용하는 외부의 힘이 없을 때 물체는 정지상태로 있거나 같은 속도로 운동을 계속한다.

갈릴레이는 실험을 할 때 공의 형태와 크기는 고려하지 않았다. 사실상 그는 공을 완벽히 이상적인 물체로 간주한 것이다. 관성의 법칙은 모든 입자와 입자로 구성된 물질에 적용된다. 과학자들은 물질의 본질적인 특성인 관성을 이용해 복잡한 물체를 입자(질점)로 추상화하고, 점입자 분석을 통해 여러 가지 물리학 법칙을 증명했다.

뉴턴은 갈릴레이가 사물을 분석하던 방법을 전승받아 이론을 더욱 확대하고 발전시켰다. 또한 그는 점입자에 작용하는 힘 분석을 통해 운동의 3가지 법칙을 정리하고 고전 역학을 창시했다.

뉴턴의 운동 제3법칙 : 작용이 있으면 반작용이 있고, 두 힘의 크기는 같으며 방향은 서로 반대다.

[그림 3-4]를 살펴보자. 점입자가 벽에 충돌하면 벽면에 대한 작용력이 생기고, 이와 동시에 벽면에서는 점입자에 대한 반작용이 나타나면서 점입자는 다른 방향으로 튕겨나가게 된다. 이러한 작용과 반작용의 원리는 생활 곳곳에 응용되는데, 대표적인 예로는 로켓 발사와 제트기 등이 있다. 일반적으로 점입자로 추상화할 수 있는 물체만 이러한 운동 법칙이 적용된다. 더욱 중요한 것은 뉴턴의 운동 제3법칙이 반사와 굴

절 현상을 아주 잘 설명해 준다는 점이다.

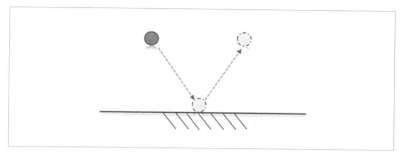

[그림 3-4]

주변에서 흔히 볼 수 있는 주행 중인 자동차, 뛰어가는 토끼, 날아가는 새 등은 점입자로 추상화해 역학 분석을 할 수 있다. 추상의 좋은 점은 서로 다른 물질 간 형태의 차이를 고려하지 않고 공통된 특성으로 귀납할 수 있으며 물리학 법칙을 통해 운동 궤적을 분석할 수 있다는 것이다. 입자 상태의 물체는 모두 관성의 법칙과 운동의 3가지 법칙을 따른다. 바꿔 말하면 관성의 법칙과 운동의 3가지 법칙을 따르는 물체들을 과학자들은 점입자로 간주했다.

이 상황은 사람들이 고양이와 사자를 떠올릴 때와 비슷하다. 사람들은 흔히 고양이를 '작고 귀엽다'고 표현하고, 고양이를 생각할 때 따뜻하고 부드러운 느낌을 떠올린다. 반면 사자는 주로 '사납고 용맹하다'고 표현하고, 사자를 생각하면 사납고 거친 느낌을 떠올린다. 과학자들은 사물을 특징에 따라 분류하는데, 물질이 입자의 특성을 갖고 있으면 입자로 간주해 입자의 운동 법칙에 따라 연구하고, 물질이 파동의 특성을 갖고 있으면 파동으로 간주해 연구한다.

탁구공을 예로 들어보자. 움직이는 탁구공은 관성의 법칙을 만족한다. 탁구공은 외부에서 작용하는 힘이 없을 때 정지상태에 있고, 라켓으로 공을 치면 앞으로 움직인다. 그 밖에도 탁구공이 벽에 부딪혀 다시 튕겨져 나오는 현상은 뉴턴의 운동 제3법칙을 만족하며 과학자들은 이러한 기본적인 특징들을 바탕으로 탁구공을 입자로 간주한다.

3.2.2 파동 이야기

파동은 만물의 두 가지 형태 중 나머지 한 가지로, 입자와는 전혀 다른 특성을 갖고 있다.

물결파는 자연 속에서 가장 흔하게 볼 수 있는 파동의 형태다. 쉬지 않고 세차게 흐르는 강, 끝없이 펼쳐진 바다에는 언제나 크고 작은 파도가 친다. 물결파는 파동 중에서도 횡파에 해당한다. 즉, 파동의 전달 방향과 진동 방향(물 분자들은 상하로 진동한다)이 수직이라는 의미다.

음파 역시 일상생활 속에서 흔히 접할 수 있는 파동이다. 음파는 목에 위치한 성대의 진동을 이용해 만들어지고, 공기 분자를 통해 전달된다. 음파는 종파에 해당한다. 즉, 공기의 팽창과 수축을 통해 전달되고, 공기 분자의 진동 방향과 소리의 전파 방향이 일치한다는 의미다. 그러나 만약 음파가 금속에 전파되면 이것은 횡파가 되는데, 그 이유는 금속 분자가 상하로 진동하기 때문이다.

현대 사회에서 사람들은 대부분 휴대폰을 사용해 소식을 전달한다.

휴대폰의 원리는 서로 다른 소리가 각각의 진동수에 대응하는 특징을 이용하는 것으로, 소리를 디지털 신호로 변환하고 전자기파를 매질로 사용하여, 전자기파의 송수신을 통해 장거리 통신을 실현한다.

물결파, 음파, 전자기파 등 모든 파동에는 한 가지 공통된 특징이 있는데, 바로 장애물을 우회할 수 있다는 점이다. 이를 파동의 회절 속성이라고 부른다. 예를 들어, 물결은 자갈 등의 장애물을 만나면 돌 뒤로 돌아가 계속 전파된다. 두 사람이 벽을 사이에 두고 이야기해도 건너편까지 말소리가 전달되고, 전자기파가 큰 건물을 만나도 그대로 지나쳐 전파될 수 있는 이유는 모두 [그림 3-5]에서 보이는 것과 같은 파동의 회절 속성 때문이다.

[그림 3-5]

파동이 회절하려면 한 가지 조건을 만족해야 하는데, 그건 바로 파장이 장애물 크기와 비슷해야 한다는 것이다. 그런데 현대 통신 분야의 최첨단 기술인 5G 통신은 마이크로파 통신에 해당하기 때문에 파장이 몇 센티미터, 심지어 몇 밀리미터에 불과하다. 그래서 조금만 큰 장애물을 만나면 쉽게 가로막혀 기술 전문가의 특별한 조치가 필요하다는 단점이 있다.

회절 외에 파동의 또 다른 물리적 특성은 바로 간섭이다. 두 개의 파동이 한 공간에서 만나면 마루(최고점)와 마루, 골(최저점)과 골이 만나는 지점에서는 파고가 더욱 높아지고, 골과 마루가 만나는 지점에서는 상쇄 효과가 일어나 새로운 파형이 형성된다. 이러한 현상을 평면에 나타내면 [그림 3-6]에서처럼 밝고 어두운 줄무늬가 차례로 나타나는데, 이것이 바로 파동의 간섭이다.

[그림 3-6]

이처럼 입자와 확연히 다른 파동의 형태를 갈릴레이나 뉴턴의 운동법칙으로 설명하는 것은 불가능하다.

3.3
입자와 파동의 논쟁

고전 물리학에서 입자와 파동 사이에는 분명한 차이와 경계가 존재했다. 과학자들은 등속 직선 운동하는 물체를 보면 자연스레 관성의 법칙을 따르는 입자를 떠올렸고, 회절과 간섭 현상을 보면 파동의 형태를 떠올리며 파동과 관련된 지표, 진동수, 주기, 파장 등의 함수를 통해 계산하고 분석했다.

그런데 대자연에는 입자인지 파동인지 쉽게 구분하기 힘든 '빛'이라는 굉장히 특수한 물질이 존재한다. 과연 빛은 입자일까, 파동일까? 이 문제에 대한 논쟁은 300년 동안 지속되다가 1900년대 초에 이르러서야 종결되었다.

3.3.1 빛은 입자일까?

이른 아침 숲속에 쏟아지는 햇살을 보면 빛줄기가 직선으로 내리쬐는 것을 관찰할 수 있다. 나른한 오후 교실 창문을 통해 드는 햇살도 직선의 형태로 들어오는 모습을 분명히 볼 수 있다. 빛줄기의 직선 형태를 보면 입자 다발의 집합체를 떠올리기 쉽다. 직선의 형태로 전파된다는 것 외에도 빛은 반사 원리를 따르는 특징이 있다. [그림 3-7]에서 보이는 것처럼 거울 앞에 서면 거울을 통해 우리 뒤에 있는 물체를 볼 수 있는데, 이것이 바로 빛의 반사 효과다.

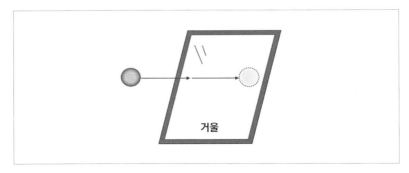

[그림 3-7]

기원전 200년 무렵, 수학자 유클리드는 빛의 성질에 관해 연구한 저서 『광학』에서 빛의 반사 법칙에 대해 설명했다. 반사광선과 입사광선은 법선과 동일한 평면에 위치한다. 반사광선과 입사광선은 각각 법선의 양측에 위치하고, 반사각은 입사각과 동일하다. 빛의 반사 원리에 대한 묘사는 뉴턴의 역학에서 이야기한 작용 반작용의 원리와 비슷하다. 유클리드 이후 2000년 가까이 과학자들은 빛을 입자로 간주해 왔고, 광속(빛다발)을 입자들의 집합체로 생각했다.

3.3.2 빛은 파동일까?

빛에 대한 탐구는 여기서 끝나지 않았다. 17세기 이탈리아 과학자 그리말디는 두 개의 작은 구멍을 통해 빛을 암실 안에 있는 스크린에 투사하는 실험을 진행했다. 실험 결과, [그림 3-8]처럼 스크린 위의 빛의 그림자는 비교적 넓게 퍼졌고, 밝고 어두운 무늬가 반복적으로 나타났다. 그런데 여기서 밝고 어두운 무늬는 곧바로 파동의 간섭 현상을 떠올리게 한다. 그리말디는 이를 통해 빛이 일종의 파동일 수도 있다는 주장을 했고, 이것이 바로 최초의 빛의 파동설이다.

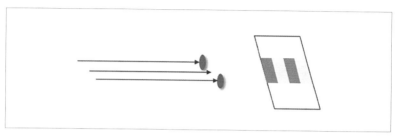

[그림 3-8]

파동의 간섭, 회절은 전제 조건을 만족해야 생기는 현상이다. 조건은 바로 작은 구멍 혹은 장애물의 크기가 파장의 크기에 근접해야 한다는 것이다. 이 조건을 만족하지 못하면 간섭 혹은 회절 현상은 나타나지 않는다. 인간이 눈으로 볼 수 있는 빛의 파장은 겨우 수백 나노미터(nm) 정도로 아주 짧다. 그렇기 때문에 수천 년 동안 인류는 빛과 관련된 간섭이나 회절 현상을 관찰할 수 없었다. 그런 의미에서 그리말디의 광속 실험은 인류에게 빛의 신비에 대한 호기심을 불러일으키는 계기가 되었다.

이후 영국의 과학자 후크가 그리말디의 실험을 재현했다. 그는 빛이 비누 거품 안에서 띠는 색채와 얇은 운모판을 통과할 때 나는 색채를 자세히 관찰한 이후 빛은 일종의 파동이며 빛이 띠는 색깔은 진동수에 따라 결정된다고 주장했다.

1665년 후크는 저서 『마이크로그라피아』에서 빛의 파동설에 대해 더욱 자세히 설명했다. 그리말디가 단순히 현상에 관해서만 이야기했다면, 후크는 더욱 명확한 연구 방법을 제시했다. 당시 사람들은 만약 빛이 파동이라면 음파가 공기 분자를 통해 전파되고, 물결파가 물을 매개로 전파되는 것처럼 어떤 매질을 통해 전파된다고 믿었다. 후크는 광파도 다른 파동들처럼 매질이 필요하다고 생각했고, 인류 역사상 처음으로 '에테르'의 개념을 제시했다. 그 밖에도 파동에 관한 연구에 진동수, 주기와 같은 속성들을 빼놓을 수 없는데, 빛의 색깔이 진동수에 의해 결정된다는 후크의 주장은 사람이 육안으로 볼 수 있는 사물과 진동수를 하나로 연결시켰다는 점에서 광학 연구의 큰 발전을 보여줬다.

3.3.3 뉴턴의 입자설

뉴턴은 갈릴레이 이후 가장 위대한 물리학자로 손꼽히는 인물로, 고전 역학을 창시했을 뿐만 아니라 만유인력의 법칙을 제시하고, 미적분을 발명했으며, 광학 분야에서도 탁월한 업적을 남겼다. 뉴턴과 후크는 동시대 사람이었는데, 여러 방면에서 후크와 다른 관점을 갖고 있었다. 뉴턴이 남긴 명언 중에 이런 말이 있다.

"내가 다른 사람보다 더 멀리 내다보았다면, 그건 거인의 어깨 위에 올라서 있었기 때문이다."

그런데 사실 알고 보면 이 말은 체구가 작고 등이 굽은 후크를 조롱하기 위한 말이었다.

후크의 관점과는 달리 뉴턴은 빛의 입자설을 완고히 주장했다. 1672년 뉴턴은 「빛과 색에 관한 신이론」이라는 제목의 논문에서 프리즘을 이용한 분광 실험에 대해 언급했다. 뉴턴은 자연광을 프리즘에 투사했더니 [그림 3-9]에서 보이는 것처럼 빛이 7가지 색으로 나뉘어 나타났고, 광입자가 가장 빠른 직선의 형태를 따라 전파되었다고 설명했다.

당시 과학계에서 뉴턴의 위상이 대단했기 때문에 그 후로 100여 년 동안은 빛의 입자설이 지배적이었고, 대부분의 과학자들이 빛은 일종의 입자라고 인정했다.

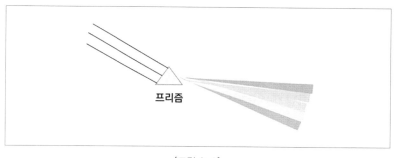

프리즘

[그림 3-9]

분명 그리말디가 간섭 효과와 비슷한 현상을 관찰했는데도, 어떻게 입자설이 지배적일 수 있었을까? 그 이유는 다음과 같은 세 가지로 설명할 수 있다.

(1) 그리말디의 실험 조건에 허점이 있고, 밝고 어두운 무늬가 간섭 현상으로 생긴 것이라고 증명할 수 없다.

(2) 후크가 관찰한 비누 거품 안에서의 빛의 색채는 뉴턴의 빛은 7가지 색으로 이루어진 혼합 입자라는 가설을 통해 설명할 수 있다.

(3) 가장 중요한 점은, 그 어떤 실험도 빛의 회절 효과를 증명해 내지 못했다. 빛은 음파나 물결처럼 장애물을 비켜갈 수 없다. 기둥 뒤에 숨어 있는 사람을 앞에서는 볼 수 없는 것처럼 말이다.[2]

1690년 호이겐스는 저서 『빛에 관한 논술』을 출간했다. 호이겐스는 파동설을 주장하는 입장이었고, 빛이 보여주는 반사의 법칙, 굴절의 법칙(이 두 가지 법칙은 입자설로 쉽게 설명이 가능하다)에 대해 파동설을 이용해 논리적으로 증명했으며, 빛의 회절, 복굴절 현상 등을 설명했다. 호이겐스는 뉴턴의 입자설에 반대했다. 만약 빛이 입자들의 집합체라면 전파 과정에서 서로 충돌하면서 빛의 전파 방향도 바뀌게 되는데, 이는 사실에 위배되기 때문이었다.

호이겐스의 파동설 주장에 대해 뉴턴은 곧바로 반박했다. 그는 만약 빛이 파동이라면 음파처럼 장애물을 비켜갈 수 있어야 한다고 주장했다. 그 외에도 뉴턴은 입자설을 자신의 역학 이론과 결합해 사람들의 신뢰를 얻을 수 있었다. 자연과학 분야에서 뉴턴의 위상은 독보적이었기 때문에 그가 주장하는 입자설은 더욱 많은 사람들의 지지를 받았다.

---

2) 실제로는 빛의 파장이 너무 짧아서 일반적인 장애물을 비켜갈 수 없는 것이다.

3.3.4 영의 이중슬릿 실험

입자설과 파동설이 등장한 이후 꽤 오랜 시간 동안은 실험 기술과 설비의 제약으로 빛의 속성에 대해 정확히 실험할 수 없었다. 그러나 기술이 점차 발달함에 따라 19세기 초에 이르러서는 큰 변화가 나타났다.

1801년 영국의 물리학자 토마스 영은 그 유명한 이중슬릿 실험을 진행했다. 광선을 이중슬릿 뒤에 있는 스크린에 쏘았을 때 [그림 3-10]에서처럼 흑백 무늬의 간섭 현상이 나타났는데, 이것은 물결에 나타나는 간섭 현상과 형태가 똑같았다. 이를 통해 영은 빛이 일종의 파동이라는 사실을 증명해 냈다. 그뿐만 아니라 영은 간섭의 법칙을 통해 광파의 파장을 구하기도 했다. 그는 빛의 굴절, 간섭 현상을 설명할 때 호이겐스의 종파 이론을 포기하고 빛은 횡파라고 주장했으며, 이로써 여러 이론들이 복잡하게 얽혀있던 난국을 타파하고 새로운 파동설을 제시했다.

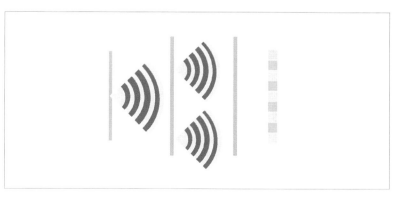

[그림 3-10]

1882년 독일의 천문학자 프라운호퍼는 회절격자 실험을 통해 빛의 회절 현상을 발견했다. 이 실험으로 빛의 간섭, 회절 현상이 모두 발견됨으로써 빛이 가진 파동의 특징은 더욱 명확해졌다. 회절격자 실험 이후 빛의 파동설은 완전히 우위를 점하게 되었다. 당시 파동설은 빛의 모든 현상을 설명할 수 있는 반면, 입자설은 회절, 간섭 현상을 설명할 수 없었으므로 파동설이 잠정 승리한 것이나 마찬가지였다.

3.3.5 광전효과

이처럼 빛의 파동설이 우위를 점했지만 그 시간은 겨우 20여 년밖에 지속되지 않았다.

많은 사람들이 빛이 파동이라는 사실을 인정할 때쯤 새로운 물리학 실험이 등장하면서 다시 한번 논쟁이 시작되었다. 19세기 말, 독일의 물리학자 헤르츠는 '광전효과'라는 현상을 발견했다. 그는 [그림 3-11]처럼 광선을 금속판에 비춰봤다. 빛의 진동수를 높이면 금속판에 다량의 전자가 방출되었고, 반대로 빛의 진동수를 낮추면 금속판에서는 전

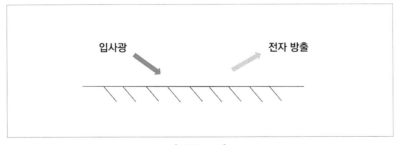

[그림 3-11]

자가 적게 혹은 아예 방출되지 않기도 했다. 빛의 강도를 높이는 것으로는 방출되는 전자의 개수가 많아지지 않았다.

앞의 실험에서 적외선(진동수가 낮은)으로 금속판을 비추면 어떤 현상도 나타나지 않았고, 아주 밝은(강도가 센) 빛을 비춰도 아무 변화가 없었다. 그러나 반대로 자외선(진동수가 높은)으로 금속판을 비추면 곧바로 전자가 방출되었다.

만약 빛이 파동이라면 강도가 셀수록 에너지가 커지며 더욱 많은 전자를 방출해야 한다. 하지만 실험 결과를 보면 빛의 강도와 전자의 방출 사이에는 아무 관련이 없고 진동수의 높고 낮음만 관련이 있었다.

1905년 아인슈타인은 광전효과를 과학적으로 설명했다. 광선은 빛의 입자인 광자들로 구성되어 있고, 광자 하나의 에너지 크기는 $E = h\nu$다. 여기서 h는 플랑크 상수이고, ν는 진동수를 나타낸다. 입사광의 진동수가 한계치를 초과할 때 에너지 E가 충분히 커지면서 금속판 안의 전자들이 방출되고 광전류를 흐르게 한다. 그러나 아무리 강한 강도의 빛을 비춰도 광자의 에너지 E는 전자를 방출할 만큼 커지지 않는다.

광자의 개념이 등장하면서 파동설은 곧바로 스포트라이트를 잃었다. 아인슈타인의 분석에 따르면 빛은 단순한 파동이 아니라, 파동과 입자의 집합체로 이해할 수 있다.

3.3.6 빛의 이중성

17세기 그리말디가 빛의 파동설을 주장한 이후 20세기 초에 이르기까지 약 300년이라는 시간 동안 빛의 입자설과 파동설은 서로 앞서거니 뒤서거니 하며 논쟁을 벌여왔다. 양쪽 모두 저마다의 이유가 있었기 때문에 쉽게 통일되지 못했다. 그러다 광자 개념이 등장하면서 광전효과를 설명할 수 있게 되었고, 그때부터 사람들은 빛은 입자와 파동의 특징을 동시에 갖고 있다고 받아들이게 되었다. 이것이 바로 빛의 이중성이다. 조금 불가사의한 현상이지만 사실 빛은 어떤 상황에서는 입자의 특징을, 또 어떤 상황에서는 파동의 특징을 나타낸다.

어쩌면 파동과 입자는 사람들이 생각하는 것만큼 명확하게 구분되는 것이 아닐지도 모른다. 빛이 파동과 입자의 특징을 모두 갖고 있다면 그동안 입자로 간주되어 왔던 물질들도 마찬가지 아닐까?

이러한 생각을 바탕으로 1922년 서른 살의 드브로이는 자신의 박사 논문에서 물질들 또한 모두 입자-파동의 이중성을 갖고 있다고 주장했다. 당시 사람들은 빛의 정지 질량이 0이고, 속도는 초속 30만 km라는 사실을 이미 알고 있었다. 드브로이는 여기서 더 나아가 정지 질량이 0이 아니고, 광속보다 훨씬 느리더라도 모든 물질은 파동의 특징, 즉 물질파를 지니고 있다고 주장했다. 드브로이의 논문은 고작 종이 한 장 분량이었지만, 이 한 장짜리 논문으로 그는 1929년 노벨상을 수상했고, 물질파는 중요한 발견으로 인정받았다.

물질파를 공식으로 나타내면 다음과 같다.

$$v = \frac{mc^2}{h}$$

$$\lambda = \frac{h}{p}$$

첫 번째 식은 사실 아인슈타인의 특수 상대성 이론 중 질량 에너지 방정식 ($E = mc^2$)을 변형시킨 것이다. 두 번째 식은 플랑크가 에너지의 정의를 바탕으로 추산해낸 것이다. 위의 방정식을 이용하면 물질파의 진동수와 파장을 계산할 수 있다.

톰슨은 책에서 드브로이의 물질파에 관해 처음 읽었을 때 자기 자신을 포함한 모든 물질이 파동의 속성을 갖고 있다는 점에서 놀라움을 금치 못했다. 톰슨은 그럼 혹시 자신도 신화와 전설 속 인물들처럼 커다란 바위나 벽을 뚫고 지나갈 수 있지 않을까 기대했다. 음파나 물결처럼 말이다. 과연 톰슨의 바람은 실현될 수 있을까? 먼저 빛 이외의 물질의 파장을 직접 계산해 보자.

전자의 질량 0.91×10^{-30}kg을 드브로이 공식에 대입하면 전자의 물질파 파장은 약 $10^{-12} m$가 나온다. [그림 3-12]에 보이는 것처럼 전자의 물질파 파장은 가시광선(가시광선의 파장은 $390 \sim 780 nm$정도로, $1 nm = 10^{-9} m$이다)보다 훨씬 짧다는 것을 알 수 있다. 결국 기타 물질의 파동 속성은 광파보다 훨씬 약하다는 의미다.

가시광의 파장

전자의 물질파 파장

[그림 3-12]

인체처럼 거대한 물체는 물질파 파장이 보통 $10^{-34}m$로 아주 짧고 미미하다. 그렇기 때문에 몸집이 거대한 물체들은 입자의 속성만 나타나고 파동의 속성은 거의 관찰하기 힘들다. 결국 모든 물질들은 파동성을 갖고 있지만 파동이 미미해 감지할 수 없는 것이다. 전자기파처럼 파동성이 뚜렷하게 나타나는 것들도 어떤 상황에서는 입자성이 나타나기도 한다. 이것이 바로 '네 안에 내가 있고, 내 안에 네가 있는' 운명 공동체의 개념이다. 대자연은 입자와 파동으로 명확하게 구분할 수 없고, 이 중 한 가지 형태로만 나타나지도 않는다. 대신 입자와 파동이라는 두 가지 아주 다른 형태가 한데 어우러져 때로는 입자성을, 때로는 파동성을 드러낸다.

사실 드브로이의 물질파 개념은 고전 물리학의 '파동'의 개념으로는 이해하기 힘들다. 바꿔 말하면, 물질파는 입자가 가로 혹은 세로 방향으로 진동하지 않고, 매질이 필요하지도 않은 확률파의 개념이다.

구름 속의 코끼리

20세기 이전의 고전 물리학에서는 입자와 파동을 분리해 그것의 형태에 따라 입자인지 파동인지를 구분했다. [그림 3-13]을 살펴보자.

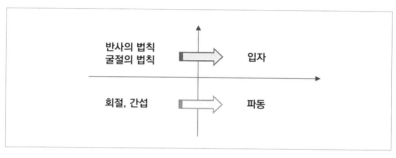

[그림 3-13]

과거의 물리학은 겉으로 드러나는 모습을 본질로 여겼다. 즉, 겉모습으로 본질을 판단한 셈이다. 그러나 20세기에 접어들면서 기존의 인식을 완전히 뒤집는 이론과 실험들이 등장했는데, 대표적인 예가 바로 빛의 이중성으로, 완전히 모순되고 대립하는 것처럼 보이는 입자와 파동을 하나로 통일했다. 이때부터 사람들은 회절과 간섭 그리고 반사와 굴절이 반드시 파동과 입자에 대응하는 현상이 아니라, 어떤 특정한 관측 상황에서 나타나는 특징일 뿐이라고 인식하게 되었다.

시각 장애인이 코끼리를 만지는 것과 비슷한 상황이다. 어떤 각도에서 코끼리를 만지느냐에 따라 코끼리의 모습을 다르게 인식하게 된다. 예를 들어, 코끼리 다리를 만지면 코끼리가 원통형으로 생겼다고 인식하고, 코끼리 코를 만지면 뱀처럼 길쭉한 모양으로, 또 코끼리 상아를 만지면 원뿔형 모양으로 인식하게 되는 것처럼 말이다. 시각 장애인은 코끼리의 전체 모습을 볼 수 없기 때문에 코끼리의 진짜 모습을 인식할 수 없다.

위의 사례와 살짝 다른 이야기도 살펴보자. 옛날에 한 농부가 하늘을 올려다보다가 구름층에서 거대한 기둥 하나를 발견했다. 기둥에는 마름모 모양의 형상이 새겨져 있었다. 그는 자신이 본 것을 이웃에 사는 농부에게 전했다. 그런데 이웃집 농부는 자기 눈에는 기둥이 아니라 아치형의 다리가 보인다고 했다. 남쪽에서 북쪽으로 이어지고 서로 이웃한 다리들이 다섯 개나 보인다고 감탄했다. 이 농부는 자신이 본 것을 그의 친척에게 전했다. 그 친척은 하늘을 올려다보고는 하늘에서 산 정상까지 여러 갈래의 밧줄이 늘어져 있는 게 보인다고 말했다. 사실 이 사람들이 본 것은 거대한 용이었다. 첫 번째 농부는 용의 몸을, 두 번째 농부는 용의 발톱을, 세 번째 농부는 용의 수염을 본 것이다. 거대한 용이 구름 사이에 모습을 감추고 있었기 때문에 어떤 각도에서 보느냐에 따라 다르게 보였던 것이다.

대자연은 구름 속에 숨은 거대한 용과 같아서 우리가 눈으로 볼 수 있는 것은 거대한 실체의 일부분일 뿐이다. 보이는 것이 곧 실체가 아니라는 의미다. 20세기는 물리학이 비약적으로 발전한 시기였고, 대자연의 진정한 실체를 찾아가는 과정이기도 했다. 또 한편으로는 대자연에 대한 인류의 이해가 때로는 겉으로 보이는 모습에 국한된다는 사실을 인식하게 되었다.

시간이 눈 깜짝할 새 흘러 어느새 1학년도 끝이 났다. 톰슨과 소피아는 함께 열심히 공부한 덕에 둘 다 좋은 성적을 받고, 방학을 맞아 각자의 집으로 돌아갔다. 과연 그들도 지금처럼 열심히 공부하다 보면 언젠가 구름 사이에 가려져 있는 용의 진짜 모습을 관찰할 수 있을까?

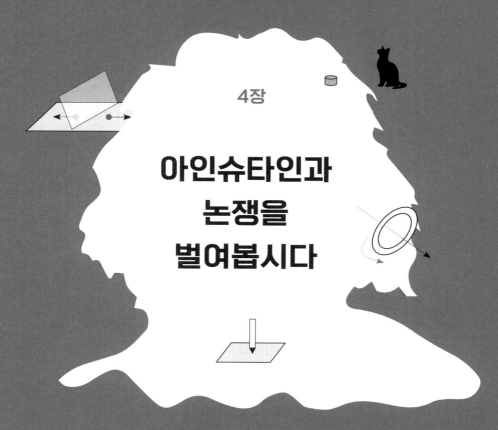

4장

아인슈타인과
논쟁을
벌여봅시다

시간의 물리적 개념에 관한 논쟁

어느덧 대학교 2학년 개강일이 다가왔다. 소피아는 학교에서 멀지 않은 곳에 살고 있고, 걸어서 30분 정도면 학교에 도착한다. 한편 톰슨은 학교에서 200km 떨어진 작은 마을에 살고 있어 학교에 오려면 기차를 타야 했다. 두 사람은 개강 하루 전날 9시 정각에 교문 앞에서 만나기로 약속했다. 약속 당일 소피아가 교문 앞에 먼저 도착해 톰슨을 기다렸고, 톰슨은 30분이나 지나서야 어슬렁어슬렁 약속 장소에 나타났다.

"도대체 왜 이렇게 늦게 온 거야?"

화가 잔뜩 난 소피아가 물었다.

"정말 미안해. 기차를 타고 오는데, 기차에서 시간이 느려져서 늦었어."

톰슨이 고개를 절레절레 흔들며 늦어진 이유를 설명했다.

"참나… 넌 무슨 그런 이상한 핑계를 대니?"

"농담이 아니야. 고속으로 움직이는 기차 안에서는 정말 시간이 느려진다니까!"

톰슨이 진지하게 말했다. 이어서 그의 장황한 설명으로 두 사람은 이내 오해를 풀 수 있었다.

그렇다면 톰슨의 말처럼 특정 상황에서 시간이 느려진다는 것은 사실일까? '시간'에 관한 이야기를 함께 살펴보자.

시간에 관한 이야기

노자의 도덕경에는 '하나에서 셋이 되고, 셋에서 만물이 나왔다 一生三, 三生萬物'는 구절이 나온다. 만물은 입자와 파동의 형태로 구분되고, 두 가지 형태가 서로 대립을 이루면서도 보완적이고 상황에 따라 입자성이 드러나기도 하고, 파동성이 드러나기도 한다. 세상에 만물이 생겨나면 그것들이 활동할 수 있는 공간과 시간이라는 무대가 필요하다. '상하사방上下四方이 우宇, 왕고래금往古來今이 주宙'라는 말이 있다. 즉, 우주라는 두 글자는 각각 공간과 시간을 대표하며, 만물을 아우르는 개념이다.

인류 역사에서 시간은 끊임없이 흐르는 영원한 존재로 여겨졌다. 시계의 초침, 분침, 시침은 언제나 정확하게 움직이며, 시간은 사람이 마음대로 빠르게 흐르거나 느리게 흐르도록 할 수 없다고 믿었다. 뉴턴의 이론에 따르면 공간과 시간은 각각 절대적인 것이므로 시간과 공간은 서로 아무런 관련이 없는 별개의 존재로 인식되었다. 또한 과학자들은 시간이 어디에나 균일하게 분포되어 있고, 우주의 모든 공간에 동일한 시간 좌표가 존재한다는 암묵적인 믿음을 바탕으로 시간을 계산했다. 이처럼 '시간'은 존재감 없이 늘 그곳에 있는 배경 화면 정도로 간과되었다.

하지만 19세기 말에 변화가 일어났다. 돌파구는 바로 '빛'이었다. 그렇다. 과학자들이 300년 넘게 입자인지 파동인지 논쟁을 벌여온 그 '빛' 말이다.

4.1.1 빛의 속도

옛날 사람들은 빛이 무엇인지 제대로 이해하지 못했을뿐더러 빛의 전파 속도에 대해서도 생각해 본 적이 없다. 상식적으로 양초에 불을 붙이면 방 안이 즉각 환해지므로 사람들은 빛의 속도는 측정할 수 없이 빠를 것이라 어렴풋이 믿어왔을 뿐이다.

하지만 갈릴레이의 생각은 조금 달랐고, 그는 빛의 속도를 직접 측정해 보기로 했다. 1607년, 갈릴레이는 사람들과 함께 등갓을 씌운 등잔불을 들고 한밤중에 산꼭대기에 올라갔다. 그들은 무리를 둘로 나누어 각각 다른 길로 올라가 서로 다른 산꼭대기 위에 섰다. 갈릴레이는 두 산꼭대기 사이의 거리를 신호의 전달 시간으로 나누어 빛의 속도를 측정하고자 했다. 물론 시도는 가상했지만 이 실험을 통해 이상적인 결과를 얻지는 못했다. 고작 몇 킬로미터 떨어진 두 산꼭대기 사이의 거리로 빛의 속도를 측정하기에는 역부족이었기 때문이다.

240년 후, 프랑스의 물리학자 피조가 [그림 4-1]처럼 회전하는 톱니바퀴를 이용해 빛의 속도를 측정했고, 초속 31.30만 km라는 비교적 정확한 결과를 얻었다. 이후 또 다른 프랑스 물리학자인 푸코가 조금 더 정확한 실험을 통해 초속 29.80만 km라는 결과를 얻었다. 현재 국제 도량형 위원회에서 인정한 가장 정확한 빛의 속도는 초속 299,792,458m(약 29.98만 km)다.

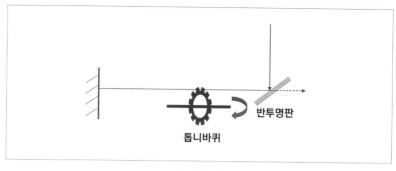

[그림 4-1]

푸코가 빛의 속도를 측정하고 20년 뒤, 맥스웰이 전자기 이론을 통해 비교적 완전한 방정식을 제시했다.

$$\nabla \cdot \vec{D} = \rho$$
$$\nabla \times \vec{E} = -\frac{\partial \vec{B}}{\partial t}$$
$$\nabla \cdot \vec{B} = 0$$
$$\nabla \times \vec{H} = \vec{\delta} + \frac{\partial \vec{D}}{\partial t}$$

그중 $\nabla \cdot$ 는 발산 연산자, $\nabla \times$ 는 회전 연산자, ∂ 는 편미분 연산자, δ 는 전류의 밀도, $\frac{\partial \vec{D}}{\partial t}$ 는 전기 변위장 변화에 의한 전기장 강도의 변화율을 나타낸다. 일반적인 해석은 6장의 내용을 참고하자. 알파벳 위의 화살표는 해당 알파벳이 양의 방향을 포함한 벡터임을 표시한다.

이 방정식은 전기장과 자기장 사이의 물리학적 규칙을 매우 간결하게 보여준 가장 완벽한 방정식으로 칭송받았다. 첫 번째 방정식은 전기장을 설명하는 것으로 전기 변위장 $\vec{D}$의 발산도가 해당 지점의 자유 전하 밀도 ρ와 동일하다는 것을 의미한다. 이렇게 설명하면 어렵게 느껴질 수 있지만 결국 '전기장에도 원천이 있다'는 물리학적 의미를 전달하는 것이다. 수도꼭지도 손잡이를 돌려야 물이 흘러나오듯 전기장도 원천이 있어야 한다.

두 번째 방정식은 자기장에 의한 전기의 생성을 설명하는 것으로, 전기장의 강도 $\vec{E}$의 회전도가 해당 지점의 자속 밀도 $\vec{B}$의 시간 변화율의 마이너스 값을 나타낸다. 변화하는 자기장은 유도전기장을 발생시킬 수 있는데, 이것은 인류를 전자기기의 시대로 이끌어준 발전기의 기본적인 원리이기도 하다.

세 번째 방정식은 자기장을 설명하는 것으로, 자속 밀도 $\vec{B}$의 발산도가 0이라는 의미다. 다시 말해, 자력선은 시작과 끝이 없고 원천도 없다는 뜻으로 마치 훌라후프 속에서 물이 순환할 때 물의 원천을 알 수 없는 것과 마찬가지다.

네 번째 방정식은 전기에 의한 자기장의 생성을 설명한 것이다. 자기장의 강도 $\vec{H}$의 회전도가 해당 지점의 총 전류 밀도와 같다는 의미로 총 전류 밀도가 변할(변전) 때, 유도자기장을 생성한다. 이로써 사람들은 변화하는 교류 전기를 통해 자기장을 발생시키고, 자력의 작용을 통해 동력을 발생시키는 원리를 이용해 모터를 발명할 수 있었다.

맥스웰은 일련의 방정식을 통해 전기와 자기라는 양대 물리 현상을 설명하며 전자기학을 한 번에 통일시켰다. 이 방정식에 따르면 변화하는 전기장은 유도자기장을 생성하고, 변화하는 자기장은 유도전기장을 생성한다. 맥스웰은 전기장과 자기장이 서로 유도하고 생성하며 멀리 전달하는 현상을 통해 전자기파의 존재를 예측했다. 이론에 따르면 전자기파는 운동하는 전기장이 유도자기장을 자극하고, 유도자기장이 다시 유도전기장을 자극하는 과정을 통해 발생한다. [그림 4-2]에서 보이는 것처럼 말이다.

유도전기장과 유도자기장은 군인들이 하나, 둘, 하나, 둘… 구령에 맞춰 행진하듯 서로 교차하며 반복적으로 움직인다. 이렇게 교차하며 전달되는 속도를 계산해 보면 초속 30만 km가 나온다.

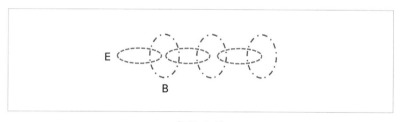

[그림 4-2]

잠깐, 초속 30만 km라면 오늘날 알려져 있는 빛의 속도와 같은 것 아닌가? 어떻게 이런 우연이 있을 수 있을까? 맥스웰은 이를 통해 빛이 전자기파의 일종일 수 있다는 생각에 이르렀다. 그리고 그의 생각은 곧 헤르츠의 실험을 통해 증명되었다.

4.1.2 실패한 실험

광전효과가 발견되기 전, 대부분의 과학자들은 빛을 일종의 파동으로 여기고, 음파나 수파처럼 어떤 매질이 있어야 전달될 수 있다고 생각했다. 과학자들은 이러한 매질을 '에테르'라고 불렀고, 전 우주에 에테르가 가득 차 있기 때문에 빛이 에테르를 통해 자유롭게 오고 갈 수 있다고 믿었다. 실험 물리학자들이 이론을 통해 예측한 사실은 반드시 실험을 통해 증명되어야 하며 그렇지 않으면 영원히 가설로 남을 뿐이다. 이에 1881년 마이컬슨과 그의 조수 몰리는 실험실에서 에테르를 찾으려고 시도했다.

지구가 에테르로 둘러싸여 있고 초속 30km의 속도로 빠르게 공전한다면 에테르를 마주하고 있을 경우 에테르의 바람에 의해 속도가 느려지고, 반대로 에테르를 등지고 있을 경우 빛의 속도는 더욱 빨라질 것이다.

[그림 4-3]은 마이컬슨-몰리 실험을 간략하게 보여주는 그림이다. 두 개의 광선이 있는데 하나는 에테르를 마주하고 있고 다른 하나는 등지고 있다면, 움직이는 속도가 다를 것이고, 이로써 측정된 광선의 이동 시간도 달라질 것이라는 원리를 이용한 것이다.

두 사람은 실험의 정확성을 높이기 위해 장치를 대리석 위에 설치하고, 대리석을 수은으로 채운 욕조 위에 띄워 안정적으로 움직일 수 있게 했다. 그들은 이 실험을 통해 에테르가 존재한다는 근거를 찾을 수 있을 거라 생각했지만 여러 번의 실험 이후에도 빛의 속도에는 변화가 없었다.

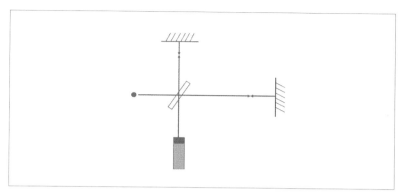

[그림 4-3]

실험 결과가 학계에 전해졌을 때, 대부분의 사람들은 마이컬슨-몰리 실험의 정확성을 의심하며 새로운 실험 설계를 통해 에테르의 존재를 증명해 낼 수 있기를 바랐다. 그러나 한편에서는 에테르의 존재 자체를 의심하는 사람들이 있었고, 그중에는 젊은 아인슈타인도 포함되어 있었다. 아인슈타인은 수천 년 동안 굳게 자리 잡고 있던 시간과 공간의 관념에 도전장을 내밀고 완전히 새로운 개념을 제시했다.

4.1.3 변하지 않는 빛의 속도

아인슈타인은 맥스웰의 방정식에서 문제를 발견했다. 당시 아인슈타인은 스위스 특허국에서 특허 심사를 하는 평범한 직장인이었지만, 그는 어렸을 때부터 심오한 문제에 대해 깊이 탐구하는 것을 좋아했다. 특허국에서 일을 한 이유도 자유롭게 생각할 수 있는 시간이 많았기 때문이다.

아인슈타인은 전자기장 이론과 고전 물리학 사이에 치명적인 모순이 존재한다고 생각했다. 맥스웰 방정식은 주로 정지좌표계, 등속운동좌표계를 포함한 관성좌표계에 적용된다. [그림 4-4]처럼 정지해 있는 사람 A가 있고, 등속으로 움직이는 사람 B가 있다고 해 보자. 광자가 공간을 관통할 때 광자의 속도를 맥스웰 방정식을 통해 계산해 보면 A는 초속 30만 km, B도 초속 30만 km가 나왔다.

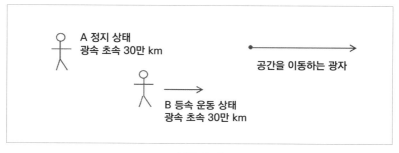

[그림 4-4]

잠깐, 고전 물리학의 속도 합성 공식에 따르면 만약 두 사람이 움직이고 있는 속도가 다를 경우 사물을 보는 속도도 달라져야 하는데, 어떻게 똑같은 결과가 나온 것일까?

둘 사이의 모순을 해결하는 방법은 다음과 같은 두 가지가 있다.

해결방안 1 : 전자장 이론이 틀렸다는 것을 인정하고 맥스웰 방정식을 수정한다.

해결방안 2 : 고전 물리학에 문제가 있으므로 속도 합성 공식을 수정한다.

당시 물리학계에서는 빛을 에테르를 통해 전해지는 파동으로 이해했고, 에테르가 구성하는 특별한 좌표계가 맥스웰 방정식과 속도 합성 공식 사이의 모순을 해결할 수 있을 거라고 생각했다. 그러나 마이컬슨-몰리 실험에서 에테르가 존재한다는 증거를 찾지 못한 것이다.

아인슈타인이 생각하기에 해결방안 1은 어떻게든 특수한 좌표계(에테르 좌표계)를 찾아 맥스웰 방정식과 속도 합성 공식이 서로 맞아떨어지게 하려는 것이었다. 하지만 실험에서 이미 좌표계를 찾는 데 실패하지 않았던가! 그래서 그는 이 방안이 적절하지 않다고 판단했고, 맥스웰 방정식이 아니라 속도 합성 공식을 수정해야 한다고 생각했다.

이를 위해 아인슈타인은 손전등 실험을 실시했다. [그림 4-5]처럼 광속으로 비행 중인 우주비행사가 손전등으로 진행 방향을 비춘다고 상상해 보자. 비행 중인 우주비행사의 관점에서 손전등에서 발사된 빛은 전자기파로, 전기장과 자기장이 일정한 속도로 반복 교차하고, 교차 전달되는 속도는 초속 30만 km다.

광속으로 비행 중인 우주비행사가 손전등으로 빛을 비춘다

지구에 있는 사람이 똑같이 빛을 비춘다

[그림 4-5]

그런데 지구에 있는 사람의 관점에서도 손전등에서 발사된 빛은 마찬가지로 전기장과 자기장이 반복 교차하며 전달된다. 결국 전자기파의 교차 과정은 좌표계에 따라 변화하지 않는다는 의미다.

일상생활에서 볼 수 있는 역학적 파동은 매질의 진동을 통해 전달된다. 음파는 공기 분자의 진동을 통해 전달되고, 물결파는 물 분자의 진동을 통해 전달되는 것처럼 말이다. 이러한 상황에서 전파 매질은 필수 요소다. 그런데 전자기파의 경우 전기장이 자기장을 유도하고, 자기장이 다시 전기장을 유도하며 작용하므로 별도의 매질이 필요하지 않다. 이처럼 전자기파의 발생 메커니즘은 역학적 파동과 다르며, 바꿔 말하면 에테르의 존재 자체가 필요하지 않다는 의미다. 이러한 관점에서 보면 마이컬슨-몰리 실험은 실패한 것이 아니라 에테르가 존재하지 않는다는 것을 성공적으로 증명한 셈이다.

1905년 아인슈타인은 〈움직인 물체의 전기역학에 관하여〉라는 글에서 광속 불변의 원리를 제시했다. 이 원리는 나중에 특수 상대성 이론을 뒷받침하는 전제로 사용되었다.

'빛은 진공에서 c라는 정확한 광속으로 전파되며, 이 속도는 발사체의 운동 상태와 무관하다.'

광속 불변의 원리에 따르면 손전등 실험에서 우주비행사가 본 손전등 불빛의 속도는 초속 30만 km이고, 지구에서 본 광선의 속도 역시 초속 30만 km다. 결국 빛은 어디에서든 속도가 동일하며 그 어떤 좌표계 안에서도 변하지 않는다.

4.1.4 상대성 원리

특수 상대성 원리의 두 가지 기본 가설은 광속 불변의 원리와 상대성 원리다. 뉴턴으로부터 이어져 내려온 고전 물리학 체계에는 절대적인 시공간 개념이 존재했다. 즉, [그림 4-6]에서처럼 우주의 어떤 공간이 절대적 정지 상태에 있으면 기타 물체의 운동은 절대 정지 상태의 상대적인 운동으로 볼 수 있다.

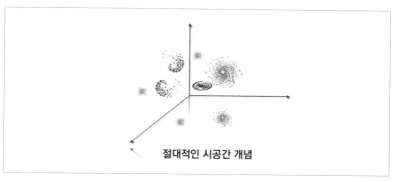

절대적인 시공간 개념

[그림 4-6]

절대적인 시공간의 틀에서는 우주에 반드시 중심이 존재해야 한다. 고대 그리스 철학에서는 우주의 중심은 지구라고 생각했고, 코페르니쿠스는 여기서 한 단계 더 나아가 우주의 중심은 태양이라는 태양중심설을 창립했다. 그러나 그 이후 사람들은 태양 역시 일반적인 항성에 불과하다는 사실을 깨달았고, 우주의 진정한 중심은 아직 발견하지 못한 곳에 있을 거라고 생각하게 되었다. 동시에 우주에는 분명 시작점이 존재하고, 시간은 그곳에서부터 강물이 흐르듯 일정한 속도로 흐르고 있다고 믿었다.

하지만 상대론이 등장하면서 이러한 절대적인 시공간 개념은 완전히 깨져버렸다.

아인슈타인은 도체와 자석의 상호 작용에 관해 이렇게 설명했다. 만약 자석이 움직이고 도체가 정지해 있다면 자석은 전기장을 일으켜 도체에 전류가 발생한다. 반대로 자석이 정지해 있고 도체가 움직이고 있어도 자석 부근에서 기전력이 생겨 전류가 발생하며 전류의 크기와 방향은 앞에서 발생한 전류와 차이가 없다. 과연 두 개의 물체 중 어떤 것이 움직이고 있는 걸까?

[그림 4-7]을 살펴보자. 한 여행객이 창문이 모두 차단되어 바깥 풍경을 볼 수 없는 기차 안에 앉아 있다고 상상해 보자. 기차가 등속 운동을 할 때 이 여행객은 자신이 지금 움직이고 있는지, 정지해 있는지 구분할 수 있을까? 이 여행객이 창문을 열어 배웅을 나온 친구가 뒤로 움

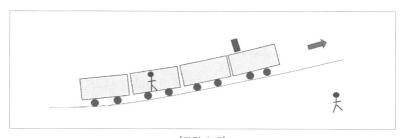

[그림 4-7]

직이는 모습을 볼 때, 친구는 여행객이 앞으로 움직이는 모습을 보게 된다. 지면을 좌표계로 선택하면 움직이는 사람은 여행객이다. 그러나 기차를 좌표계로 선택하면 움직이는 사람은 친구가 된다. 그렇다면 절대 정지 상태의 좌표계가 존재하는 걸까?

아인슈타인은 이러한 예시들을 통해 절대적인 정지 상태라는 것은 역학뿐만 아니라 전기 역학 분야에서도 현상의 본질에 부합하지 않는 개념이라고 여겼고, 역학 방정식에 적용되는 모든 좌표계는 위에서 설명한 전기 역학과 광학의 법칙에도 동일하게 적용된다고 생각했다.

이것이 바로 그 유명한 상대성 원리다. 아인슈타인은 상대성 원리를 통해 역학, 전기 역학, 광학 등 물리 법칙은 모든 좌표계(정지 혹은 운동 상태 포함)에 동일하게 적용되며, 절대적인 정지 상태를 찾을 필요가 없다고 주장했다. 상대성 원리는 얼핏 아주 간단해 보이지만 절대적인 시공간의 개념을 없앴다는 점에서 매우 중요한 의미가 있다.

지구상에서 나무, 집 등 우리가 매일 보는 이러한 물체들은 정지 상태다. 하지만 지구가 자전한다는 사실을 고려하면 나무, 집 그리고 사람도 매일 4만 km의 속도로 움직이고 있는 셈이다. 지구의 범위에서 벗어나 태양계에서 보면 지구의 모든 물체는 태양과 상대적으로 움직이고 있다. 즉, 모든 물체가 지구를 따라 태양을 중심으로 공전하고 있는 것이다. 더 나아가 은하계에서 보면 태양 역시 은하계를 중심으로 움직이고 있다. 이처럼 우주에서는 절대적인 정지 상태에 있는 체계를 찾을 수 없다. 최근 천문학계에서는 우주는 방향성이 없는 등방성의 특징이 강하다고 밝혔고, 지구를 중심으로 움직이는 천체들의 운행 속도를 보면 절대적으로 정지해 있는 우주의 중심은 존재하지 않는다는 것을 알 수 있다.

4.1.5 동시에 움직이는 시계

아인슈타인은 시간의 의미에 대해서도 '절대적인 시간은 아무 의미가 없다'고 주장했다. 오전 7시라는 시간은 과연 어떤 시간을 의미할까? 서울 시간으로 오전 7시? 아니면 뉴욕 시간으로 오전 7시? 지구상의 오전 7시? 아니면 다른 행성의 오전 7시? 이처럼 시간은 어떤 사건이나 장소와 연결 지어야 비로소 의미가 생긴다.

예를 들어 7시에 기차가 기차역에 도착한다고 하자. 7시라는 시각은 '도착'이라는 사건과 시계의 짧은 바늘이 숫자 7을 가리키는 일과 연관되어 있다.

하나의 시계는 그것이 있는 곳에서 일어난 사건을 정확하게 묘사할 수 있다. 만약 여러 장소에서 일련의 사건들이 일어난다면 더 많은 시계가 필요하다. 단, 이때 시계의 구조 및 기타 특징은 완전히 일치해야 한다.

사건을 묘사할 수 있는 시계가 있다면 이제 '동시'의 개념을 정의할 수 있다. 이해를 돕기 위해 톰슨과 소피아의 이야기를 먼저 살펴보자.

톰슨은 교실 안에서 수업이 끝난 시점에 시계 바늘이 가리키는 위치를 기록했다. 이때 소피아는 교실 밖에서 톰슨의 수업이 끝나기를 기다리고 있었는데, 소피아 역시 수업이 끝난 시점에 시계 바늘이 가리키는 위치를 기록했다. 이렇게 톰슨의 시간과 소피아의 시간이 생겼다. 그럼 이제 톰슨과 소피의 동시 시간에 대해 알아보자.

한 줄기의 빛이 톰슨의 시계가 10시(t_A)를 가리킬 때 소피아를 향해 비쳤다고 가정해 보면 빛이 소피아가 있는 곳에 닿을 때 시계에 표시되는 시간은 10시 1분(t_B)이다. 그리고 이 빛이 소피아가 있는 곳에서 다시 톰슨이 있는 곳으로 반사되어 돌아왔을 때 시계가 가리키는 시간은 10시 2분(t'_A)이다.

$$t_B - t_A = t'_A - t_B$$

만약 위의 식이 성립한다면 톰슨과 소피아의 시간은 동시에 흐르고 있는 것이다.

그런데 만약 톰슨의 시계가 10시를 가리킬 때 출발한 빛이 소피아가 있는 곳에 닿았을 때 시계가 가리키는 시간이 10시 1분이고, 그 빛이 다시 톰슨이 있는 곳으로 반사되어 돌아왔을 때 시계가 가리키는 시간이 10시 3분이라면 두 사람의 시간은 동시에 흐르고 있다고 볼 수 없다.

기본적인 물리학 개념에 근거해 다음과 같은 두 가지 보편적인 관계를 유추할 수 있다.

(1) 소피아의 시계가 톰슨의 시계와 동시에 움직인다면, 톰슨의 시계 역시 소피아의 시계와 동시에 움직인다.

(2) 톰슨의 시계가 소피아의 시계와 동시에 움직인다면, 페인 교수의 시계 역시 소피아의 시계와 동시에 움직인다.

앞의 내용을 다시 한번 살펴보면 아인슈타인이 복잡하지만 굉장히 확실하고 정확한 시간 개념을 제시했다는 것을 알 수 있다.

아인슈타인은 여기에서 더 나아가 시간, 속도, 거리와 같은 물리적 개념을 연결해 다음과 같이 정의했다.

$$\frac{2\,\overline{AB}}{t'_A - t_A} = c$$

여기에서 $\overline{AB}$는 A와 B 사이의 거리를, c는 진공 속에서 빛의 속도를 가리킨다. 이렇게 하면 속도, 시간, 거리의 개념이 한데 연결된다.

아인슈타인이 만든 시간 체계와 우리의 상식이 어떻게 다른지 살펴보자. [그림 4-8]처럼 달리고 있는 기차의 정중앙에 작은 신호등이 하나 있고, 신호등에서 기차의 앞쪽과 뒤쪽을 향해 신호를 발사한다. 기차에 타고 있는 승객들은 기차의 앞쪽에 앉아 있든 뒤쪽에 앉아 있든 똑같은 시각에 신호를 받게 된다.

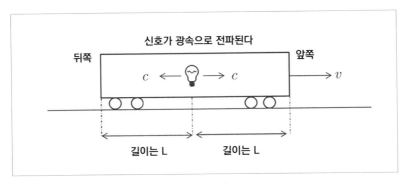

[그림 4-8]

그러나 기차 밖의 지상에 서 있는 관찰자의 입장에서는 기차가 v라는 속도로 앞으로 달리고 있기 때문에 기차 뒤쪽에서 신호를 받는 시간은 다음과 같다.

$$\frac{L}{c+v}$$

위의 식에서 L은 신호등에서 기차의 가장 앞쪽 그리고 가장 뒤쪽까지의 거리다. 그럼 기차 앞쪽에서 신호를 받는 시간은 다음과 같다.

$$\frac{L}{c-v}$$

보이는 것처럼 두 개의 식이 서로 다르다! 운동 좌표계(기차 안)에 있는 사람에게는 기차 앞쪽과 뒤쪽에서 신호를 받는 두 가지 사건이 동시에 일어난다. 하지만 정지좌표계(지상)에 있는 사람에게는 두 가지 사건이 동시에 일어나지 않는다. 그러므로 절대적인 시간이란 존재하지 않으며 '동시'에 발생하는 개념 역시 상대적이라고 볼 수 있다. 이것이 바로 동시성의 상대성이다.

4.1.6 시간의 지연과 수축

특수 상대성 이론의 중요한 결론은 운동하는 물체는 길이의 수축과 시간의 지연, 즉 수축 효과와 지연 효과가 있을 수 있다는 점이다. 다음의 예시를 함께 살펴보자.

우주선 한 대가 v라는 속도로 우주를 비행하고 있다. 우주선 안에는 작은 상자 하나가 있고 상자 바닥의 광자가 상자 천장으로 날아간다.

이때 우주선 안에 있는 사람에게는 광자가 바닥에서 천장까지 수직선 모양으로 이동하지만, 지상에 있는 사람에게는 광자가 사선으로 이동한다. 이와 같은 상황을 그림으로 표현하면 [그림 4-9]와 같다.

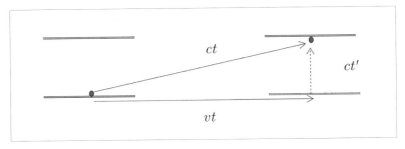

[그림 4-9]

지상에 있는 사람이 볼 때 광자가 이동한 거리는 ct, 즉 광속에 소요된 시간 t를 곱한 값이다. 한편 우주선에 있는 사람에게 광자가 이동한 거리는 ct'인데, 여기서 t와 t'는 같지 않다. 그 이유는 정지좌표계(지상)와 운동 좌표계(우주선)의 시간은 동시성이 성립하지 않기 때문이다.

중학교 때 배운 지식을 활용해 보면 세 개의 항목이 직각삼각형을 이루는 것을 알 수 있고, 피타고라스의 정의를 활용해 다음과 같은 식으로 정리할 수 있다.

$$(ct)^2 = (vt)^2 + (ct')^2$$

이 식을 조금 변형해 보면 다음과 같다.

$$t' = t \sqrt{1 - \frac{v^2}{c^2}}$$

이것이 바로 아주 중요한 시간 변환 공식이다.

지상에 있는 사람에게는 동일한 사건(광자가 바닥에서 천장까지 이동하는)이라 하더라도 비행 중인 우주선에서의 시간 t'와 지상에서의 시간 t는 같지 않다. 만약 우주선의 속도 v를 0.9배 광속이라고 하고, 위의 방정식에 대입해 보면 $t' ≒ 0.44t$가 나온다. 즉, 지구에서의 1년이 우주선에서는 0.44년, 약 5개월이라는 의미가 된다.

우주선이 점점 빨라져서 0.999992배 광속에 다다르면 지상에서 1년이 흐를 때 우주선에서는 하루밖에 지나지 않는다. 고대 신화에 나오는 '하늘에서의 하루는 땅에서의 일 년이다'라는 말과 완전히 일치하는 개념이 아닌가? 신화가 아니라 실제로 일어나는 일이었던 것이다. 물리학자들은 이러한 현상을 상대론의 시간 팽창 효과, 즉 시간 지연 효과라고 정의했다.

특수 상대성 이론의 시공간 개념에서 운동하는 물체는 상대적으로 정지된 체계이며 시간과 공간에 모두 변화가 생긴다. 단, 유일하게 광속만 변하지 않는다. 이것은 특수 상대성 이론의 가장 핵심적인 개념으로 위에서 언급한 예시들이 성립할 수 있는 근거가 된다.

운동 체계의 시간 변환 공식 중 일부를 변형하면 다음과 같은 공간 변환 공식을 얻을 수 있다.

$$l = \dfrac{l'}{\sqrt{1 - \dfrac{v^2}{c^2}}}$$

[그림 4-10]을 살펴보자. 상대 정지좌표계에 길이가 l이라는 자가 있고, 만약 v라는 속도로 운동하고 있다면 정지좌표계에 있는 사람이 보기에 그 길이는 l'로 수축된다. 이것이 바로 길이의 수축, 즉 수축효과다.

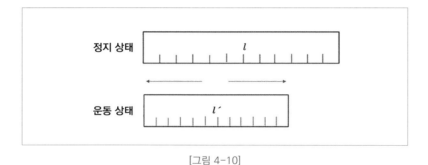

[그림 4-10]

반대로 v라는 속도로 운동하는 좌표계에 있는 사람은 자신은 정지해 있고, 정지좌표계에 있는 사람이 $-v$의 속도로 자신에게서 멀어져 가는 것처럼 보이므로 정지좌표계의 자가 짧아진다. 이처럼 수축 효과는 일종의 상대적인 효과다.

예를 들어 우주선에 타고 있는 톰슨이 지구에서 열리고 있는 농구 경기를 본다고 해 보자. 톰슨의 눈에는 키가 평균 2m 육박하는 농구 선수들도 1m 정도 되는 난쟁이들처럼 보이고 농구공도 작은 구슬처럼 보일 것이다.

지연과 수축 효과는 처음에는 불가사의한 현상으로 여겨졌지만 여러 차례의 검증을 통해 실제로 일어나는 현상이라는 것이 밝혀졌다. 우리가 일상생활에서 자주 사용하는 GPS 위성항법시스템은 위성의 속도가 매우 빠르기 때문에 상대성 효과를 고려해야 한다. 위성의 시계는 지구에 있는 시계보다 매일 약 38마이크로초씩 빠르게 움직이고, 이러한 차이가 누적되면 수평 방향의 오차가 10km까지 도달할 수 있다. 그러므로 GPS 위성항법시스템을 설계할 때는 반드시 시간 팽창 효과를 고려해 시계가 움직이는 속도를 조정해야 한다.

4.1.7 우주를 관통하는 광자

사람이 수백 미터의 거리를 걸어서 이동하려면 몇 분의 시간이 필요하고, 수 킬로미터를 이동하려면 몇 시간이 필요하다. 만약 100km가 넘는 거리를 이동하려면 자동차를 타야 하고, 1,000km가 넘는 거리는 비행기를 타야 한다. 이처럼 사람이 공간을 이동하려면 꽤 많은 힘을 들여야 한다.

그러나 빛의 경우 초속 30만 km의 속도로 이동하기 때문에 1,000km를 이동하는 건 일도 아니고, 지구에서 달까지 이동하는 데도 1초 정도밖에 걸리지 않는다. 빛은 은하계 전체를 관통하는 데 10만 년 정도의 시간이 걸린다고 한다. 빛의 속도는 두 다리를 가진 사람으로서는 이해하기 힘든 불가사의한 현상이다. 빛은 어떻게 그토록 광활한 공간을 눈 깜짝할 새 쉽게 이동할 수 있는 걸까?

특수 상대성 이론의 수축 효과를 통해 광자의 세계를 한번 살펴보자. 광자의 입장에서 보면 지구상의 모든 물체는 광속 c로 멀어지고 있다. 수축 공식을 이용해 보면 v가 광속 c에 도달할 때 l'은 무한히 0에 가까워진다. 다시 말해, 광자의 입장에서 바라보는 지구의 길이는 0에 가깝기 때문에 단숨에 관통할 수 있는 것이다.

만약 우주가 유한한 공간이라면 광자의 운동 방향 정면의 전체 우주의 길이는 0이고, 후면의 전체 우주의 길이도 0이다. 운동 방향의 왼쪽과 오른쪽은 속도 성분이 광속이 아니기 때문에 일정한 공간이 나타나지만 심하게 변형된 모습이다.

[그림 4-11]은 광자의 관점에서 본 우주의 모습이다. 운동 방향의 정면과 후면의 우주 공간은 압축되어 두께가 0에 가깝고, 왼쪽과 오른쪽으로 변형된 우주 공간이 나타난다. 여기서 다시 한번 강조할 점은, 광자의 관점에서 본 우주는 우주의 절대적인 풍경이 아니라는 것이다.

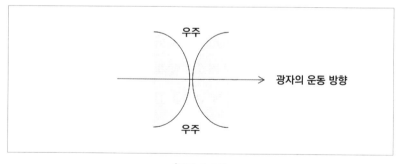

[그림 4-11]

언젠가 인류의 과학기술이 더욱 발달해 빛의 속도에 가까운 아광속 비행선을 타고 우주여행을 할 수 있다면 광자의 관점에서 보이는 세계를 직접 경험할 수 있게 될 것이다. 정면, 후면 공간이 압축되어 길이가 0에 가까운 풍경을 말이다. 그리고 그런 날이 오면 인류는 우주 저 너머에 무엇이 존재하는지 볼 수 있게 될 것이다.

4.1.8 질량-에너지 등가의 법칙

시간, 공간뿐만 아니라 질량도 상대적이다. 질량이란 1620년 프랜시스 베이컨이 처음으로 제시한 개념으로, 이때부터 질량과 힘을 연결 지어 생각하기 시작했다.

그 이후 뉴턴이 더욱 정확한 질량의 정의를 제시했다. 뉴턴의 운동 제2법칙의 $F=ma$는 일정한 힘 F가 작용할 때 가속도 a가 큰 물체일수록 질량 m은 작아진다는 의미를 담고 있다. 만약 기본 물체의 질량을 1kg이라고 정의한다면, 기타 물체들은 뉴턴의 운동 제2법칙에 따라 질량이 확정된다.

질량에 관해 중요한 물리 법칙이 하나 더 있는데, 바로 운동량 보존 법칙이다. [그림 4-12]와 같이 당구공을 치는 장면을 한번 상상해 보자.

당구채로 흰공을 치면 흰공은 속도 w를 얻고, 검은공과 충돌한 이후에는 속도가 u로 줄어든다. 검은공은 속도 v를 얻고 굴러가서 홀에 들어간다. 일상 속에서 흔히 볼 수 있는 장면을 운동량 보존 법칙으로 나타내면 다음과 같은 식이 만들어진다.

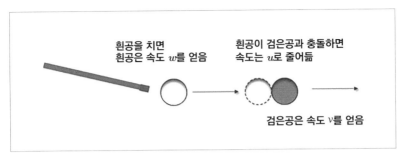

흰공을 치면
흰공은 속도 w를 얻음

흰공이 검은공과 충돌하면
속도는 u로 줄어듦

검은공은 속도 v를 얻음

[그림 4-12]

$$m_{흰공}w = m_{흰공}u + m_{검은공}v$$

일반적으로 흰공과 검은공의 질량은 같다. 즉, $m_{흰공} = m_{검은공}$이다. 질량이 같다면 양쪽 식에서 질량을 삭제해 다음과 같은 식을 얻을 수 있다.

$$w = u + v$$

위의 식을 어디서 본 것 같지 않은가? 그렇다. 바로 고전 물리학에 나오는 속도 합성 공식이다. 그런데 아인슈타인은 상대성 원리에서 이 속도 합성 공식에 수정이 필요하다고 주장했다. 만약 u와 v가 광속에 도달하면 w 역시 광속과 같아지는데, 그럼 운동량 보존 법칙 공식 $m_{흰공}w = m_{흰공}u + m_{검은공}v$이 $m_{흰공}c = m_{흰공}c + m_{검은공}c$로 변형되고, 정확하지 않은 식이 만들어진다. 여기서 가능한 설명은 물체가 광속에 가까워질 때 질량이 변한다는 것이다.

간단한 계산을 통해 다음과 같은 질량 변환 공식을 얻을 수 있다.

$$m = \frac{m_0}{\sqrt{1 - \dfrac{v^2}{c^2}}}$$

이 공식은 질량-에너지 등가의 법칙이라고도 불린다. 정지좌표계의 관점에서 보면 속도가 광속에 근접할수록 물질의 질량은 무한대에 가까워진다. 전자처럼 질량이 작은 물체의 경우 고성능 가속기를 통해 속도를 빛에 가까운 속도까지 변환시킬 수 있지만, 광속에 도달하는 건 또 다른 차원의 일이다. 설령 가속기를 은하계만큼 큰 규모로 짓는다 하더라도 전자를 광속까지 가속시키는 건 불가능하다. 물론 그 원인은 질량-에너지 등가 법칙에서 찾을 수 있다.

인체처럼 질량이 큰 물체를 가속시키는 것은 전자를 가속시키는 것보다 훨씬 어려운 일이다. 공상과학 영화에 나오는 우주선이라도 블랙홀을 통과하지 않는 한 광속으로 비행하는 건 불가능하다.

간혹 이런 의문을 품는 독자들도 있을 것이다. 광선은 광속으로 이동하는데, 질량이 무한대라는 설명은 없지 않았던가? 그 이유는 빛의 정지 질량이 0이고, 질량-에너지 등가 법칙의 영향을 받지 않는다는 특수한 성질 때문이다. 그 밖에도 광자의 질량이 0이기 때문에 물체는 계속 외부에 빛을 발산하면서도 질량은 전혀 감소하지 않는다.

4.1.9 질량-에너지 등가 공식

아인슈타인은 특수 상대성 이론을 바탕으로 세상에서 가장 유명한 공식을 만들었다.

$$E = mc^2$$

바로 상대성 이론의 질량-에너지 등가 공식이다. 아인슈타인은 이 공식을 통해 질량과 에너지의 관계를 아주 자세히 설명했다.

1장에서 톰슨이 아침 식사로 먹은 빵 200g을 기억하는가? 이 빵의 질량을 공식에 대입하면 1.8×10^{16}J이 나온다. 일반적인 성인이 하루에 섭취하는 에너지 총량이 약 2000kcal라면, 톰슨은 빵 한 덩이의 에너지를 이용해 589만 년을 살아갈 수 있다.

이 공식은 인류가 핵에너지를 개발하기 30여 년 전 만들어졌다. 원자폭탄이 개발될 무렵, 과학자들은 원자폭탄의 거대한 에너지가 어디에서 비롯되는지 생각하다가 이 공식을 떠올렸고, 질량으로 에너지를 얻을 수 있다는 사실을 발견했다.

질량-에너지 등가 공식은 등식이고, 등호 양변의 물리량이 동일하다. 이 말은 질량과 에너지가 상호 전환될 수 있다는 의미다.

원자폭탄의 폭발은 질량이 에너지로 전환된 결과다. 즉, 우라늄 원소의 질량이 감소하면서 거대한 에너지가 방출되는 것이다. 원자폭탄은 핵분열 에너지를 이용했지만, 그보다 더 효율적인 방식은 핵융합이다. 초고온 고압 상태에서 수소 동위원소는 핵 원소로 융합되어 더욱 큰 에너지를 방출할 수 있게 된다. 핵융합은 핵분열보다 에너지 효율이 훨씬 높지만, 초고온 환경(약 5000만℃에서 1억℃)을 만들어야 하므로 기술 난이도 역시 상당히 높은 편이다.

핵분열이든 핵융합이든 원료의 질량은 일부만 에너지로 전환될 수 있다. 질량-에너지 등가 공식의 위력이 100% 다 발휘될 수 없다는 의미다. 에너지가 완전히 방출되는 경우는 물질과 반물질이 만나 쌍소멸이 일어날 때다. 물질과 반물질이 만나면 중성미자, 광자 등 정지 질량이 0이거나 0에 근접한 입자들이 순간적으로 소멸 및 방출된다. 이 과정에서 질량은 완전히 에너지로 전환되고, 에너지 효율은 핵융합 방식보다 140배가량 더 높아진다.

그런데 반대로 에너지가 질량으로 전환될 수 있는지에 대한 검증은 쉽지 않은 편이다. 2008년까지 여러 나라의 물리학자들이 검증한 바를 정리해 보면, 원자핵의 양성자와 중성자는 쿼크와 글루온으로 구성되어 있다. 그중 글루온의 질량은 0이고 쿼크의 질량은 양성자, 중성자 질량의 5%를 차지한다고 한다. 그러면 나머지 95%의 질량은 과연 어디에서 오는 걸까? [그림 4-13]을 살펴보면 사실 나머지 질량은 쿼크와 글루온이 상호작용하는 에너지에서 전환된 것이라고 볼 수 있다.

쿼크가 차지하는 질량 5%
글루온이 차지하는 질량 0
원자핵의 나머지 95%의 질량은
에너지에서 전환됨

[그림 4-13]

4.1.10 쌍둥이 역설

특수 상대성 이론을 설명할 때 반드시 언급되는 역설이 하나 있다.

1911년, 특수 상대성 이론의 시간 팽창 효과에 의문을 품은 프랑스의 원로 물리학자 랑주뱅이 쌍둥이 역설을 제시했다. 톰과 제리라는 쌍둥이 형제가 있다고 해 보자. 톰은 제리보다 한 시간 먼저 태어나 형이 되었고, 제리는 동생이 되었다. 두 사람이 20살이 되던 해, 형 톰은 광속 우주선을 타고 우주로 떠났고 동생 제리는 지구에 머물렀다. 30년 후, 톰이 지구에 돌아왔을 때 제리는 50살이 되어 있었다. 제리의 관점에서 보면, 시간 팽창 효과로 인해 톰의 시간은 3년밖에 흐르지 않았기 때문에, 지구에 돌아온 톰의 나이는 23살이 된다. 하지만 반대로 톰의 관점에서 보면, 제리가 광속으로 자신에게 멀어졌기 때문에 제리의 시간이 천천히 흐른 셈이고, 자신이 50살이고 제리의 나이가 23살이 된다. 물론 둘 중 한 가지 상황만 있을 수 있다. 과연 형과 동생 중 누구의 상황이 맞는 걸까? 혹시 시간 팽창 효과라는 것이 아예 존재하지 않는 건 아닐까?

모든 물리 이론은 '논리'의 관문을 통과하지 못하면 인정받지 못한다. 그렇다면 쌍둥이 역설에 대한 해법은 존재할까?

1966년 쌍둥이 역설에 대한 해법이 등장했다. 과학자들은 뮤온(뮤온은 일종의 렙톤으로 단위 음전하를 띠고 스핀이 $\frac{1}{2}$이다. 자세한 내용은 7장을 참고한다)을 이용해 쌍둥이 역설과 유사한 실험을 진행했는데, 뮤온을 광속에 근접한 속도로 직경 14m인 루프를 따라 움직이게 하다가 출발점으로 돌아오게 하는 것이었다. 실험 결과 광속에 근접한 속도로 움직이던 뮤온의 수명이 연장된 것으로 나타났고, 이는 쌍둥이 역설에서 광속 우주선을 타고 우주를 여행하다가 지구로 돌아온 형 톰의 수명도 제리와 비교했을 때 상대적으로 연장되었음을 의미한다. 즉, 형인 톰이 제리보다 젊어진 셈이다.

4.1.11 시공간의 일체 개념

서양 과학계에서는 2000년이 넘는 시간 동안 그 누구도 시간과 공간의 관계에 대해 진지하게 고민하지 않았다. 사람들은 공간을 말 그대로 비어 있는 곳으로 이해했고, 세상의 각종 물리 현상들이 기량을 뽐내는 거대한 무대 같은 것이라 생각했다. 그러면서도 무대 자체의 본질에 대해서는 관심을 갖지 않았다. 한편 사람들이 생각하는 시간이란 영원히, 일정한 속도로 흐르는 강물 같은 것이었다.

아인슈타인은 이처럼 원시적이고 단순한 시공간 개념을 받아들이지 않았다. 그는 특수 상대성 이론을 통해 공간의 길이가 변할 수 있고, 시간 역시 상대적으로 빨라질 수도, 느려질 수도 있다는 사실을 증명해냈다. 아인슈타인의 획기적이고 패기 넘치는 주장은 기계론적 자연관에 종말을 선고하고 자연과학사의 위대한 변혁을 이끌었다. 그의 위대한 업적은 상대성 이론의 응용에만 그치지 않고, 대자연에 대한 인류의 인식을 한층 더 높이 끌어올렸다는 데 큰 의미가 있다. 플랑크가 한 강연에서 아인슈타인의 업적에 대해 이렇게 평가했다.

"시공간 개념에 대한 아인슈타인의 대범한 도전 정신은 지금까지의 자연과학 및 철학 연구 성과를 훨씬 뛰어넘는 것이다."

오늘날 사람들은 시간과 공간이 서로 영향을 주고받는 떼려야 뗄 수 없는 관계라는 것을 잘 알고 있다. 공간은 3차원이고, 여기에 시간이라는 1차원이 더해지면 바로 4차원 시공간이 된다. 그뿐만 아니라 어떤 사물을 연구하든 사물이 놓인 지점의 좌표계뿐만 아니라 관찰자 시점의 좌표계까지 고려해야 한다는 '상대성'은 이제 과학 연구에서 빼놓을 수 없는 기본 원리로 자리매김했다.

특수 상대성 이론을 간단하면서도 명확하게 설명하는 예시가 있다. 한 남자가 공원 벤치에 앉아 있다고 해 보자. 만약 이 남자가 지성과 미모를 겸비한 매력적인 여자와 함께 앉아 있다면 두 시간을 앉아 있어도 아주 짧게 느껴질 것이다. 그러나 반대로 나이 많고 말이 없는 할아버지와 함께 앉아 있다면 20분이라는 시간도 아주 길게 느껴질 것이다. 물론 우스갯소리로 하는 이야기지만 이 예시에는 특수 상대성 이론의 정수가 담겨 있다. 즉, 시간의 흐름은 사람 혹은 사건에 따라 달라질 수 있고 세상에는 절대적인 혹은 절대로 변하지 않는 공간이나 시간은 없다는 의미다. 모든 것은 상대적이다.

일반 상대성 이론

특수 상대성 이론이 세상에 등장하고 사람들이 시간의 지연과 길이의 수축 효과에 대해 새롭게 알아갈 무렵, 아인슈타인은 특수 상대성 이론을 확장하여 체계화한 일반 상대성 이론을 또 한 번 발표했고, 이로써 뉴턴 고전 역학의 최후의 보루였던 중력 이론까지 완전히 뒤집었다.

4.2.1 뉴턴의 중력 법칙의 문제점

만유인력의 법칙을 세상에 나오게 한 건 바로 사과 한 알이었다. 1669년 26살의 뉴턴은 전염병을 피해 시골의 한 농장에 머무르고 있었다. 어느 날 오후 나무 밑에서 낮잠을 자던 뉴턴은 나무에서 떨어진 사과 한 알을 맞고 잠에서 깼다. 그리고 곧이어 세상의 모든 만물은 중력의 영향을 받는다는 사실을 깨닫게 되고, 중력의 법칙이 탄생하게 된다.

세상의 모든 만물은 중력의 영향을 받는다. 손에 비닐 봉투를 들고 있다가 놓으면 비닐 봉투는 스스로 바닥에 떨어진다. 또 높은 곳에서 물을 따르면 물은 알아서 가장 낮은 곳으로 흘러간다. 그 밖에도 비슷한 예들을 일상생활 속에서 쉽게 찾아볼 수 있다. 그럼 과연 중력이란 무엇일까? 세상에 그 누구도 지구에서 밧줄을 던져 달을 꼼짝 못하게 붙잡아 놓았다거나, 태양에서 밧줄을 던져 지구가 꼼짝 못하게 붙잡아 놓았다는 이야기를 들은 적은 없다. 그런데 그럼에도 불구하고 달은 지구의 궤도에서 벗어나지 못하고, 지구 역시 40억 년 동안 태양 주위를 계속 돌고 있다.

고전 중력 법칙은 사물의 운행 법칙에 대해서 언급했지만 근본적인 설명은 부족했다. 또한 고전 중력 법칙에는 많은 사람들이 미처 알아채지 못한 문제가 있었는데, 아인슈타인이 바로 그 점을 발견했다.

4.2.2 중력 질량과 관성 질량

고전 중력 법칙의 문제를 설명하기 위해서는 먼저 정전기장의 전자를 살펴봐야 한다.

$$a = \frac{qE}{m}$$

위의 식에서 q는 전하량, E는 전기장의 세기, m은 입자의 질량을 나타낸다. 이 공식은 전하 q, 질량 m의 하전 입자가 전기장의 세기 E에서 가속도가 a라는 의미다. 이 공식은 무수히 많은 실험을 통해 증명되었고, 식의 의미도 쉽게 이해할 수 있다. 전하는 전기장의 세기의 피드백 인자로, 전하량이 클수록 상호작용이 더욱 강렬해진다. 또한 입자의 질량이 분모에 있으므로 입자가 무거워질수록 이동하기 힘들어지는 것이 당연하다.

그럼 이번에는 중력장에서의 물체의 가속도 a를 살펴보자.

$$a = \frac{m_G g}{m_I}$$

위의 식에서, m_G는 중력질량, g는 중력장의 세기, a는 중력장에서의 가속도를 나타낸다.

어떤가? 두 식이 아주 비슷하지 않은가? 그중 m_G는 중력장에 대한 물체의 피드백 인자다. 그러므로 전장의 전하 q와 비교할 수 있다.

이치대로라면 중력 질량과 관성 질량은 아무 관계가 없어야 한다. 전하량이 입자의 질량과 아무 관계가 없는 것처럼 말이다. 그러나 고전 중력 법칙에 따르면 중력 질량과 관성 질량이 같고, 가속도와 중력장의 강도 g가 같아 $m_G = m_I$라는 식이 만들어지게 된다. 그런데 이것이 상당히 큰 문제였음에도 불구하고 아인슈타인의 시대가 올 때까지 오랜 시간 아무도 인식하지 못했다.

조금 더 자세한 설명을 위해 [그림 4-14]처럼 네 개의 공을 이용해 실험해 보자.

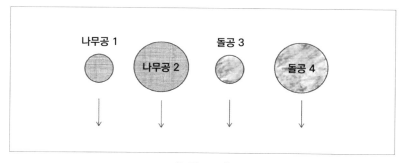

[그림 4-14]

네 개의 공을 동시에 떨어트린다고 해 보자. 나무공 1과 돌공 3의 크기가 같고, 나무공 2와 돌공 4의 크기는 서로 같다. 네 개 공의 관성 질량의 비는 1 : 2 : 2 : 4이고, 보이는 것처럼 공의 크기, 재료는 모두 다르다.

실험 결과는 당연히 네 개의 공이 모두 같은 속도로 땅에 떨어졌다. 앞서 갈릴레이의 실험에서도 확인한 결론이다.

고전 역학 체계에서는 만유인력 $F = \dfrac{MmG}{r^2}$ 를 공의 관성 질량으로 나누면 모두 동일한 가속도를 얻기 때문에 공들이 모두 동시에 땅에 떨어지는 것이라고 말한다. 그러나 물체의 크기와 재료가 다 다른 상황에서 어떻게 중력 질량(중력장의 피드백 인자)과 관성 질량이 같을 수 있을까?

관성 질량은 명확한 힘이 물체에 작용할 때 생긴다. 손으로 책상을 밀거나, 밧줄로 통을 잡아당기거나, 기중기로 돌을 들어 올릴 때처럼 말이다. 그러나 중력은 눈에 보이지도 않고 만질 수도 없는 힘이다. 그 누구도 밧줄이 사과를 땅으로 잡아당기거나, 밧줄이 달을 지구 주변에 머무르게 붙잡고 있는 것을 본 적 없지 않은가.

더욱 심각한 문제는 고전 역학에서 설명하는 중력은 원격작용에 해당한다는 점이었다. 뉴턴의 논리에 따르면 우주에서 갑자기 우주 비행사가 나타나면 지구에서는 시간 차 없이 곧바로 우주 비행사에 대한 중력 작용이 일어나게 된다. 조금 더 과장된 예로, 태양이 갑자기 사라지면 지구에서도 곧바로 태양의 중력이 사라진다는 의미가 된다. 그러나 아인슈타인은 상대론에서 그 어떤 속도도 광속을 따라잡을 수 없다고 주장했고, 고전 역학에서 설명하는 중력의 원격작용에 대한 문제점을 제기했다.

4.2.3 등가 원리

아인슈타인은 고전 역학에서 설명하는 중력에 어떤 오류들이 있는지 찾아냈다. 그럼 이러한 오류들을 바로잡을 수 있는 방법은 무엇일까?

먼저 아인슈타인의 그 유명한 엘리베이터 실험에 대해 알아보자. 한 우주 비행사가 우주선에 타고 있다고 가정해 보자. 이 우주선에는 창문이 없어 우주 비행사는 바깥 풍경을 볼 수가 없다. 이 우주 비행사는 손에 사과를 하나 들고 있었는데, 사과를 던지자 사과가 가속하며 바닥으로 떨어졌다. 과연 우주 비행사는 이를 통해 자신의 상황을 판단할 수 있을까?

정답은 '판단할 수 없다'이다. 실제로 우주 비행사는 어떤 행성의 표면에 있을 수도 있다. 그래서 우주 비행사가 던진 사과가 자유 낙하처럼 가속하며 추락한 것이다. 또 어쩌면 우주 비행사가 가속 비행 중이라서 사과가 바닥으로 떨어진 것일 수도 있다. 이 두 가지 상황의 결과는 등가이기 때문에 우주 비행사는 물리적 실험을 통해 자신이 어떤 상황에 처해있는지 확인할 수 없다.

위의 예시는 가속 좌표계와 중력장이 등가이기 때문에 추가적인 정보가 없으면 둘을 구분하기 힘들다는 것을 보여준다. 이것이 바로 엘리베이터 실험의 핵심 내용이다. 이러한 사고 실험을 통해 아인슈타인은 다음과 같은 등가 원리를 도출했다.

'가속 좌표계의 관성력과 중력의 효과는 등가이므로, 둘은 물리적 실험으로 구별할 수 없다.'

4.2.4 중력의 본질

일반 상대성 이론을 설명할 때 과학자들은 조금 더 생동감 있게 표현하기 위해 그래프를 자주 이용했는데, 가장 대표적인 것이 시공간 그래프에 곡선으로 물체의 운동 상태를 표시한 것이다. 이 그래프에는 아주 중요한 두 가지 선이 등장하는데, 바로 세계선과 측지선이다. 세계선은 물체가 시공간 속에서 운동하는 궤적을 나타내고, 측지선은 시공간 두 지점 사이의 최단 경로를 나타낸다.

상대론은 시간과 공간의 관계를 설명하는 이론이기 때문에 좌표축에 시간 차원이 표시되어야 한다. [그림 4-15]를 살펴보자. 예를 들어 톰슨이 교실에 얌전히 앉아 있을 때 3차원 세계에서는 전혀 움직이지 않았지만 4차원 시공간에서는 시간 좌표축을 따라 움직였다. 그렇다면 톰슨의 세계선(세계선 1)은 수직으로 올라가는 직선이 된다. 또 다른 예로 광자가 우주를 향해 날아갈 때 3차원 공간에서 일정한 거리를 움직이고, 시간 좌표에서도 일정한 거리를 움직인다. 이때 빛의 세계선은 그래프에서 45° 기울어진 직선으로 나타난다. 만약 어떤 물체가 정지해 있기도 하다가, 광속으로 움직이기도 하다가, 또 광속의 0.5배로 움직이기도 한다면 이 물체의 세계선(세계선 2)은 구불구불한 곡선으로 나타난다.

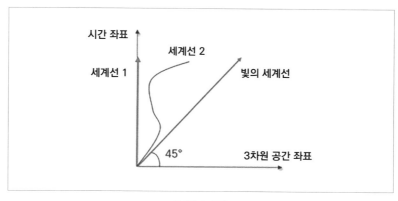

[그림 4-15]

평지에서 차를 운전한다고 할 때, 임의의 두 지점의 최단 거리는 두 지점을 잇는 직선거리다. 이 직선거리가 바로 평지의 측지선이다. 그런데 만약 울퉁불퉁한 산길을 운전할 때는 임의의 두 지점의 최단 거리는 두 지점을 잇는 곡선이 된다. 가장 짧은 곡선을 따라가야만 가장 빨리 도착할 수 있다. 그래서 산길의 측지선은 곡선인 경우가 많다. 4차원 시공간에 놓고 봤을 때도 마찬가지로 측지선은 두 지점 사이의 가장 짧은 선을 의미한다.

그럼 이제 이러한 내용을 바탕으로 등가 원리를 다시 한번 살펴보자. [그림 4-16]의 왼쪽 그림은 행성에서 멀어지고 있는 가속 좌표계로, 우주 비행선이 가속하며 비행 중이다. 이러한 상황에서 사과는 어떠한 영향도 받지 않으므로, 사과의 세계선은 직선이다. 그런데 우주 비행사가 비행선을 따라 가속해서 움직인다면 그의 세계선은 곡선이 된다. 우주 비행사는 자신이 곡선으로 움직였기 때문에 사과가 가속하며 바닥으로 떨어지는 장면을 보게 된다. 오른쪽 그림은 행성 부근의 중력장의 모습이다. 이때 사과의 세계선은 곡선인데, 그 이유는 행성의 중력에 의해 바닥으로 떨어졌기 때문이다.

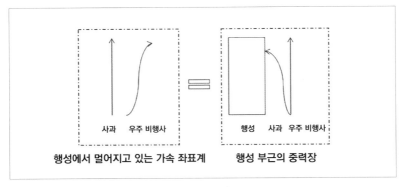

[그림 4-16]

　　이러한 분석을 바탕으로 아인슈타인은 중력에 대한 완전히 새로운 견해를 내놓았다. 중력의 존재는 시공간을 휘어지게 하고, 측지선의 형태도 변화시킨다. 평탄한 시공간에서 측지선을 움직이는 물체의 세계선은 직선이다. 그런데 휘어진 시공간에서는 세계선도 곡선으로 변한다. 즉, 시간의 흐름에 따라 공간의 위치가 중력원을 향해 움직이고 있다는 의미다. [그림 4-17]을 참고하자.

　　아인슈타인의 상대성 이론은 기존의 중력 법칙을 완전히 뒤집었을 뿐만 아니라, 운동에 대한 사람들의 인식도 바꾸었다. 사과가 땅에 떨

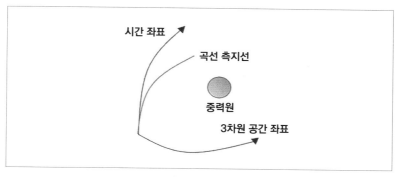

시간 좌표

곡선 측지선

중력원

3차원 공간 좌표

[그림 4-17]

어진 이유는 만유인력의 작용 때문이 아니라 휘어진 시공간에서 측지선으로 이동할 때 시간의 흐름에 따라 가속하며 중력원에 가까워졌기 때문이다.

이런 의문을 품는 사람도 있을 것이다. 왜 휘어진 시공간에서는 측지선으로 이동하는 걸까?

먼저 곧고 반듯한 시공간을 살펴보자. 임의의 두 지점 사이에는 무수히 많은 경로가 존재한다. 하지만 그중에서 두 지점을 잇는 직선 단 하나만이 최단 거리가 될 수 있다. 마찬가지로 휘어진 시공간에서도 측지선은 단 하나다. 두 지점을 잇는 무수히 많은 선이 있을 수 있지만 최단 거리를 나타내는 측지선은 단 하나뿐이다.

[그림 4-18]을 살펴보자. 스스로 사고할 수 없는 물체가 있다고 해 보자. 갑 지점에서 을 지점까지 이동하는 경로는 여러 가지인데, 그중 경로 A와 경로 B는 길이가 같다. 경로 A와 경로 B는 같기 때문에 물체는 A를 선택하면서 B를 선택하지 않을 이유가 없다. 하지만 경로 C의 경

125

우는 다르다. 경로 C의 길이는 다른 경로와 달리 유일성(가장 길거나, 가장 짧거나)을 갖고 있다. 그래서 스스로 사고할 수 없는 물체는 유일성을 가진 경로를 선택하는 것이다.

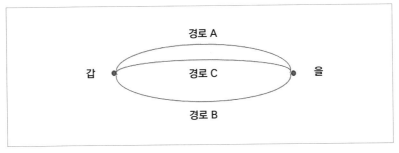

[그림 4-18]

그러나 왜 유일성을 가진 경로를 선택하는지에 관해서는 물리학자들도 명확한 답을 내놓지 못했다. 어쩌면 '유일한 경로를 선택'하는 것은 우주의 원리인지도 모르겠다.

4.2.5 별빛의 굴절

상대성 이론에 따르면 먼 행성에서 발사된 광선은 태양 부근을 지날 때 시공간 굴절 효과 때문에 휘어진 경로를 지나게 된다. 아인슈타인은 태양의 질량을 M, 별빛과 태양의 거리를 $\varDelta$이라고 가정했을 때 별빛의 굴절도 B는 다음과 같은 식을 만족한다고 주장했다.

$$B = \frac{kM}{2\pi\varDelta}$$

이러한 주장은 빛이 일직선으로 날아간다고 믿고 있던 사람들에게 큰 충격을 가져왔다. 태양 표면에 대기층이 존재하지 않으면 광선은 진공 상태에서 태양 부근을 지나야 한다. 그런데 진공 상태에서 광선이 어떻게 휘어진다는 말인가?

1919년, 제1차 세계대전이 막을 내렸지만 승전국인 영국에서는 독일(패전국)에 대한 경계심을 늦추지 않았다. 또한 영국은 뉴턴 시대 이후 줄곧 세계 과학의 중심지였지만, 이러한 중심지도 점차 유럽 대륙으로 이동하고 있었다. 그곳에서는 양자 역학, 특수 상대성 이론 등 중요한 과학 이론들이 등장하고 있었고, 자연과학의 신질서가 구축되고 있었다. 이러한 상황에서 영국의 과학자 에딩턴은 국적이나 세계 정세와 같은 요소들을 모두 배제하고 오직 대자연의 진리를 탐구하기 위해 직접 발 벗고 나섰다.

에딩턴은 두 무리의 사람들을 이끌고 아프리카의 상투메 프린시페와 남아메리카의 브라질로 향했다. 그들은 개기일식이라는 절호의 기회를 이용해 지구의 양 끝단에서 별빛을 측정했다. 그중 한 무리가 밤에 한 항성의 위치를 관측했고, 또 다른 무리는 낮에 개기일식을 이용해 동일한 항성의 위치를 관측했다. 에딩턴 무리는 무더위와 폭우, 모기와의 싸움 등 악조건과 싸우며 많은 사진을 찍었고, 결국 항성의 사진이 찍힌 두 장의 사진을 얻을 수 있었다. [그림 4-19]를 살펴보자. 사진을 비교 분석한 결과 두 장의 사진에 찍힌 항성의 위치는 1초 정도 차이가 나는 것으로 밝혀졌고, 이는 상대성 이론에서 예언한 1.75초와 매우 근접한 수치였다.

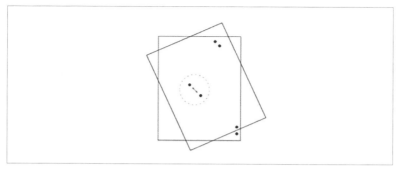

[그림 4-19]

에딩턴의 관측 결과가 발표되자 학계의 반응은 뜨거웠다. 이제 막 전쟁의 고통에서 벗어난 사람들에게 이 엄청난 과학적 발견은 새로운 희망을 가져다줬다. 전해지는 이야기에 따르면, 아인슈타인 본인은 이 관측 결과에 대해 담담한 반응을 보였다고 한다. 그리고 관측 결과가 이러하지 않았다면 신에게 굉장히 유감이었을 거란 말을 남겼다고 한다.

4.2.6 수성의 근일점 이동

별빛의 굴절 문제 외에도 상대성 이론은 천문학자들의 큰 골칫거리였던 수성의 근일점 이동 문제(세차운동)의 해법을 제시했다.

뉴턴의 중력 법칙에 따르면 수성은 고유의 타원형 궤적을 따라 어느 한쪽으로 치우치지 않고 태양을 따라 이동해야 한다. 그러나 실제 관측 결과를 보면 100년마다 수성의 근일점(궤도상에서 태양에 가장 가까운 점-옮긴이) 위치가 5,600초 달라졌다. 100년이 넘는 노력 끝에 천문학자들은 수성의 타원형 궤적을 [그림 4-20]에 보이는 것과 같이 원뿔 곡선으로 수정했다. 이러한 수정을 통해 근일점이 5,557초만큼 이동한 원인은 설명할 수 있었지만, 나머지 43초에 대한 원인은 끝내 찾아내지 못했다.

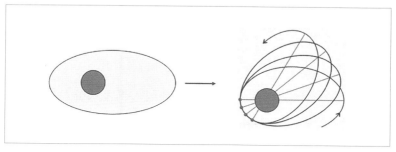

[그림 4-20]

여기에서 말하는 '초'는 천문학적 개념으로, 43초에 해당하는 각도는 아주 작은 편이지만 자연과학에서는 아주 작은 편차도 허용하지 않는다. 편차가 있다는 것은 분명 어딘가에 문제가 있다는 뜻이기 때문이다.

천문학자들이 문제 해결을 위해 머리를 맞대고 고민하고 있을 때, 아인슈타인이 상대성 이론을 통해 수성의 근일점 이동 문제를 해결했다. 상대성 이론에 따르면 수성은 측지선을 따라 움직이고, 휘어진 시공간에서 수성의 운동방정식을 구해 보면 100년 동안 수성의 궤도가 정확히 43초 이동한 것으로 나온다. 이렇게 아인슈타인은 43초 편차 문제를 한 번에 해결했다.

4.2.7 대형 트램펄린

뉴턴은 중력 법칙에서 행성이 보이지 않는 '밧줄'에 연결되어 항성 주위를 공전하고, 항성 역시 보이지 않는 '밧줄'에 의해 은하 중심을 공전한다고 주장했다. 그러면서 이 '밧줄'이 무엇을 의미하는지에 대해서는 자세히 설명하지 않았다. 결국 뉴턴의 중력 법칙 이론은 천체가 만유인력의 공식에 따라 움직인다고 주장하지만, 왜 그렇게 움직이는지에 대해서는 설명하지 못한 셈이다.

한편 아인슈타인은 상대성 이론을 통해 이 문제에 대한 해답을 찾아냈다. 그는 질량이 큰 천체가 주변 시공간을 휘어지게 만들면 질량이 작은 천체는 최적의 경로를 따라 움직이기 때문에 행성이 공전한다고 설명했다.

[그림 4-21]을 살펴보자. 상대성 이론에 따르면 천체의 움직임은 마치 트램펄린 위에 놓인 공과 같다. 질량이 큰 항성이 시공간에 굴절을 일으키면 반듯했던 시공간이 휘어지게 되고, 그러면 질량이 작은 행성은 휘어진 궤도를 따라 움직이게 된다.

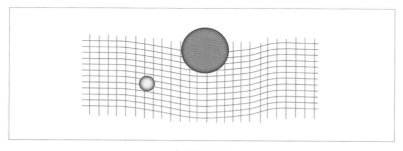

[그림 4-21]

수천 년 동안 인류는 우주의 시공간이 평탄한 배경이라고 생각했다. 그러나 아인슈타인은 상대성 이론을 통해 우주 전체가 울퉁불퉁하고 굴곡진 형태를 띠고 있다는 새로운 사실을 알려줬다. 질량이 큰 항성, 질량이 작은 행성, 위성, 운석 그리고 광선까지 모든 것은 평평하지 않고 굴곡진 시공간에서 움직인다. 이들은 측지선을 따라 움직이다가 질량이 큰 천체 부근에 도달하면 대부분 '구덩이'에 빠지게 되는데, 이 구덩이에서 빠져나오지 못하면 질량이 큰 천체의 행성 혹은 위성이 되는 것이다.

질량이 큰 항성이 생애 주기 말기에 진입하면 항성의 일부가 블랙홀로 변하고, 블랙홀 주변의 시공간은 무한히 굴절되어 [그림 4-22]와 같은 장면이 만들어지게 된다.

단, 상대성 이론에서 설명하는 것은 4차원 시공간이므로, 2차원으로 표현된 그림은 참고 자료로만 활용한다. 실제 천체의 움직임은 이것보다 훨씬 높은 차원으로 나타난다.

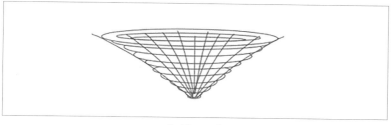

[그림 4-22]

4.3

우주 탄생의 메아리에 귀를 기울이다

4.3.1 초기 모형

여름 밤하늘을 올려다보면 전갈자리, 궁수자리, 천칭자리 등 다양한 별자리를 볼 수 있다. 이러한 별자리는 옛날부터 지금까지 위치가 변한 적이 없고, 언제나 고유한 형태로 나타난다. 옛사람들은 별자리에 각자의 이름을 붙여주고, 관측 결과를 바탕으로 우주 모형을 만들었다.

초기의 우주 모형은 하늘은 둥글고, 땅은 네모난 형태로 땅이 거대한 천막으로 뒤덮여 있는 형태였다.

기원전 550년, 피타고라스는 지구의 모양은 공 모양이고, 태양과 별들이 지구를 중심으로 돌고 있으며, 가장 바깥층에는 꺼지지 않는 불이 타오르고 있다고 주장했다.

기원전 130년에 이르러 고대 그리스의 과학자 프톨레마이오스가 기존의 모형을 바탕으로 하되, 여러 겹으로 이루어진 새로운 모형을 제시했다. 이 모형에서 지구는 움직이지 않고 정중앙에 자리 잡고 있으며, 달, 수성, 금성, 태양, 화성, 목성, 토성이 차례로 지구를 둘러싸고 있다. [그림 4-23]에 나와 있는 것처럼 모형 가장 바깥층에는 무수한 별들로 이루어진 '항성천'이 있고, 모든 천체가 지구를 중심으로 돌고 있다.

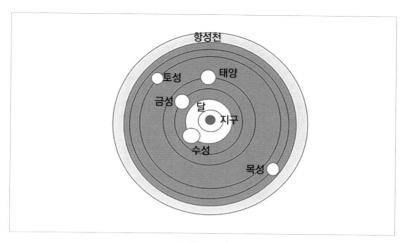

[그림 4-23]

15세기에 이르러 코페르니쿠스가 태양중심설을 새롭게 제기했고, 이로써 수천 년간 이어져 온 지구 중심설이 막을 내렸다.

16세기는 천문학이 비약적으로 발전한 시기였다. 망원경이 발명되고, 더 많은 관측이 가능해지면서 천체 운행에 관한 중요한 데이터를 축적할 수 있었다. 덴마크의 천문학자 티코 브라헤는 덴마크 국왕 프레데리크 2세의 지원하에 20년간 천문학 연구에 매진할 수 있었고, 수천 개 항성의 운행 궤적을 관측해 비교적 완전한 최초의 행성 목록을 완성했다.

케플러는 티코의 조수였다. 그는 티코가 다년간 쌓아온 관측 데이터를 자세히 분석하고 연구한 결과 천체가 원형 궤도가 아닌 타원형 궤도를 따라 움직인다는 사실을 발견했다. 여기서 더 나아가 케플러는 행성의 운동에 관한 세 가지 법칙을 완성해 만유인력 법칙의 기반을 마련했다.

이후 천문학자들은 더욱 세분화된 관측 데이터를 통해 태양 역시 우주의 중심이 아니라는 사실을 깨달았다. 19세기 말 사람들은 우주가 끝없이 펼쳐진 무한한 공간이라는 인식이 생겼고, 지구와 8대 행성[3]이 태양을 중심으로 공전하며, 수많은 항성계 중 하나인 태양계도 다른 은하계와 함께 우주의 중심을 따라 돌고 있다는 사실을 알게 되었다.

4.3.2 장 방정식

아인슈타인은 상대성 이론으로 큰 성과를 거둔 이후에도 멈추지 않고 천체 중력에 대한 연구를 계속했다. 그는 시야를 온 우주로 확장해 현대 우주론을 창립했고, 우주 모형을 구축하기 위해 다음과 같은 원리를 제시했다.

'우주는 균일하고 등방성을 갖는다.'

사실 이 논리는 가설에 불과하지만, 다음과 같은 추론을 이끌어낼 수 있다.

(1) 정지 혹은 저속으로 운동하고 있는 관찰자(등방성 관찰자)가 멀리 볼 때, 우주의 밝기, 밀도, 시공간의 굴곡도가 모두 같다.

---

3) 당시 명왕성은 행성으로 간주되었고, 2006년에 이르러서야 국제 천문학 연합에 의해 왜소 행성으로 새롭게 분류되었다.

(2) 등방성 관찰자의 세계선과 동시선 Σ_t이 직각으로 교차한다. 이 추론은 [그림 4-24]와 같이 시간 요소를 고려한 인류의 생명 궤적과 우주의 동시선이 수직으로 만나는 것과 유사하다.

(3) 우주는 대칭성이 가장 높으므로 분명 정곡률 공간이다.

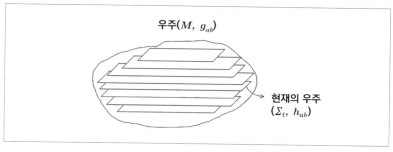

[그림 4-24]

위의 가설과 상대성 이론을 바탕으로 아인슈타인은 우주의 장 방정식을 제시했다.

$$G_{ab}=8\pi T_{ab}$$

방정식에서 G_{ab}는 아인슈타인 텐서로 시공간의 곡률을 나타낸다. T_{ab}는 에너지-운동량 텐서로 물질의 분포와 운동 상황을 나타낸다. 또한 보다시피 방정식의 양쪽 모두 동적이다. 우주 시공간의 휘어진 상태는 영원히 변하지 않는 것이 아니라 물질의 분포에 따라 변화한다. 아인슈타인은 이를 통해 동적 우주 모형을 도출했는데, 이는 당시 사람들의 인식에 부합하지 않는 것이었다. 그 시대 사람들은 우주는 정적인 공간이라고 굳게 믿고 있었고, 아인슈타인은 동적인 국면이 나타나지 않게 하기 위해 방정식에 Ag_{ab} 항목을 인위로 추가해 다음과 같이 변형시켰다.

$$G_{ab} + Ag_{ab} = 8\pi\, T_{ab}$$

사실 Ag_{ab} 항목은 아인슈타인 본인조차 정확히 어떤 의미가 있는지 알지 못했다. 다만 이 항목을 추가함으로써 오른쪽 물질 분포 T_{ab}의 변화는 Ag_{ab}에만 영향을 줄 뿐, G_{ab}에는 아무 영향을 미치지 않게 되었다. 이렇게 해서 G_{ab}는 상수가 되고, 사람들이 알고 있는 정적인 우주가 만들어졌다. 하지만 얼마 후 1920년에 허블이 우주의 팽창을 관측하면서 정적인 우주 모형이 틀렸다는 것이 증명되었다. 그러자 아인슈타인은 인위로 추가했던 항목을 슬며시 삭제했다. 그로부터 얼마 지나지 않아 이번에는 우주가 팽창만 하는 것이 아니라 가속 팽창한다는 사실이 밝혀졌다. 과연 가속 팽창하는 동력은 어디에서 나오는 걸까? 사람들은 가속 팽창의 동력원을 찾기 위해 다시금 Ag_{ab}을 방정식에 추가했고, 이 항목은 암흑에너지이자 우주 가속 팽창을 추진하는 힘을 나타내게 되었다. 암흑에너지가 무엇으로 구성되었는지에 관한 문제는 21세기 물리학자들에게 가장 큰 과제로 남아 있다.

4.3.3 동적인 우주

1929년 미국의 천문학자 허블은 안드로메다은하의 세페이드 변광성(중성자성)을 관측하다가 별의 밝기가 주기적으로 변한다는 사실을 발견했다. 그는 별의 광도 주기와 겉보기 밝기를 측정해 세페이드 변광성이 지구에서 100만 광년(이 수치는 나중에 200만 광년으로 수정되었다) 떨어져 있다는 사실을 계산해 냈다.

이 결과는 천문학계를 떠들썩하게 만들었다. 기존에 사람들이 알고 있던 은하계의 너비는 불과 10만 광년에 불과했기 때문이었다. 그렇다면 이것은 안드로메다은하가 은하계 안에 있지 않고 은하계 밖 성운에 위치해 있다는 의미였다. 아주 오랫동안 사람들이 생각하는 '우주'는 은하계가 전부였다. 흔히 하늘을 올려다봤을 때 보이는 별들은 은하계의 별들이었고, 88개 별자리 중 85개가 은하계의 별이었다. 그런데 허블의 발견으로 은하계 역시 우주의 수많은 항성계들 중 하나일 뿐이며, 은하계 너머로 광활한 공간이 더 존재한다는 사실을 알게 되었다.

허블은 은하계 밖에 또 다른 항성계가 있다는 사실을 밝혀낸 것으로 만족하지 않고 관측을 계속했고, 결국 은하계 밖에 있는 41개의 항성계에 관한 데이터를 수집하는 데 성공했다. 허블은 항성계에서 발사된 광선에서 언제나 적색편이(파장이 긴 방향으로 밀리는 현상) 현상이 나타나는 걸 발견했는데, 이러한 현상은 항성계가 서로 멀어지고 있다는 의미였다. 다시 말해, 우주가 팽창하고 있다는 뜻이었다. 허블의 이러한 업적들은 20세기 가장 중요한 천문학적 발견으로 평가되고 있다.

허블의 관측 결과는 세계 곳곳으로 퍼져나갔다. 아인슈타인 역시 정적인 우주관을 다시 한번 검토하게 되었고, 결국 우주가 팽창한다는 허블의 주장을 받아들이게 되었다. 그는 장 방정식을 다시 살펴보다가 Ag_{ab}를 식에 추가한 것이야말로 자신의 일생일대의 실수였다고 탄식하며 삭제한다. 그러나 아인슈타인은 섣부른 결론을 내린 셈이었다. 50년 후, 사람들은 우주가 팽창할 뿐만 아니라 가속 팽창한다는 사실을 발견했고, Ag_{ab}가 다시금 과학자들의 주목을 받았다. 이후 이 항목은 우주의 가속 팽창을 추진하는 작용 기제로 간주되었고 암흑에너지라 불리게 되었다.

4.3.4 우주의 역사

1950년 미국의 물리학자 조지 가모프가 처음으로 우주 대폭발 이론, 즉 빅뱅 이론을 발표했다. 그는 우주의 역사가 온도 $10^{10}K$(K는 켈빈 온도라 불리는 온도 단위이고, $0K$가 절대 온도, 섭씨 0도는 $273.15K$다)인 시기까지 거슬러 올라간다고 가정했고, 핵물리학 지식을 활용해 우주 극초기의 진화 풍경을 묘사했다. 그의 빅뱅 이론은 각종 천문학 관측 결과가 뒷받침되며 중요한 우주 이론으로 자리 잡게 되었다.

1. 대통일 시기

우주는 탄생 후 $10^{-36} \sim 10^{-6}$초 이내 섭씨 1조 5천억 도까지 상승했고, 이때 강력, 약력, 전자기력이 통일되어 하나의 힘으로 나타났다. 그래서 이 시기를 우주의 대통일 시기라 부른다. 우주의 내부에는 파이온 등의 입자들로 가득했는데, 파이온이 고온에서 작용하는 메커니즘이 굉장히 복잡하기 때문에 이 단계에서는 우주를 정확하게 묘사하는 것이 어려웠다.

2. 강입자 시대

시간이 10^{-6}초에 이르자 온도가 내려가면서 자연계의 작용력에 대칭성 결함이 발생하며 강력과 기타 두 종류의 힘이 분리되었다. 이때 우주는 쿼크 등 강력한 상호 작용력을 가진 입자를 형성하기 시작했고, 우주학자들은 이 짧은 시기를 강입자 시기라 불렀다.

3. 입자들의 상호작용

우주가 0.01초까지 진화했을 때 온도는 1,000억K로 내려갔다. 이때 우주는 이미 광자, 중성미자, 쿼크, 렙톤 등 각종 기본 입자들로 가득 차 있게 된다. 이러한 입자들은 평균 자유 경로가 매우 짧아서 얼마 날아가지 못하고 다른 입자와 만나 작용했고, 이로써 우주는 열평형 상태에 이르게 되었다.

입자들 중 광자는 오늘날처럼 우주 공간을 자유롭게 오고 가지 못하고 하전입자와 상호작용을 했는데, 우주학자들은 이를 광자결합이라고 불렀다. 또 오늘날의 중성미자는 가뿐하게 지구를 관통할 수 있지만, 우주 극초기에는 중성미자 역시 상호 작용을 통해 다른 입자들과 결합했다.

이 단계의 우주는 마치 입자들이 뜨거운 냄비 안에서 골고루 섞이는 시기였고, 모든 입자들은 강한 에너지를 갖고 있었다.

4. 중성미자 결합해제

우주 탄생 0.1초 후 온도는 100억K까지 내려갔다. 중성미자는 더 이상 다른 입자들과 결합하지 않고, 오늘날처럼 우주 공간을 막힘없이 오고 갈 수 있게 되었다. 중성미자는 기타 입자들과의 상호작용이 굉장히 어렵기 때문에 우주 탄생 0.1초 이후부터 지금까지 대부분의 중성미자들이 그대로 살아 있다.

5. 핵합성

우주 대폭발 이후 1초~180초(최초 3분 이내) 온도는 10^9~$10^{10}K$ 사이에 머물렀다. 양성자와 중성자의 결합은 더 이상 광자 분열 작용을 받지 않아 안정적으로 핵자를 형성할 수 있게 되었다. 동시에 우주의 빠른 팽창으로 쌍입자 간의 빠른 반응만 일어날 수 있었다.

자세히 살펴보면, 양성자와 중성자는 경수소로 합성되고, 양성자와 중성자 그리고 경수소 등의 입자가 두 개씩 합성되어 중수소, 헬륨-3, 헬륨(경수소, 중수소는 수소의 동위원소다)이 되었다.

다음 단계는 리튬 합성이고, 리튬 합성이 끝난 뒤 원시 핵자의 합성은 종료되었다. 그 외에 리튬보다 무거운 모든 원소들은 항성 내부 혹은 진화 과정에서 탄생했다.

핵합성의 산물인 헬륨, 중수소, 헬륨-3, 리튬을 질량에 따라 계산해 보면 비율은 $1 : 10^{-5} : 10^{-5} : 10^{-10}$이 된다. 그중 헬륨이 가장 높은 비율을 차지하는데, 그 이유는 안정성이 가장 높기 때문이다. 이러한 기체를 화학 용어로는 희유기체라고 부르고, 일단 형성된 기체는 쉽게 분해되지 않는 성질을 갖고 있다. 기타 산물의 안정성은 조금 떨어지며 다른 물질과 계속 합성될 수 있기 때문에 비율이 낮은 편이다.

오늘날 천문학 관측 결과에 따르면 우주 물질(관찰할 수 있는 물질) 중

헬륨의 비율은 23%에 육박한다. 비율이 이렇게 높은 이유는 앞에서 설명한 원인과 같다.

6. 구조의 형성

우주 탄생 10^9년 후, 즉 10억 년 이후에는 항성계가 조금씩 형성되기 시작했다. 이 시기 우주의 물질은 대부분 균일하게 분포되어 있었지만 밀도가 주변보다 약간 높은 곳이 곳곳에 있었고, 중력의 영향으로 물질들은 밀도가 높은 곳으로 점차 모이게 되었다. 처음에는 아주 작은 차이지만 이러한 현상은 눈덩이가 굴러가듯 점점 커져 나가게 되고, 결국 항성계도 이러한 효과로 형성되었다.

1946년 소련의 물리학자 레프 란다우는 팽창된 우주의 양자 요동이 중력에 의해 더욱 커지는 현상에 대해 연구했고, 처음에는 미미했던 요동이 나중에는 큰 영향을 미친다는 사실을 증명했다.

현재 물리학계에서 인정하는 구조 형성 이론은 차가운 암흑 물질 이론이다. 즉, 구조의 형성은 항성에서 항성계로, 은하에서 초은하단으로 점점 확대되는 과정이고, 이 과정에서 암흑 물질이 핵심적인 역할을 했다고 주장하는 이론이다.

4.3.5 앞으로의 과제

현대 우주학계는 일반 상대성 이론과 몇 대에 걸친 과학자들의 연구 결과를 바탕으로 오늘날의 표준 우주 모형을 완성했다.

헬륨의 존재량, 우주의 팽창, 우주배경복사는 표준 우주 모형의 3대

초석이다. 표준 우주 모형은 아인슈타인의 장 방정식에서 출발해 허블의 관찰 결과와 입자 물리학의 참여가 모여 형성되었고, 3대 초석의 시험을 거쳐 절대다수의 과학자들로부터 인정을 받게 되었다. 이 3대 초석은 표준 우주 모형뿐만 아니라 기타 우주 모형의 형성에 가장 큰 장애물이었다. 이후 '지평선 문제', '편평성 문제', '자기홀극 문제' 등 3대 난제가 등장했고, 과학자들은 팽창 이론을 통해 난제를 해결하며 표준 우주 모형을 완성했다. 이제 과학자들은 우주에 대한 깊은 인식을 갖게 되었고, 이는 관측 결과와도 일치했다.

그러나 무언가 아직 빠진 듯하다. 역사책에 나온 오래된 그림들을 보면 책 속에서 묘사하는 사건들이 실제로 일어났던 일이라는 사실을 보여준다. 하지만 그 누구도 과거로 돌아가 그때 일어났던 일을 경험할 수 없고, 역사 속 인물과 진실한 대화를 나눌 수도 없다.

인류는 자신의 과거 속으로 돌아갈 수 없지만, 대신 우주의 과거는 들여다볼 수 있다. 그 이유는 너무 먼 거리에서 일어난 일이기 때문에 지구의 관찰자에게 도달하기까지 꽤 오랜 시간이 걸리기 때문이다. 예를 들어, 오늘날 10억 광년 밖에서 일어난 신성 폭발을 관측했다면 그것은 10억 년 전에 우주에서 발생한 일을 관측한 셈이다.

표준 우주 모형에 대해 과학자들은 여전히 더 많은 증거 수집이 필요하다고 말한다. 이러한 증거들 가운데는 표준 우주 모형의 정확성을 높여주는 증거도 있을 테고, 또 어쩌면 그동안 밝혀진 내용들을 완전히 뒤집는 증거가 나올지도 모른다. 지금까지 표준 우주 모형에 관해 수집

한 증거들 중 가장 큰 증거는 우주 탄생 30만 년 전부터 지금까지의 가시광선, X선, 감마선 등이다. 이처럼 오랜 시간이 흘렀지만, 과학자들은 여전히 우주 탄생 초기의 증거를 찾지 못하고 있다. 그렇기 때문에 모든 이론은 그저 이론일 뿐이다.

4.3.6 우주 탄생의 메아리에 귀 기울이다

상대성 이론이 등장하고 2년 후인 1917년, 아인슈타인이 중력파의 개념을 제시했다. 격렬한 시공간의 변형이 광파나 물결파처럼 밖을 향해 확산되고, 이러한 영향이 닿은 곳의 물질과 시간이 주기적으로 늘어나거나 줄어들 수 있다는 개념이다. 예를 들면, 태양이 갑자기 블랙홀로 축소해버리면 주위 시공간에도 갑작스러운 변화가 생길 것이고, 이러한 변화가 중력파를 형성할 수 있다는 것이다.

[그림 4-25]를 살펴보자. 중력파는 물체를 통과하면 지연과 수축 효과로 인해 물체는 흔들리며 늘어나거나 축소되고, 체감하는 시간의 속도도 달라진다.

[그림 4-25]

그러나 사람들에게 중력파의 개념을 이해시키는 건 굉장히 어려운 일이었다. 당시 사람들은 일반 상대성 이론과 그로부터 파생된 각종 추론들은 물론 그 이전에 나온 특수 상대성 이론조차 제대로 이해하지 못한 상태였기 때문이다.

그로부터 100년 정도 후인 2015년, 드디어 미국의 중력파 관측 장치인 LIGO가 13억 광년 전으로부터 전해진 중력파 신호를 관측하는 데 성공했다. 해당 중력파는 두 개의 블랙홀이 서로 충돌하면서 만들어진 것이었다. 덕분에 2년 후 노벨 물리학상은 LIGO의 연구를 이끌었던 대표 과학자에게 돌아갔다.

LIGO는 [그림 4-26]처럼 너비와 높이가 4km나 되는 초대형 장치로, 이처럼 거대한 설비를 통해서만 시공간의 미세한 변형을 관측할 수 있다. LIGO의 관측 성공은 각국의 적극적인 투자를 이끌어냈고, 이러한 투자를 통해 향후 더욱더 큰 관측 설비가 등장할 것으로 전망한다. 인류가 최초로 찍은 블랙홀 사진은 여러 개의 위성이 연합해 아득히 먼

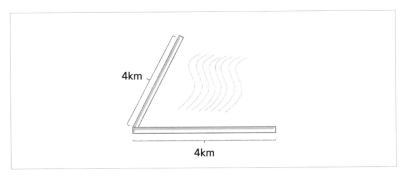

[그림 4-26]

우주 공간을 촬영한 것이다. 마찬가지로 다가올 미래에는 한층 더 업그레이드된 LIGO를 여러 개의 위성에 설치하거나 지구와 화성 사이에 설치해 지금보다 몇천만 배 혹은 수억 배 강한 신호를 관측할 수 있을지도 모른다.

기존의 전파천문학이나 스펙트럼천문학 등의 연구 방법과 달리 중력파 연구는 눈으로 보는 것보다 귀로 듣는 것에 더욱 집중했다. 우주 공간에서 벌어진 사건들 중 어떤 것은 대외적으로 가시광선, X선, 감마선 등의 신호를 보내지 않는 경우도 있다. 이런 경우 기존의 천문학 연구 방법으로는 사건을 관측할 수 없었지만, 중력파 관측 장치가 생긴 이후로는 광신호를 받지 못해도 우주에서 벌어지는 중대한 사건을 관측할 수 있게 되었다.

중요한 건, 우주 탄생 초기 30만 년 이내에는 광자의 결합 해지가 이루어지지 않았을 때라 광신호만 따로 떨어져 나올 수 없었다는 점이다. 우주 탄생 30만 년이 지나서야 광자는 따로 떨어져 나올 수 있었고, 그제야 우주의 장막이 서서히 벗겨지기 시작했다. 이제 중력파 관측기가 있으니 인류는 머지않아 우주 탄생 초기의 메아리를 듣게 될지 모른다. 그리고 그때가 오면 새로운 우주 탐험의 문이 열리게 될 것이다.

중력파는 아인슈타인의 상대성 이론의 가장 마지막 가설이었고, 100년이 지나서야 비로소 증명되었다. 별빛의 굴절, 수성의 근일점 이동(세차운동), 중력의 적색편이 등 상대성 이론의 기타 가설들은 아인슈타인이 중력파를 제시하기 전 이미 증명되었다. 이론 물리학에서는 우선 실험을 하고 관측 결과를 통해 결론을 내리는 것이 일반적이다. 뉴턴의 운동 법칙이나 맥스웰의 전자기장 이론처럼 말이다. 그러나 이와 반대로 상대성 이론은 먼저 이론을 제시하고 이후 실험 관측을 실시했다. 실험이 이론을 검증하는 도구로 이용된 셈이다.

상대성 이론은 물리학도인 톰슨에게도 아주 중요한 과목이다. 톰슨은 상대성 이론을 공부하며 세상을 바라보는 시각이 크게 바뀌었다.

정리해 보면, 특수 상대성 이론은 시간과 공간의 관계에 대해 시공간이 하나라는 것을 보여줬고, 일반 상대성 이론은 중력의 법칙을 재정비해 우주는 최적의 경로를 따라 움직인다고 정리했다. 그리고 이러한 상대성 이론은 현대 우주학의 단단한 기반이 되었다.

아주 오랜 시간 과학자들은 우주 탄생 초기의 정보를 관측할 수 없어 모형을 통해 추측할 뿐이었다. 그러나 중력파가 발견되면서 드디어 우주 탄생 후 30만 년 무렵의 정보를 얻을 수 있게 되었다. 앞으로 기술이 더욱 발달하면 인류는 지금보다 훨씬 더 많은 우주의 신비를 접하게 될 것이다.

5장

슈뢰딩거와
그의 고양이에 대해
이야기해 봅시다

단절된 공간

학생들이 모두 집으로 돌아간 캠퍼스의 밤은 고요했다. 가로등의 옅은 불빛이 돌길을 비추고, 강의동과 나무 두 그루의 그림자가 어렴풋이 드리워져 있었다. 톰슨과 소피아는 종종 저녁 공부를 끝내고 함께 캠퍼스를 산책했다.

어느 날, 톰슨은 소피아에게 장난을 치려고 10m 정도 앞으로 달려가 웃으며 소리쳤다.

"나 잡아봐라!"

소피아는 고개를 절레절레 저으며 말했다.

"그럴 필요 없어. 나는 어차피 너를 못 잡을 테니까!"

물론 소피아보다 체력이 훨씬 좋은 톰슨을 달리기로 따라잡는 건 어려운 일이었다. 그러나 소피아는 체력보다 더 좋은 핑계를 찾았다. 그리고 이 핑계는 톰슨만 이해할 수 있는 것이었다. 소피아는 자신과 톰슨을 제논의 역설에 등장하는 아킬레우스와 거북이에 비유하며, 아킬레우스(소피아)는 영원히 거북이(톰슨)를 따라잡을 수 없다고 말했다.

5.1
연속성의 종결

5.1.1 제논의 역설

고대 그리스의 학자 제논이 제기한 유명한 역설이 있다.

제논은 발이 빠르기로 유명한 신화 속 영웅 아킬레우스와 느린 거북이가 달리기 시합을 한다고 가정했다. 대신 거북이보다 10배 더 빠른 아킬레우스가 거북이보다 100m 뒤에서 출발하기로 했다. 결과는 어떻게 될까? 아킬레우스가 100m를 달릴 때 거북이는 10m를 달려 앞서 나간다. 아킬레우스가 10m를 달리면 거북이는 1m를, 아킬레우스가 1m를 달리면 거북이는 0.1m를 달려 계속 조금씩 앞서 나가고, 이러한 상황은 계속 반복된다. 결국 거북이는 영원히 아킬레우스보다 앞서 있고, 아킬레우스는 거북이를 따라잡지 못한다. [그림 5-1]를 살펴보자.

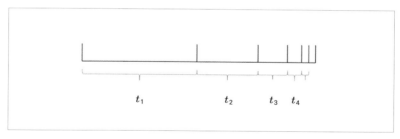

[그림 5-1]

미적분을 활용하면 제논의 역설을 쉽게 풀 수 있다. 일단 무한소의 거리를 따라잡는 데는 무한소의 시간이 필요하다. 그런데 무한소의 시간이 계속 누적되면(t_1에서 t_n을 모두 더하면) 유한한 수치를 얻게 되고, 결국 아킬레우스는 이 시간 안에 거북이를 따라잡을 수 있게 된다.

이번에는 복잡한 수학 계산을 떠나서 한번 생각해 보자. 정말 아킬레우스는 거북이를 따라잡을 수 없는 걸까? 아킬레우스와 거북이 사이의 거리는 100m, 10m, 1m, 0.1m, 0.01m, 0,001m…로 계속 줄어들었다. 만약 공간을 무한히 쪼갤 수 있다면 제논의 역설은 정말 이해하기 힘들어진다. 과연 공간은 무한히 쪼개질 수 있을까? 아니면 공간은 연속되어 있을까?

5.1.2 자외선 파탄

전자를 발견한 영국의 물리학자 톰슨은 영국왕립학회의 연설에서 20세기 물리학의 큰 틀은 이미 완성되었지만, 아직 마이컬슨-몰리 실험 결과와 에테르 학설 사이의 모순이 존재하고, 흑체 복사에 나타나는 자외선 파탄 문제가 해결되지 않았다고 지적했다. 톰슨이 지적한 두 가지 문제는 각각 상대성 이론과 양자 이론이 탄생하는 계기가 되었다.

당시 공업이 한창 발전하고 있던 시기였는데, 많은 사람이 강철을 제련할 때 빛이 나는 것을 보고 아주 신기하게 생각했다. [그림 5-2]의 색깔 변화를 살펴보자. 제강 온도가 계속 높아져 섭씨 3,000도에 도달하면 강철은 점점 빨간 빛을 내다가, 온도가 더 높아지면 빨간빛은 노란빛으로 바뀌고, 그다음에는 푸른빛이 도는 흰색으로 바뀐다. 온도와 강철이 내는 빛의 색깔은 분명 밀접한 관련이 있어 보인다. 이처럼 온도와 빛의 파장이 구체적으로 어떤 관련이 있는지 분석하는 것은 당시 물리학자들의 중요한 연구 과제 중 하나였다.

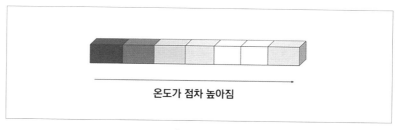

온도가 점차 높아짐

[그림 5-2]

　빨간색, 노란색, 푸른빛이 도는 흰색⋯ 이러한 색깔의 변화는 눈에 보이는 현상일 뿐 정확한 수치는 아니었다. 그래서 과학자들은 강철 제련소에 가서 실험할 것이 아니라, 이상적인 물체를 이용해 스펙트럼과 온도의 관계를 알아보기로 했다. 그들이 찾은 이상적인 물체는 바로 흑체였다. 흑체는 에너지를 흡수하거나 반사하지 않는 물체로, 조금 더 전문적으로 이야기하자면 그 어떤 파장의 전자기파에 대해서도 흡수 계수가 1인 이상적인 물체였다. 예를 들어, 밀봉된 철제 상자 하나를 가져와 내부를 검은색으로 칠하고 바깥쪽에 작은 구멍 하나를 뚫어주면 이상적인 흑체에 가까운 물체가 만들어진다. [그림 5-3]에서처럼 철제 상자의 작은 구멍을 통해 빛을 쏘면 빛은 상자 안에서 여러 차례 반사되다가 나중에 철제 상자에 완전히 흡수되어 버린다. 바로 이런 경우가 흡수 계수 1을 만족하는 것이다.

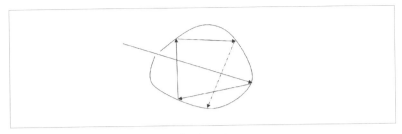

[그림 5-3]

철제 상자가 계속 빛을 흡수하면 열이 발생하는데, 이렇게 발생한 열 에너지는 전자기파의 형태로 복사된다. 철제 상자에 구멍을 뚫어 들여다보면 흑체 안의 복사 현상을 관측할 수 있다. 흑체 복사의 가장 큰 특징은 복사 파장이 오직 흑체의 온도와 관련이 있고, 흑체의 형태, 재질 등과는 관련이 없다는 점이다. 다시 말해, 상자가 정방형이든 원모양이든 관측 결과에 영향을 주지 않는다는 의미다. 변수는 온도와 복사 파장 두 가지 뿐이다.

[그림 5-4]는 흑체 복사의 온도와 파장의 관계를 나타낸 그림이다. 그림을 살펴보면, 흑체의 온도가 높아질수록 곡선이 더욱 가파르게 변한 것을 볼 수 있다. 온도가 5,500K에 도달했을 때 대응하는 흑체의 복사 강도 최고치는 파장이 500nm인 지점이다. 이때 흑체 입구에 기구를 놓으면 500nm의 전자 복사 강도가 가장 큰 것으로 관측되는데, 이로써 5,500K와 500nm가 대응한다는 사실을 알 수 있다. 온도가 3,500K로 떨어졌을 때 흑체의 복사 강도 최고치는 800nm 부근으로 이동해 있다. 파장이 길어질수록 에너지와 온도가 낮아진다는 것은 이미 많은 사람들이 알고 있는 사실이다. 결국 흑체 복사 실험 결과는 사람들의 일반

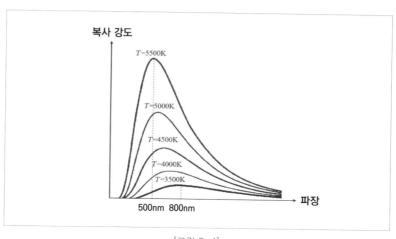

[그림 5-4]

적인 인식과 일치했던 것이다.

과학자들은 이러한 대응 관계를 찾는 것에 만족하지 않고 정확한 공식을 이용해 측정해 보고자 했다. 1893년 독일의 물리학자 빈이 실험 데이터를 바탕으로 실험식(빈의 변위 공식)을 얻었다. 이 공식은 장파 영역에서는 이론에 부합했지만 단파 영역에서는 문제가 생겼다. 이 공식을 사용하면 파장 λ이 0에 가까워질 때 에너지가 무한대로 커지는 결과가 나오는데, 무한대의 개념은 현실 세계에 잘 나타나지 않기 때문에 사람들은 이 결과를 자외선 파탄이라고 불렀다.

1900년과 1905년 레일리와 진스는 각각 통계 이론을 바탕으로 레일리-진스 공식을 만들었다. 그런데 레일리-진스 공식은 빈 공식과 정반대로, 단파 영역에서는 이론에 부합했지만 장파 영역에서는 일치하지 않았다.

이처럼 두 공식은 마치 시소가 오르락내리락 움직이는 것처럼 반대로 움직이며 흑체 복사 문제를 더욱 복잡하게 만들었다.

5.1.3 양자의 출현

1900년 12월, 42세의 독일 물리학자 플랑크는 독일 물리 학회에서 자신이 발견한 내용을 보고하며 새로운 흑체 복사 계산 공식을 제시했다.

$$\mu(\lambda, \ T) = \frac{8\pi hc^2}{\lambda^5} \cdot \frac{1}{e^{\frac{hc}{\lambda kT}} - 1}$$

위의 식에서 $\mu(\lambda, \ T)$는 파장이 λ, 온도가 T일 때 흑체 복사 에너지 밀도를 나타낸다. 오른쪽 항의 h는 플랑크 상수, c는 광속, λ는 파장, e는 자연 상수, k는 볼츠만 상수, T는 온도를 나타낸다.

이 공식은 빈의 변위 공식과 레일리-진스 공식을 한데 섞어 놓은 것으로, 모든 파장 영역에서 실험 결과가 이론에 부합했다. 이 공식의 놀라운 점은 양자를 이용한 가설을 유도했다는 것이다. 에너지의 흡수와 발사가 연속적이지 않고 따로따로 이루어진다고 가정했을 때, 최소 단위는 $\varepsilon = h\nu$가 된다. 그중 ε는 에너지, h는 플랑크 상수, ν는 진동수를 나타낸다. 플랑크의 가설에 따르면 에너지는 항상 $h\nu$의 n배, 즉 $nh\nu$가 되어야 한다.

플랑크가 살았던 시대에 연속성이란 물질세계의 가장 기본적인 가설이었고, 수학의 미적분 역시 연속성을 기반으로 생긴 것이었다. 그래서 플랑크의 관점은 과학계에 큰 충격을 안겨줬지만, 한편으로는 과학자들에게 새로운 사고의 문을 열어주고 물리학의 새 시대를 여는 계기가 되기도 했다. 물론 플랑크 본인도 양자 이론의 아버지라는 칭호를 얻으며 역사에 길이 남게 되었다.

5.1.4 계단을 오르는 전자

1908년 러더퍼드가 원자 모형을 제시했지만, 이 모형에는 치명적인 결함이 있었다. 러더퍼드의 원자 모형은 전자가 행성처럼 원자핵을 따라 움직이면서 운동 전류를 생성하고, 나아가 자기장을 발생시켜 전자기파를 방출한다고 설명한다. 그런데 맥스웰의 전자기장 이론에 따르면 이러한 구조는 원자가 계속 에너지를 밖으로 방출하게 만들어 지속 시간이 1초를 넘지 못하고 붕괴되고 만다. [그림 5-5]를 함께 살펴보자.

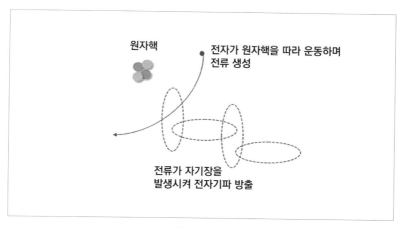

[그림 5-5]

하지만 정말 그럴까? 원자는 명백히 존재하고 있지 않은가! 결국 이 말은 러더퍼드의 원자 모형과 맥스웰의 전자기장 이론 둘 중 하나, 혹은 둘 다 오류가 있다는 의미다.

1913년 덴마크의 젊은 물리학자 보어는 플랑크가 제시한 양자 가설을 바탕으로 [그림 5-6]과 같은 원자 궤도 모형을 만들었다.

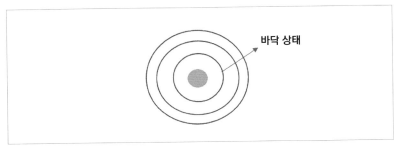

[그림 5-6]

보어의 모형은 마치 전자가 계단을 올라가는 모양과 유사했다.

[그림 5-7]을 살펴보자.

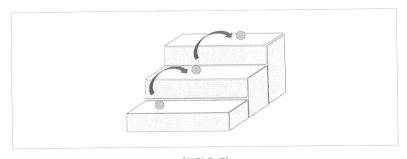

[그림 5-7]

전자가 첫 번째 층에 있을 때 에너지가 가장 낮은 상태다. 만약 전자에게 충분한 에너지를 제공하면 전자는 두 번째 층, 세 번째 층, 네 번째 층… N번째 층까지 올라갈 수 있고, N번째 층에서 에너지의 양은 $E(N)$이다. 반대로 전자가 에너지를 방출하게 되면 위에서부터 한 층씩 내려오게 된다. 보어 모형은 전자가 1.5층이나 1.76층 같이 정수가 아닌 층에 머물 수 없다고 설명한다.

전자의 운동은 다음과 같은 에너지 보존 방정식을 만족한다.

$$E(N+1) - E(N) = h\nu$$

위의 식에서 $h\nu$는 플랑크가 제시한 에너지의 최소 단위다.

보어의 모형은 사람들이 보편적으로 이해하던 연속성 이론을 깨트렸다는 점에서 큰 의미가 있다. 전자는 원자 안에서 아무 구속 없이 자유롭게 움직일 수 있는 것이 아니라 규정된 준위 상태로만 있을 수 있다. 전자가 가장 낮은 준위 상태에 있으면 이를 바닥 상태라 부른다. 이때 전자의 에너지는 더 이상 낮아질 수 없다. 반대로 전자가 들뜬 상태로 있으면 밖으로 에너지(광자)를 방출할 수 있고, 더욱 낮은 준위 상태로 내려가게 된다.

이처럼 양자 이론은 점차 규모를 갖춰가며 여러 가지 물리 현상을 해석할 수 있게 되었다. 예를 들어 번개가 치는 과정을 한번 살펴보자. 먼저 각각의 구름층 사이의 전압이 다르기 때문에 강력한 전위가 형성된다. 그러면 전위 에너지의 영향으로 서로 다른 구름층 원자의 전자가 원래의 궤도를 이탈해 더 높은 층의 궤도로 올라가고, 이 과정에서 빛을 내게 된다. 전자가 최고층으로 올라가고 원자핵의 제어를 벗어나면 자유 전자가 되고, 이때 다량의 빛을 방출하게 되는데 이것이 바로 우리가 흔히 볼 수 있는 번개다.

또 다른 예로 [그림 5-8]처럼 생긴 형광석이 있다.

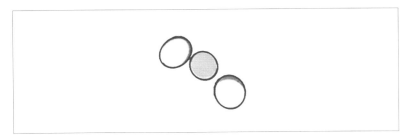

[그림 5-8]

에너지가 높은 자외선으로 형광석을 비추면 은은한 빛을 낸다. 이렇게 빛이 나는 이유는 자외선의 에너지가 형광석 원자 안의 전자에게 전달되었기 때문이다. 에너지를 흡수한 전자는 바닥 상태에서 들뜬 상태로 변하게 되고 밖으로 광자를 방출하게 된다. 방출된 광자의 진동수가 자외선보다 현저히 낮기 때문에 육안으로 빛을 관찰할 수 있다.

5.1.5 이상한 호텔

총 8층으로 되어있지만 엘리베이터가 없는 호텔이 있다고 상상해 보자. 각 층에는 8개의 객실이 있다. 호텔에 묵는 손님들은 계단을 오르기

싫어 가급적 낮은 층에 머물고 싶어 했다. 1층 객실이 다 차면 그다음은 2층, 3층, 4층… 순서대로 손님들이 입실했다. 그런데 어느 날 호텔 경비가 순찰을 도는데 이상한 점을 발견했다. 각 층마다 두 개의 객실만 손님이 있고 나머지 객실은 비어있었던 것이다. 알고 보니, 손님들은 한 층에 다른 사람들과 북적이며 머무는 것보다 차라리 계단을 오르기로 했던 것이다.

이 이상한 호텔의 모습은 바로 원자 안에 머무는 전자들의 실제 모습이다. 물리학자들은 원소 스펙트럼 연구를 통해 원자의 각 궤도 위에 머물 수 있는 전자의 수는 한정적이며 보통 2개 정도만 머물 수 있다는 사실을 발견했다. 전자는 보통 전위 에너지가 가장 낮은 위치, 즉 바닥 준위 상태에 모두 머물러 있어야 한다. 그런데 왜 바닥 상태가 다 채워지기도 전에 다른 준위 상태로 이동한 걸까?

1927년 젊은 물리학자 파울리가 전자가 2개씩 분포되는 문제에 대한 해답을 찾아냈고, 그 유명한 파울리의 배타 원리를 발표한다.

'동일한 원자 안에서는 2개 이상의 전자가 같은 양자 상태에 있지 않는다.'

이 원리는 동일한 원자 안의 전자들은 에너지, 각운동량의 크기, 각운동량의 방향, 스핀 등이 완전히 같을 수 없기 때문에 동일한 양자 상태에 있을 수 없다는 의미다. 이 네 가지 지표 중 가장 중요한 건 바로 마지막에 있는 '스핀'이다. 전자의 스핀은 전자가 고정된 회전축을 따라 자전한다는 의미가 아니라, 미시 입자의 내재적 특성으로 양자 현상에 해당한다. 전자의 스핀은 $\frac{1}{2}$, 스핀 투영값은 $-\frac{1}{2}$, $\frac{1}{2}$로 총 두 개의 스핀 투영이 있다. 이것이 바로 전자가 2개씩 분포되는 이유이기도 하다.

파울리 배타 원리는 천체 물리학 분야에서도 아주 중요한 역할을 했다. 항성이 생애 말기에 이르면 핵융합이 정지 상태에 가까워진다. 그러면 항성 내부에서는 핵융합으로 발생하던 압력이 점차 줄어들고, 중력의 작용에 저항할 수 없어지므로 안쪽으로 붕괴되기 시작한다. 그리고 어느 지점까지 붕괴되면 전자 축퇴압의 저항을 받게 된다. 전자 축퇴압이란, 원자 안의 각 에너지 층에는 전자가 2개까지만 머무를 수 있기 때문에 원자가 안쪽으로 어느 정도 압축되고 나면 더 이상 바깥층의 전자를 안쪽 층으로 수축하는 것을 허용하지 않는데, 이때 발생한 에너지가 중력 붕괴에 저항하는 힘을 의미한다. 이 과정을 거치고 나면 항성은 백색 왜성으로 변하고, 다시 수억 혹은 수십 억 년을 우주에 존재하게 된다. 물론 항성의 초기 질량이 너무 클 경우, 전자 축퇴압이 중력에 저항하기는 힘들다. 이런 경우 항성은 붕괴가 계속 진행되다가 중성자성(중성자 축퇴압의 지탱을 받는다)이 된다.

존재성의 붕괴

양자 개념의 등장, 보어 모형, 파울리의 배타 원리 등으로 대표되는 구 양자 이론 체계는 연속성의 가설을 깨트렸지만 여전히 '궤도'의 개념을 고수했다. 이후 슈뢰딩거, 하이젠베르크, 보른 등의 인물들이 양자 이론 체계의 새로운 혁명을 이끌어갔다.

5.2.1 명중하지 못하는 명사수

100m 밖에서도 과녁의 정중앙을 명중시킬 수 있는 명사수가 있다고 가정해 보자. 어느 날, 명사수가 고에너지 입자총을 들고 미시적 세계에 자신의 실력을 뽐내러 왔다. 그의 목표는 원자핵 부근의 전자를 명중시키는 것이었다. 명사수는 전자를 과녁이라고 생각하고 조준한 뒤 총을 쏘았다. 그런데 아무것도 맞히지 못했다! 충격을 받은 명사수는 총의 성능을 높이고 밤낮으로 훈련했다. 그리고 얼마 후 그는 다시 과녁을 향해 총을 겨눴다. 그러나 이번에도 아무것도 맞히지 못했다.

사실 명사수는 전자를 영원히 명중시키지 못한다. 그 이유는 전자의 위치가 일단 고정되면 속도가 무한대로 커지기 때문이다. 명사수가 아무리 뛰어난 솜씨를 가지고 있다 하더라도 속도가 무한대로 커지는 과녁을 맞히기는 힘들다. 반대로 만약 전자의 속도가 고정되어 있다 하더라도 전자의 위치가 우주 전체의 어딘가로 펼쳐지기 때문에 과녁을 맞히기는 여전히 어렵다.

1927년 독일의 물리학자 하이젠베르크가 불확정성 원리를 제시했다. 이 원리를 수학식으로 표현하면 다음과 같다.

$$\Delta p \times \Delta q \geq \frac{\hbar}{2}$$

위의 식에서 $\hbar$는 플랑크 상수($\frac{h}{2\pi}$와 같다)를 환산한 것이고, Δp는 운동량의 변화, Δq는 위치의 변화를 나타낸다.

하이젠베르크의 불확정성 원리는 처음에 미결정성 원리라고 불렸는데, 입자의 정확한 위치를 구하려고 하면 속도 함수가 모호해지고, 입자의 정확한 속도를 구하려고 하면 위치가 모호해지는 현상을 설명했다. 그는 전자를 예로 들기도 했다. 전자의 속도를 소수점 다섯째 자리까지 구하면 전자의 위치는 25㎥ 공간 안에서 떠다닌다는 정도만 알 수 있을 뿐 정확한 위치를 구하지 못한다. 한편 전자의 위치를 10^{-11}m(원자 직경의 $\frac{1}{10}$)까지 정확히 구하면 반대로 속도는 5000km/s 이상 오차가 발생했다.

이러한 미결정성은 측정 기기의 문제가 아니라 물질의 천성이다.

[그림 5-9]는 양자 현미경으로 촬영한 전자구름의 모습이다. 전자는 전자기력의 영향을 받아 원자 내부에 갇혀 있는데, 원자 내부는 굉장히 미세한 공간이라 전자의 구체적인 위치와 속도를 찾기 어렵다. 그래서 원자핵 사방에 구름층처럼 덮여 있는 전자의 모습만 확인할 수 있을 뿐이다.

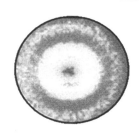

[그림 5-9]

불확정성 원리는 고전 물리학 혹은 물질세계에 대한 인류의 기본 인식에 큰 충격을 줬는데, 가장 큰 타격을 입은 건 바로 '존재성'이었다. 데카르트는 '나는 명백하게 존재한다'고 말했다. 이처럼 오랜 시간 인류에게 '존재한다'는 것은 객관적 세계에 대한 기본적인 판단 기준이었다. 변증법적 유물론에서는 물질은 객관적으로 존재하는 것이고, 존재성은 물질세계를 구성하는 기본 원칙이라고 말했다. 그런데 하이젠베르크가 물질세계의 불확정성을 세상에 공표한 것이다.

불확정성 원리는 다음과 같이 변형할 수 있다.

$$\Delta E \times \Delta t \geq \frac{h}{2}$$

위의 식에서, ΔE는 에너지의 변화량을 나타낸다. 과학 관련 서적을 읽다 보면 양자 요동에 관한 내용이 자주 나온다. 양자 요동은 시간이 플랑크 자릿수(10^{-34})만큼 아주 짧게 변하는 동안 공간에 1줄의 에너지 변화가 일어나는 것을 의미한다. 만약 시간 변화가 10^{-54} 정도로 더 짧으면 공간에 1조 줄만큼의 에너지 변화가 생긴다.

위에서 설명한 공간은 진공 상태를 포함한다. 이처럼 아무것도 없는 것처럼 보이는 진공 상태에서도 매 순간 엄청난 에너지가 요동치고 있다. 심지어 순간적으로 새로운 물질과 반물질 쌍이 생성되었다가 순식간에 소멸되기도 한다.

5.2.2 모든 것은 확률이다

고전 물리학은 연속성을 바탕으로 만들어졌고, 미적분 등의 수학적 도구를 사용해 정량 분석했다. [그림 5-10]을 살펴보자. 고전 역학 이론에 따르면 어떤 한 위치에 있는 작은 공은 무수히 많은 공간 접점을 지나 연속적으로 다른 한 위치로 굴러간다.

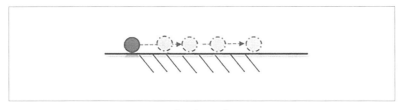

[그림 5-10]

그러나 양자 이론이 등장한 이후 과학자들은 물질세계가 연속적이지 않다는 사실을 발견했다. 양자 이론에서는 미시적 입자가 한 위치에서 다른 위치로 이동할 때 연속적으로 굴러가는 것이 아니라, [그림 5-11] 처럼 다양한 가능한 경로를 통해 '점프'해서 새로운 위치로 이동한다고 설명했다. 그렇기 때문에 기존의 방정식으로 운동 규칙을 설명하는 것은 더 이상 객관적 사실에 부합하지 않는다.

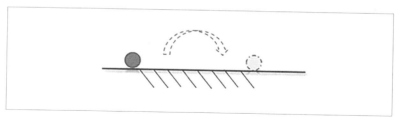

[그림 5-11]

1927년 하이젠베르크는 행렬 역학 방식을 통해 미시적 세계의 운동 규칙을 정량 묘사했다. 그가 제시한 계산 방식에 따르면 전자는 더 이상 궤도 안에서 움직이지 않고 흩어져 있기 때문에 좌표를 이용해 위치를 표시(대응하는 행렬식의 행과 열을 표시)해야 한다. 비록 하이젠베르크의 계산 방식에는 오류가 없었지만, 선형대수학에 대한 기초 지식이 있어야만 이해할 수 있는 난이도가 굉장히 높은 방식이었다.

하이젠베르크와 동시대를 살았던 오스트리아의 물리학자 슈뢰딩거는 파동함수의 방식을 이용해 미시적 물질의 운동 규칙을 설명했다.

하이젠베르크, 슈뢰딩거 두 사람은 양자 역학의 창시자로 불린다. 다만 파동함수가 계산하고 이해하기 비교적 쉬웠기 때문에 후대 사람들은 슈뢰딩거의 방식을 바탕으로 양자 역할을 계속 연구했다. 파동함수의 형식은 다음과 같다.

$$i\hbar \frac{d\psi}{dt} = \hat{H}\psi$$

위의 공식에서, i는 허수 부호를 나타내고, $\hbar$는 플랑크 상수를($\frac{h}{2\pi}$와 같다) 환산한 것이다. 이 공식은 초기 시각 ($t=0$)의 입자 상태 $\psi(r, 0)$만 알면, 이후 어떤 시각 t에서의 입자 상태 $\psi(r, t)$는 정해진다는 것을 보여준다. 그중 $\hat{H}$는 해밀토니안, r은 입자의 좌표를 나타낸다. 슈뢰딩거 방정식은 입자 상태가 시간의 흐름에 따라 변한다는 인과관계를 보여주고, 이는 양자 체계의 동역학 방정식이라고 볼 수 있다.

슈뢰딩거가 파동 방정식을 처음 발표했을 때는 이 공식의 물리적 의미를 완전히 이해하지 못한 상태였다. 처음에 그는 파동함수 ψ는 3차원 공간에서의 진동으로, 진폭은 전하의 밀도로, 입자는 파속으로 해석했다. 그러나 이러한 해석은 '파속의 확산'이라는 난관에 부딪히게 된다.

1927년 독일의 물리학자 보른은 확산 과정의 연구를 통해 확률파의 개념을 제시했다. 보른은 슈뢰딩거의 함수 ψ는 실제 파동이 아니라고 생각했다. 그는 이러한 파동은 객관적으로 존재하지 않고, 현실 세계의 파동 현상이 아닌 일종의 확률파라고 말했다.

보른의 해석을 식으로 표현하면 다음과 같다.

$$\rho(r) = |\psi(r)|^2$$

이 식은 r좌표에서 파동함수의 크기(ψ는 복소함수, 크기는 그 길이다)의 제곱, 즉 r좌표에서 입자가 나타날 확률을 나타낸다. 바꿔 말하면, ψ는 r위치에서의 확률파다. 이처럼 파동함수를 이용하면 입자가 어떤 공간에 분포해 있는 확률을 알 수 있다. 양자 역학이 탄생하기 전, 사람들은 입자가 어떤 시각에든 고정된 위치에 있다고 생각했다. 그러나 양자 역학의 이론에 따르면 입자는 전 우주 공간에 퍼져있고, 먼 곳일수록 나타날 확률이 적으며 사실상 0에 가깝다. [그림 5-12]를 살펴보자. 우리가 입자를 관측하려고 하면 순간 파동함수가 붕괴되며 입자는 한곳을 선택해 나타나게 된다.

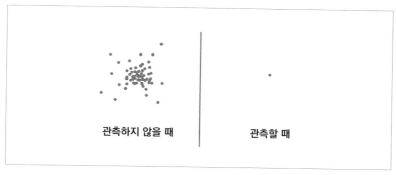

관측하지 않을 때   관측할 때

[그림 5-12]

보른의 확률파에 대한 해석은 양자 역학의 첫 번째 원리다. 보른은 코펜하겐 학파의 대표적인 인물이기 때문에 그의 해석은 '코펜하겐 해석'이라고도 불린다.

그럼 양자 역학의 두 번째 원리는 무엇일까? 고전 물리학 이론에 따르면 파동은 중첩될 수 있고, 이로써 간섭과 회절 현상이 생기기도 한다. 마찬가지로 양자 역학의 파동함수에도 중첩이 생길 수 있다. 양자 체계에 일련의 선형 독립적인 상태 ψ_1, ψ_2, ψ_3, $\cdots$ ψ_n가 있다고 가정해

167

보면, 이러한 가능한 상태들의 선형결합은 곧 해당 체계의 가능한 상태가 되는데 이것이 바로 양자 역학의 두 번째 원리다.

두 번째 원리는 양자 체계가 하나의 파동함수로 묘사할 수 있는 것이 아니라, 일련의 파동함수와 선형결합으로 구성되어 있으며, 양자 체계는 동시에 여러 파동함수의 중첩 형태로 나타날 수 있다는 사실을 보여준다. 중첩 형태는 파동함수의 상태뿐만 아니라 파동함수들 사이의 관련항에 따라 결정된다.

5.2.3 생사가 불분명한 고양이

보른의 코펜하겐 해석은 보통 사람들은 생각해 내기 어려운 특별한 것이었다. 심지어 양자 역학의 창시자 중 한 사람인 슈뢰딩거조차 이해하기 힘든 내용이었다. 1933년 슈뢰딩거는 사고 실험을 통해 코펜하겐 해석을 반박하려고 시도했는데, 이것이 바로 슈뢰딩거의 고양이 역설이다. 역설의 내용은 다음과 같다. [그림 5-13]에 보이는 것처럼 고양이 한 마리가 불투명한 상자 안에 들어가 있다고 가정해 보자. 상자 내부에는 방사성 원자핵을 설치하고 독극물이 담긴 용기가 놓여있다. 방사성 원자핵은 붕괴될 수도 있고 그렇지 않을 수도 있다. 일단 방사성 원자핵이 붕괴되면 탐지기가 작동해 독극물이 담긴 용기를 깨트린다. 그리고 독극물이 유출되면 고양이는 죽게 된다.

코펜하겐 해석에 따르면, 상자를 열지 않으면(관측하지 않으면) 방사성 원자핵은 '붕괴'와 '붕괴하지 않음'이라는 중첩상태에 놓이게 된다. 그러나 일단 상자를 열면 방사성 원자핵은 임의로 어떤 상태를 선택해 대응한다. 마찬가지로 상자 안의 고양이도 죽거나 살거나 둘 중 한 가지 상태를 선택할 것이다.

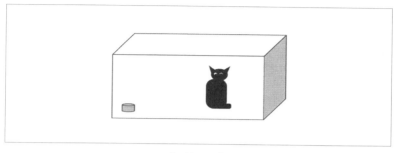

[그림 5-13]

그럼 상자를 열기 전에 고양이는 죽어 있을까? 아니면 살아 있을까?

슈뢰딩거의 고양이 역설이 등장하기 전, 보른의 확률파 해석은 미시적 세계에만 적용되었다. 일상생활에서는 파동함수의 급격한 붕괴 같은 건 걱정할 필요가 없기 때문이다. 집에 손님이 방문할 때를 생각해보자. 손님이 문을 열고 들어오기 전, 주인은 거실 소파에 앉아 있거나 주방 또는 화장실 등 집안 여기저기에 머물러 있다. 그러다 일단 손님이 문을 열고 들어오는 걸 발견하면 주인은 순간 무작위로 한 가지 상태를 선택해서 나타난다.

슈뢰딩거의 고양이 역설은 거시적 물체와 미시적 입자를 한데 연결지은 것이다. 상자가 열리기 전, 방사성 원자핵은 양자 중첩 상태에 놓여 있고 거시적 물체인 고양이는 '죽거나 혹은 살거나'의 중첩 상태에 놓여 있다. 불가사의한 점은 사람의 관측 행위(상자를 여는 것)가 고양이의 파동함수를 붕괴시켜 죽거나 살거나 중 한 가지 확정된 상태를 선택하게 한다는 것이다.

물리학자들은 이 불쌍한 고양이의 처지를 생각하며 어떤 문제가 있는지 고민해 봤다. 사실, 문제의 핵심은 사람의 관측 행위가 일종의 주관적인 행위에 속한다는 것이다. 양자 역학 이전의 물리학에서는 그 어떤 이론도 사람의 관측 행위로 인해 물질의 본래 상태가 변화는 경우는 없었다. 그러나 지금까지 이보다 더 입자의 세계를 명확하게 설명한 해석도 없었다. 전자 이중슬릿 간섭 실험에서 전자가 이미 틈을 통과한 상태에서 전자가 어떤 틈으로 통과했는지 관찰하려고 하면 간섭으로 나타난 무늬가 사라지게 된다. 확률파와 사람의 관측이 파동함수의 붕괴를 초래했다는 것 외에 전자의 행위를 설명할 수 있는 다른 방법이 있을까?

슈뢰딩거의 고양이 역설은 수많은 논쟁을 불러 일으켰다. 이렇게 한번 생각해 보자. 우리가 눈을 감고 있을 때, 물질세계는 중첩 상태에 놓여있다. 우주에서는 대폭발이 일어날 수도, 일어나지 않을 수도 있고, 운석이 지구에 충돌할 수도, 충돌하지 않을 수도 있으며, 손에 들고 있는 컵은 완벽히 보존될 수도, 산산이 부서질 수도 있다. 그러다 눈을 뜨고 세상을 바라보면 모든 중첩 상태는 즉각 사라지고, 우주는 정상적인 운행 상태를 회복한다.

1957년 휴 에버렛 3세는 다세계 해석으로 코펜하겐 해석을 대체하려고 했다. 에버렛은 살아 있는 고양이와 죽은 고양이 두 마리 고양이가 모두 존재하며 둘은 다른 세계에 있다고 설명했다. 다세계 해석은 공상 과학계를 들썩이게 만들었고, 많은 사람의 흥미를 불러일으켰다.

다세계 해석의 또 다른 이름은 바로 '평행 우주'다. 전자는 이중슬릿을 통과한 이후 수많은 평행 우주로 나아간다. 그리고 사람들이 스크린을 통해 이를 관측하려고 할 때 전자의 파동함수가 붕괴되는 것이 아니라, 단지 하나의 평행 우주에서 보여주는 결과만 보게 되는 것이다. 슈뢰딩거의 고양이도 마찬가지다. 사람들이 상자를 열었을 때 보는 건, 여러 평행 우주 중 하나에 있는 고양이의 모습인 셈이다.

다세계 해석은 파동함수의 붕괴와 관측 결정론의 문제를 해결했다. 객관적 세계 혹은 객관적 존재는 사람들이 관찰한다고 해서 변하지 않고, 슈뢰딩거의 파동함수 역시 계속 변화할 수는 있지만 한순간에 붕괴되지 않는다.

다세계 해석은 주관적 관찰을 없애는 대가로 서로 상관없는 여러 개의 우주를 등장시켰다. 한번 상상해 보자. 전자 하나의 이중슬릿 실험을 하는데 무수히 많은 우주를 끌어들인다면, 물질세계의 수많은 입자들을 설명하려면 도대체 얼마나 많은 우주가 필요하단 말인가?

평행 우주들 사이에는 서로 아무런 관련이 없기 때문에 실험실에서도 이를 거짓이라고 입증할 방법은 없다. 어쨌든 다세계 해석은 하나의 가능한 설명을 제시했다는 점에서 의미가 있다.

5.2.4 빈 공간 사이로 대화하는 입자

양자 물리학은 깊이 파고들어 갈수록 점점 더 기이해졌다. 확률파,

파동함수의 붕괴… 이 범상치 않은 이론들은 양자 물리학의 창시자 중 한 사람인 아인슈타인조차 가만히 두고 볼 수가 없었다. 그래서 그는 자신이 직접 나서서 불확실성으로 가득한 양자 세계를 정리하기로 마음먹었다.

당시 아인슈타인이 창시한 상대성 이론은 이미 여러 실험을 통해 증명되며 물리학계의 중요한 기둥으로 자리 잡았다. 그런데 또 다른 기둥인 양자 이론은 이론적인 기반이나 실험 결과 등이 불안정한 모습을 보이고 있었다.

1933년 아인슈타인은 제7회 솔베이 회의에서 다음과 같은 유명한 역설을 제시한다. 대형 입자가 하나 있다고 가정해 보자. 어느 날 이 입자는 붕괴에 의해 A와 B라는 두 개의 작은 입자로 나뉘었다. 자기 스핀 보존으로 인해 A 입자의 스핀이 왼쪽으로 향하면, B 입자의 스핀은 반드시 오른쪽으로 향한다. 입자가 분리되고 충분한 시간이 흐른 뒤, A 입자는 은하계 가까이 도달해 있지만, B 입자는 여전히 지구에 머물러 있다. 이때 과학자들이 둘 중 한 입자의 스핀을 관찰하고, 스핀의 방향이 왼쪽이라는 것을 발견하면 자연히 다른 한 입자의 스핀 방향은 오른쪽이라는 것을 알게 된다.

두 입자의 스핀은 완전히 무작위고, 두 입자 모두 통신 설비를 지니고 있지 않기 때문에 상대 입자가 관측되고 있는지 알 수 없다. 위의 실험에서는 일단 A 입자가 관측되었다. 코펜하겐 해석에 따르면 관측이라는 행위는 A 입자의 스핀을 불확정 상태에서 확정 상태로 변화시키고, 동시에 B의 스핀 역시 즉시 불확정 상태에서 확정 상태로 변하게 된다. 이 과정은 두 입자가 광속을 뛰어넘는 신호로 서로 소통했다는 것을 의미하는데, 이는 표면적으로 보면 상대성 원리에 위배된다.

이 사고 실험은 아인슈타인, 로젠, 포돌스키의 이름 앞 글자를 따서 'ERP 역설'이라는 이름으로 불리게 되었다.

코펜하겐 학파의 리더인 보어는 ERP 역설에 대해, 두 개의 입자는 사실 줄곧 하나였고, 설령 두 개로 나뉘었다 하더라도 서로 연결되어 있기 때문에 광속을 뛰어넘는 신호는 존재하지 않는다고 반박했다.

보어의 해석이 맞았는지 틀렸는지 결론이 나지는 않았지만, 후대의 과학자들은 그의 관점을 '양자 얽힘'이라고 표현했다. 양자 얽힘이란 두 개 이상의 입자가 하나의 체계를 만드는 것을 의미한다. 이 체계의 상태 함수는 다음과 같다.

$$\Phi = \frac{1}{\sqrt{2}}(\psi_{1g}\psi_{2g} + \psi_{1e}\psi_{2e})$$

위의 식은 두 개의 독립된 상태로 나눌 수 없다.

$$\Phi = (a_1\psi_{1g} + b_1\psi_{1e}) \otimes (a_2\psi_{2g} + b_2\psi_{2e})$$

Φ는 두 개의 입자를 정규화한 상태 함수이다. ψ_{1g}와 ψ_{1e}은 각각 첫 번째 입자의 두 에너지 준위에서의 상태 함수를, ψ_{2g}와 ψ_{2e}은 두 번째 입자의 두 에너지 준위에서의 상태 함수를 나타낸다. a_1, b_1 그리고 a_2,

b_2는 각각 첫 번째와 두 번째 입자의 두 에너지 준위에서의 고유치를 나타낸다. 식을 나타내는 방식이 상당히 복잡해 보이지만, 사실 전달하고자 하는 물리적 의미는 간단하다. 입자는 결코 단독으로 존재할 수 없고, 입자의 상태는 다른 입자에 영향을 주므로 두 개의 입자로 구성된 체계를 단일 입자 상태로 나누어 곱할 수 없다는 것이다. 다시 말해, 두 개의 입자는 서로 연관되어 있고, 하나의 양자 상태를 공유하며, 서로의 상태에 밀접한 관련이 있다는 의미다. 과학자들은 양자의 이러한 성질을 양자 얽힘이라고 불렀다.

아인슈타인과 보어 사이의 논쟁은 무려 30년이나 지속되었지만 결국 합의점을 찾지는 못했다. 그렇지만 두 사람의 논쟁은 물리학을 한 단계 더 발전시키는 추진 작용을 했다. 아인슈타인은 말년에 이르러서도 여전히 양자 역학 체계가 불완전하다고 생각했다. 그때까지도 일부 핵심 문제들이 해결되지 않았기 때문이었다. 예를 들어, 파동함수 붕괴에 관한 코펜하겐 해석은 물질의 본질에 관해서는 밝히지 않았는데, 사실상 기술의 한계 때문에 진정한 본질을 발견하지 못한 것이다.

하지만 현재까지도 양자 행위에 관한 코펜하겐 학파의 해석은 주류로 인정받고 있고, 아직까지 이보다 설득력 있는 해석은 나오지 않았다. 또한 양자 역학은 1950년대부터 여러 분야에 응용되며 사람들의 생활 방식을 크게 변화시켰다. 그러므로 양자 역학이라는 학문이 완전하든 불완전하든 인류의 발전에 큰 공헌을 했다는 것은 부정할 수 없는 사실이다.

5.2.5 벨 부등식

양자 역학은 과연 완전한 학문일까? 보어와 아인슈타인의 논쟁에서 누구의 관점이 옳고, 누구의 관점이 틀린 걸까? 두 사람의 오랜 논쟁은 많은 물리학자들과 물리학 애호가들의 관심을 끌었다. 존 벨은 원래 가속기를 설계하는 엔지니어였다. 물리학을 좋아했던 벨은 보어와 아인슈타인의 논쟁에 자연스레 흥미를 갖게 되었고, 이 문제에 대해 깊이 생각해 보게 되었다.

벨은 아인슈타인의 관점에 동의했다. 그는 양자 이론이 표면적으로는 맞지만, 이론의 기초가 단편적이고, 가장 핵심적인 원리를 설명하지 못한다고 생각했다. 그러면서 사람들이 아직 발견하지 못한 곳에 숨은 변수가 존재할 수도 있다고 주장했다.

벨은 이 주장을 뒷받침하기 위해 다음과 같은 벨 부등식을 제시했다.

$$|P_{xz} - P_{zy}| \le 1 + P_{xy}$$

양전자와 음전자(전자)로 구성된 입자가 어느 날 갑자기 분리되어 서로 다른 방향으로 날아가고, 오랜 시간이 흐른 뒤, 과학자 두 명이 동시에 양전자와 음전자의 스핀을 측정한다고 가정해 보자. P_{xz}는 x축에서의 양전자의 스핀, z축에서의 음전자의 스핀 예상 확률을 나타낸 것이고, P_{zy}, P_{xy}도 마찬가지로 예상 확률을 나타낸 것이다. 그러므로 여러 번 측정한 결과는 벨의 부등식을 만족해야 한다. 조금 더 간단한 예를 들어보자. 동전은 각각 앞면, 뒷면이 있고, 동전을 던졌을 때 앞면과 뒷면이 나올 확률은 각각 50%다. 과학자들이 동전을 계속 던진다고 가정했을 때, 수백 혹은 수천 번 던지고 나서 통계를 내보면 동전의 앞면과 뒷면이 나온 횟수가 거의 동일하다는 것을 알 수 있다.

벨 부등식이 성립할 수 있는 전제는 양자 역학 세계에 어떤 '숨겨진 변수'가 존재한다는 가정이다. 벨은 이 숨겨진 변수가 동전의 각 면이 50%의 확률로 나오게 하는 것처럼, 사물을 어떤 확실한 결과로 움직이게 만든다고 주장했다. 다만 사람들은 이 변수가 도대체 무엇인지 모를 뿐이다. 만약 벨 부등식이 성립하면 아인슈타인의 관점(양자 역학 체계가 불완전하고, 숨은 변수를 찾을 수 없다는 관점)이 옳다는 의미가 되고, 벨 부등식이 성립하지 않으면 보어의 관점이 승리하게 된다.

이후 과학자들은 벨 부등식을 바탕으로 양자 역학의 완전성을 검증하는 실험을 설계했다. 1982년 프랑스 물리학자인 알랭 아스펙트가 실험실에서 양자 얽힘 현상을 입증했다. 실험 결과, 동전을 던졌을 때 앞면과 뒷면이 나올 확률은 50%가 아니라, 20%, 33%, 78% 등으로 불확실한 것으로 나타났는데, 이는 벨 부등식의 전제가 잘못되었고, 벨 부등식이 성립하지 않는다는 것을 보여준다. 양자 역학의 세계에는 '숨겨진 변수'는 없다. 다만 불확실성이 가득할 뿐이다. 이처럼 양자 세계와 거시적 세계의 지역적 실재성은 본질적으로 다르고, 미시적 세계에는 완전히 다른 방법론과 세계관을 적용할 필요가 있다.

5.2.6 인지의 비약적 발전

물리학 역사상 가장 심오한 실험은 전자의 이중슬릿 실험일 것이다.

양자 역학을 조금 더 깊이 이해하기 위해 앞에서 살펴봤던 실험 내용을 다시 돌이켜보자.

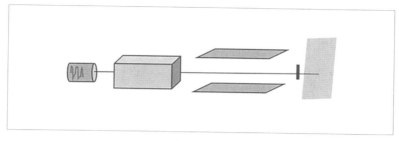

[그림 5-14]

첫 번째 단계 : 먼저 필라멘트가 전기 에너지를 열에너지로 전환해 음극을 가열한다. 이때 전자는 열에너지에 의해 원자핵의 속박에서 벗어난다. 전자는 격자를 통과한 뒤 양극 전기장의 작용으로 가속하고, 편향 작용에 의해 고정된 편향 각도를 형성한다. 최종적으로 안정된 전자빔이 형광 스크린에 수신되어 나타난다. 다음으로 니켈 결정을 형광 스크린 앞에 장애물로 놔둔다. 니켈 결정의 결정 구조 간의 간격은 약 0.1nm로, 실험에 필요한 이중슬릿에 적합하다. 자, 이렇게 해서 실험 준비가 끝났다.

전자총을 쐈더니 스크린에 회절 무늬가 나타났다.

회절은 파동 특유의 특징이다. 파동의 마루와 마루가 만나면 밝은 줄무늬를 형성하고, 마루와 골이 만나면 어두운 줄무늬가 형성된다. 이 실험은 전자가 입자-파동의 이중성을 갖고 있다는 사실을 명백히 보여준다. 다시 말해, 전자는 입자이자 파동인 셈이다.

이번에는 전자를 하나씩 발사해 본다. 일반적으로 전자가 하나씩 일렬로 이중슬릿을 통과하면 간섭으로 생긴 무늬가 사라질 것이라고 생각한다. 전자가 앞뒤로 있을 때는 서로 간섭하지 않을 테니 말이다.

그런데 실험 결과 무늬는 사라지지 않았다!

앞의 전자가 이중슬릿을 통과해 형광 스크린에 수신되고, 뒤이어 그다음 전자가 이중슬릿을 통과해 수신되면 이 두 개의 전자는 앞, 뒤로 있으므로 간섭이 발생하지 않아야 한다. 혹시 앞의 전자가 뒤에 다른 전자가 따라온다는 것을 알고 중간에서 기다렸다가 함께 형광 스크린에 도달하기라도 하는 걸까?

그럼 이제 실험 과정에서 전자가 어떻게 움직이는지 알아보기 위해 특수 제작된 카메라를 이중슬릿 뒤에 설치하고 전자의 경로를 촬영해 본다.

카메라가 작동하자 형광 스크린의 무늬가 사라지고 하나의 광점으로 변했다.

정말 불가사의한 일이 아닐 수 없다! 카메라가 촬영할 때 무늬가 사라진다니, 전자도 사람처럼 의식이 있어 다른 사람에게 자신의 경로를 보여주고 싶지 않은 걸까? 아니면 사람의 관측 행위가 양자 세계의 객관적인 규칙을 방해한 걸까?

전자의 경로를 촬영하는 것은 실패했지만, 방법은 한 가지 더 있다. 전자가 이중슬릿을 통과한 이후 이중슬릿 중 하나를 차단하면 무늬가 사라지는지 확인하는 방법이다. 지금까지의 경험으로 미루어보면 전자가 이미 이중슬릿을 통과한 이상 형광 스크린에 나타나는 결과는 변하지 않는다고 생각할 것이다. 그러나 이번에도 실험 결과는 의외였다.

스크린에 무늬가 사라졌다!

이 말인즉슨, 전자가 형광 스크린에 도달하기 전 이중슬릿을 돌아봤고, 그중 하나가 차단된 것을 보고 갑자기 간섭을 받지 않게 된 것이다. 쉬운 예로, 어떤 건물의 8층에서 던져진 귤이 바닥에 닿기 직전 8층 건물이 사라진 것을 확인하고는 바닥에 사뿐히 내려앉은 것이나 마찬가지다. 아무래도 순환적 인과관계가 양자 세계에는 적용되지 않는 것 같다.

위의 실험 결과에 대한 코펜하겐 해석은 다음과 같다.

전자가 하나씩 열을 맞춰 이중슬릿을 통과할 때 간섭 현상이 나타나는 이유는 전자가 자기 자신과 간섭이 일어났기 때문이다. 즉, 전자가 동시에 이중슬릿의 왼쪽과 오른쪽을 통과할 때, 왼쪽에서 통과한 전자가 형성한 파동함수와 동시에 오른쪽에서 통과한 전자가 형성한 파동함수와 간섭이 일어나 스크린에 무늬가 나타나게 되는 것이다.

특수한 카메라로 전자의 움직임을 촬영하려고 했을 때 간섭이 사라진 이유는 외부의 광자와 전자의 작용 때문이다. 촬영 과정에서 전자의 파동함수가 파괴되어 파동함수의 붕괴를 초래했기 때문에 간섭이 일어나지 않은 것이다. 마찬가지로 전자가 이중슬릿을 통과한 이후 이중슬릿 중 하나를 차단하는 동작 역시 외부 세계의 간섭에 속하기 때문에 파동함수를 파괴할 수 있다.

파동함수의 붕괴란 전자가 본래 우주의 각 구석에 분포해 있을 수 있다는 것을 의미한다. 물론 아주 먼 곳까지 분포해 있을 확률은 매우 낮아서, 거의 발생하지 않는 일이라고 간주할 수 있다. 실험 과정에서 전자는 이중슬릿의 왼쪽과 오른쪽으로 동시에 통과할 수 있다. 단, 동시에 통과한다면 전자는 자기 간섭이 일어난다는 것을 기억해야 한다. 만약 파동함수의 붕괴가 일어나면 불확실성은 사라지고 확률은 100%로 변하게 된다. 전자는 A든, B든 무수한 가능성 중 무작위로 하나를 선택해 나타나야 한다.

전자 이중슬릿 실험은 물리학에서 가장 큰 충격을 준 실험이기도 하다. 그 이유는 이 실험을 통해 그동안 사람들이 물질세계에 대해 갖고 있었던 인식이 정확하지 않으며, 심지어 매우 큰 편차가 있다는 사실을 깨달았기 때문이다.

그럼 이쯤에서 물질세계의 연속성과 객관적 실재성 그리고 인과율에 대해 짚고 넘어가 보자.

1. 연속성

사람들은 오랫동안 현실 세계는 연속적이라고 생각해 왔다. 손가락으로 공중에서 이리저리 한번 휘저어 보자. 이때 손가락이 지나간 경로는 각 무한소의 공간 영역을 연속적으로 통과해 완전한 궤적을 만들게 된다. 고도로 추상적인 학문인 수학 역시 연속성을 당연한 기본 가설로 생각한다. 미적분이 무한히 분할될 수 있는 연속적인 기반 위에 만들어진 걸 보면 알 수 있다.

하지만 양자 역학 이론에서는 자연에 분할의 한계가 존재한다고 주장한다. 그리고 그 한계를 나타내는 것이 바로 플랑크 상수다. 공간에 있어서는 플랑크 상수 단위의 공간이 분할할 수 있는 가장 작은 범위의 공간이고, 시간에 있어서는 플랑크 상수 단위의 시간이 분할할 수 있는 최소 범위의 시간이다. 플랑크 상수 단위 이하의 세계는 기존의 물리 법칙을 적용할 수 없는 양자의 혼돈 상태이기 때문에 이것에 관해 토론하는 것은 의미가 없다.

결국 우리가 팔을 흔들 때, 팔은 사실 플랑크 상수 공간을 한 칸씩 이동하고 있는 거라 볼 수 있다.

2. 객관적 실재성

유명한 철학가 포이어바흐는 이런 말을 남겼다.

'세상은 곧 물질이다!'

대부분의 사람들은 물질세계에 객관적 실재성이 존재한다고 믿는다. 그래서 물질은 사람의 의지와는 독립적으로 존재하며, 사람의 의지에 따라 변하지 않는 객관적 존재라는 생각을 갖고 있다. 물질의 객관적 실재성을 이해하는 건 어렵지 않다. 예를 들어, 하늘에 떠 있는 밝은 달은 사람이 보고 있거나 혹은 보고 있지 않다고 해서 변하지 않는다. 또 세차게 흐르는 강물은 아무리 대단한 사람이 멈추라고 해도 멈추지 않는다.

하지만 과학의 연구가 양자 영역까지 이르자 객관적 실재성의 개념이 조금씩 흔들리기 시작했다. 전자 이중슬릿 실험에서 사람이 전자의 움직임을 관측하려고 하자, 전자의 파동함수가 붕괴되고 스크린에 무늬가 나타나지 않았다. 그런데 일단 관측 장비를 치우자 무늬는 곧바로 다시 나타났다. 결국 스크린에 무늬가 나타나는지 여부는 사람의 관측 행위와 관련이 있고, 전자가 사람의 의지에 따라 변하기도 한다는 의미다.

양자 현상이 거시적 세계에 나타난다고 가정해 보자. 사람이 고개를 들어 달을 바라보면 그곳에 있지만, 등을 돌리는 순간 달은 사라지고 우주 공간 어딘가에 존재하게 된다. 또 사람이 흐르는 강물을 바라보면 강물이 그곳에 있지만, 등을 돌리는 순간 강물은 우주 공간 어딘가로 사라져 버린다. 말도 안 되는 이야기처럼 들리지만 양자 세계에서는 정말로 이런 일이 일어난다.

20세기 초, 사람들은 '전자' 하면 아주 작은 공 모양을 떠올렸다. 이러한 이미지는 객관적이고 실재적인 철학 이념에 부합하는 것이었다. 그러나 양자 역학이 등장하면서 전자의 이미지는 조금씩 모호해졌다. 일단 전자는 눈으로 볼 수 있는 작은 공 모양은 확실히 아니다. 그 어떤 기술적인 방법으로도 전자의 실체를 확인하는 건 불가능한데, 그 이유는 원래부터 실체가 없기 때문이다. 그리고 전자는 정확히 묘사할 수 있는 파동도 아니다. 불확정성 원리에 따르면 전자는 어떤 시각에 어느 위치에 정확히 나타날 수 없다(위치 측정이 절대적으로 정확할 때 전자의 운동량은 무한대로 커진다는 것을 결정한다). 이론적으로 전자는 떠다니는 유령처럼 '동시'에 어떤 곳에서든 존재할 수 있다. 다만 관측될 때에만 한 전자의 여러 가지 함수가 나타난다. 다시 말해, 우주의 관점에서 보면 전자와 다른 입자들 모두 단지 하나의 투영일 수도 있다. 우리가 전자를 이해한다는 것도 어쩌면 관측 방법을 통해 이 투영된 모습을 관찰하는 것에 불과할지도 모른다.

3. 인과율

물이 가득 담겨 있는 컵이 충격에 의해 넘어지면 물이 쏟아진다. 이 두 가지 일은 인과 관계가 있다. 컵이 먼저 넘어지고, 그다음에 물이 쏟아지는 것은 지극히 정상적인 논리다. 이러한 예들은 아주 많다. 휴대폰 충전기의 전원을 연결하면 휴대폰은 바로 충전 상태가 되는데, 반대로 휴대폰을 먼저 충전 상태에 놓고 전원을 연결할 수는 없다. 놀이동산에서 범퍼카를 탈 때, 차 두 대가 부딪히면 차 안에 타고 있던 사람들이 소리를 지른다. 사람들이 먼저 소리를 지른 다음 차들이 부딪히는 것이 아니다. 태양은 동쪽에서 떠올라 대지를 밝게 비춘다. 마찬가지로 대지를 먼저 밝게 비춘 다음 태양이 떠오르는 것이 아니다.

인과율은 자연계에서 가장 정상적인 규칙으로, 양자 역학을 잘 이해하지 못하는 사람도 인과율만큼은 의심해 본 적 없을 것이다. 그런데 문제는 양자 세계에서는 인과율이 더 이상 유효하지 않다는 것이다.

전자 이중슬릿 실험에서 전자가 이미 이중슬릿을 통과한 후 하나의 슬릿을 차단했을 때 스크린의 무늬가 사라졌다. 이를 지연 선택 실험이라고 부른다. 사람들은 나중에 발생한 일이 그 이전에 발생한 일을 결정할 수 있다는 실험 결과에 크게 놀라지 않을 수 없었다.

양자 세계에는 기이한 현상들이 정말 많다. 거시적 세계에서는 절대 깨지지 않는 인과율이 미시적 세계에서는 이처럼 동요하고 깨지기도 한다. 양자 역학에서는 미시적 체계가 통계 규칙을 따르기 때문에 거시적 직관으로 미시적 세계를 이해하려고 하면 안 된다고 설명한다. 즉, 미시적 체계에서 인과율을 깊이 논하는 것은 의미가 없다는 뜻이다.

꼬리를 무는 뱀

상대성 이론에서는 질량이 큰 천체가 시공간을 움푹 파이거나 휘어지게 만든다고 해서 우주를 초대형 트램펄린에 비유했다. 이렇게 움푹 파이거나 휘어지는 정도가 극에 달하면 새로운 형태의 천체가 만들어지는데, 이것이 바로 블랙홀이다.

그럼 어떤 천체가 블랙홀이 되는 걸까? 질량이 태양의 25배 이상인 항성이 적색 거성 단계를 완성하고 나서도 질량이 여전히 태양의 2배 이상인 경우, 거대한 중력 작용에 의해 빠르게 수축하게 되고, 핵심 구체로 채워졌던 공간이 사라지면서 블랙홀이 된다.

블랙홀의 중력장은 매우 강력해서 주변 시공간 구조를 크게 왜곡하고, 심지어 광선조차 통과하지 못하게 만든다. 과학자들은 특이점에서

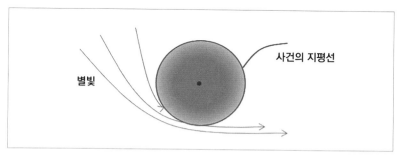

[그림 5-15]

부터 광선이 포획된 거리를 블랙홀의 사건의 지평선이라 불렀다. [그림 5-15]를 살펴보자. 이 범위 내에서는 광선뿐만 아니라 우주의 모든 물질과 방사선이 밖으로 벗어날 수 없다. 이는 시공간의 일정 부분이 비어 있음을 의미하고, 따라서 이 구역의 내부 상황을 알 길이 없다.

그래서 아주 오랫동안 블랙홀과 관련해서는 추측과 가설만이 존재했다. 그러다 2019년에 이르러, 지구만한 크기의 가상전파 망원경을 이용해 근처의 거대 타원 은하인 M87의 중심에서 최초로 블랙홀의 사진을 찍는 데 성공했고, 이로써 블랙홀의 존재가 증명되었다.

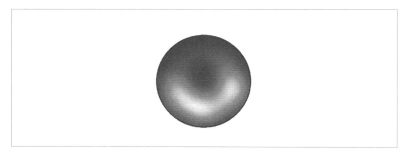

[그림 5-16]

블랙홀의 놀라운 점은 부피가 0에 가깝지만 질량은 거대하다는 것이다. 심지어 태양의 질량을 뛰어넘는 블랙홀도 있다. 기존의 밀도를 정의하는 방식으로 계산하면 블랙홀의 밀도는 무한히 커진다. 이처럼 대자연에는 무한소(부피)와 무한대(밀도)의 특징을 동시에 갖는 천체가 존재한다.

이러한 결합의 발견은 과학자들에게 흥분과 좌절을 동시에 안겨줬다. 우선 과학자들을 흥분하게 만든 건, 무한소와 무한대의 특징이 자연에 실제로 존재하며, '무한'의 개념이 현실적인 의미가 있다는 점이었다. 그리고 그들이 좌절한 이유는, 거시적 영역의 상대성 이론과 미시적 영역의 양자 역학은 원래 서로 각자의 영역을 지키며 무탈하게 지내왔는데, 블랙홀의 존재가 밝혀지면서 두 이론이 한데 만나게 되었기 때문이다. 이제 아주 미세한 척도의 양자 이론과 거대한 질량을 가진 천체의 상대성 이론을 동시에 연구할 필요가 생긴 것이다. 게다가 두 이론은 [표 5-1]에 정리된 것처럼 서로 맞지 않는 부분들이 존재한다.

이론	연구 범위	철학적 기반	상호 작용 방식
상대성 이론	거시적 물체	연속성, 확정성	시공간의 기하 구조
양자 이론	미시적 물체	불연속성, 불확정성	광자, 글루온을 통한 작용력의 전달

[표 5-1]

[표 5-1]에 정리된 것처럼, 상대성 이론의 철학적 기반은 연속성과 확정성이다. 또한 거시적 물체의 상호 작용 방식은 시공간의 기하 구조로 결정된다. 반면 양자 역학의 철학적 기반은 불연속성과 불확정성이며, 미시적 물체의 상호작용은 광자, 글루온을 통한 작용력의 전달을 통해 이루어진다. 이처럼 서로 다른 특징을 가진 두 이론을 하나로 통합하는 것은 굉장히 어렵기 때문에 블랙홀 연구의 난이도 역시 상당히 높다.

20세기 중후반, 스티븐 호킹과 로저 펜로즈 등 물리학자들은 블랙홀에 대한 정량 분석을 통해 블랙홀의 증발 이론과 관련된 여러 연구 성과를 얻었다. 그러나 그들의 연구는 주로 블랙홀의 사건의 지평선에 대한 분석이었고, 특이점에 관해서도 부피의 무한소, 밀도의 무한대와 관련된 연구만 이루어졌을 뿐 두 이론을 통합하는 문제에 관해서는 소극적이었다.

　거시적 척도가 뱀의 머리라면, 미시적 척도는 뱀의 꼬리에 비유할 수 있다. 그렇다면 블랙홀은 뱀이 자신의 꼬리를 물고 동그란 고리 형태를 만들고 있는 것과 같다. 대자연은 블랙홀이라는 천체를 통해 무한대와 무한소의 개념을 성공적으로 결합했다. 실제로 블랙홀의 특이점과 빅뱅의 특이점은 닮은 점이 많다. 그러므로 만약 인류가 블랙홀의 특이점에 관한 비밀을 풀게 된다면 우주 창조에 관한 비밀도 풀 수 있게 될지도 모른다.

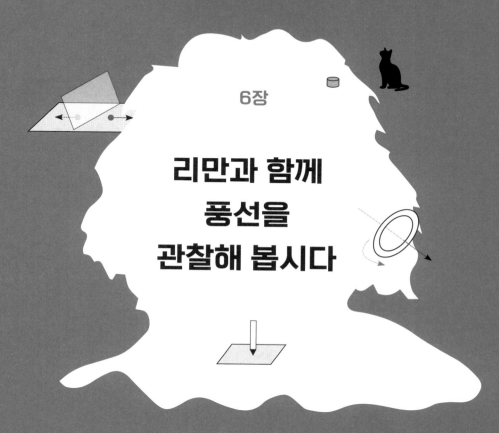

6장

리만과 함께
풍선을
관찰해 봅시다

시공간을 새기는 도구

상대성 이론의 기반은 미분기하학이고, 양자 역학에도 이론을 뒷받침하는 각양각색의 수식들이 등장한다. 이처럼 물리학의 발전은 수학과 불가분의 관계에 있다. 대부분의 물리학 원리는 수학이라는 도구를 통해 설명되어야 하고, 그렇기 때문에 수학은 왕관의 보석이라고 불린다. 현대 물리학의 가장 중요한 두 개의 기둥인 상대성 이론과 양자 이론을 더 깊이 이해하기 위해, 주인공 톰슨과 소피아를 따라 아름다운 수학의 바다로 여행을 떠나보자.

6.1
풍선과 말안장

톰슨과 소피아는 어느새 2학년 2학기를 맞이했다. 얼마 전에는 개교 100주년을 맞아 기념행사가 아주 성대하게 열렸는데, 졸업생들도 모교를 찾아 함께 축하를 해줬다. 평소에는 소박하고 단조로운 모습의 캠퍼스도 이날만큼은 리본 장식으로 화려하게 꾸며져 있었고, 공중에 띄워 놓은 색색의 헬륨 풍선들이 한껏 더 경쾌한 분위기를 연출했다. 톰슨이 풍선들을 자세히 관찰해 보니, 어떤 풍선에는 학교 로고가 새겨져 있고, 또 어떤 풍선에는 학교를 대표하는 건물의 그림이 새겨져 있었다. 그리고 원형, 정방형, 삼각형 등 여러 가지 기하학 패턴으로 꾸며져 있는 풍선들도 있었다.

톰슨은 [그림 6-1]과 같은 풍선을 관찰하다가 이상한 점을 발견하고 소피아에게 말했다.

[그림 6-1]

"저것 좀 봐, 풍선 위에 그려진 삼각형은 평면 위에 그려진 것과 다른 모양이야!"

"아, 그건 정상적인 거야. 풍선이 곡면으로 이루어져 있잖아."

소피아가 대답했다.

보통 사람들이라면 그냥 지나쳤을 법한 사소한 차이지만, 이 사소한 차이가 일련의 수학 이론들을 탄생시키고, 상대성 이론의 발표에도 큰 영향을 미쳤다. 이것이 바로 리만 기하학이다.

6.1.1 다섯 가지 공리

기원전 300년, 고대 그리스의 수학자 유클리드가 유클리드 기하학을 만들었는데, 이는 물질세계가 고도로 추상화된 이후 형성된 자연과학 분야의 학문이다. 그는 주변에서 볼 수 있는 형상들을 삼각형, 정방형, 사다리꼴, 원형 등으로 추상화하고, 논리적 추론을 통해 서로 다른 기하학 형상들 사이의 규칙을 찾아냈다. 오늘날 학생들이 학교에서 배우는 기하학 도형들과 이와 관련된 여러 가지 문제들은 모두 유클리드 기하학에서 유래한 것이다.

유클리드 기하학은 굉장히 엄격한 체계로 이루어져 있고, 논리적으로도 자기 일관성을 이루었다. 유클리드는 저서 『기하학 원론』에서 다음과 같은 다섯 가지 공리(증명하지 않아도 되는 사실)를 제시했다.

(1) 한 점에서 다른 한 점으로 직선을 그을 수 있다.

(2) 유한한 직선을 직선으로 연장할 수 있다.

⑶ 임의의 지점을 중심으로 임의의 거리를 반지름으로 하는 원을 그릴 수 있다.

⑷ 모든 직각은 서로 같다.

⑸ 직선 밖의 한 지점을 지나 주어진 직선과 평행한 직선은 하나뿐이다.

유클리드 기하학의 모든 이론은 바로 이 다섯 가지 공리를 바탕으로 만들어졌다.

유클리드 기하학에는 삼각형 내각의 합이 180°라는 아주 중요한 결론이 등장한다. 유클리드는 사람들에게 삼각형을 세 부분으로 나눠 세 개의 각을 합쳐 놓으면 하나의 직선이 만들어진다고 설명했다. 그러자 사람들은 직접 삼각형 물체를 가져와 실험을 했고, [그림 6-2]에서 보이는 것처럼 정말로 직선이 만들어진다는 사실을 발견하고 크게 놀랐다.

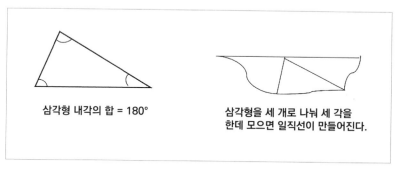

삼각형 내각의 합 = 180°

삼각형을 세 개로 나눠 세 각을
한데 모으면 일직선이 만들어진다.

[그림 6-2]

193

유클리드 기하학 탄생 후 2000여 년 동안, 많은 사람이 유클리드의 저서 『기하학 원론』을 연구했고, 이 과정에서 유클리드 기하학 원리는 대부분 앞의 네 가지 공리를 바탕으로 추론해서 얻어진 결론이라는 사실을 깨달았다. 다섯 번째 공리는 거의 사용되지 않고, 게다가 앞의 네 가지 공리에 비해 내용도 긴 편이다. 그렇다면 앞의 네 가지 공리를 통해 다섯 번째 공리를 증명하고, 생략하는 방법은 없을까?

1826년 러시아의 수학자 니콜라이 로바체프스키가 이 다섯 번째 공리에 대한 새로운 관점을 제시했다. 그는 먼저 다섯 번째 공리에 아무런 오류도 없다고 가정하고, 다음과 같이 다섯 번째 공리에 모순되는 명제를 도출했다.

직선 밖의 한 지점을 지나 주어진 직선과 평행한 직선은 적어도 두 개 있다(로바체프스키 공리).

로바체프스키는 유클리드의 다섯 번째 공리를 위의 공리로 대체하고, 기타 네 가지 공리와 함께 유클리드 기하학의 모든 명제를 증명하려고 했고, 만약 증명 과정에서 논리의 모순이 나타나면 다섯 번째 공리를 증명한 것이나 다름없었다. 로바체프스키의 이러한 방식을 수학에서 반증법이라 부른다.

그러나 로바체프스키는 모든 증명 과정에서 논리적인 모순을 찾을 수 없었고, 다음과 같은 두 가지 결론에 도달했다.

(1) 다섯 번째 공리를 증명할 수 없다.

(2) 자신이 제시한 공리로도 완전하고 논리적인 기하학 체계를 만들 수 있다.

로바체프스키의 창조적인 연구는 비유클리드 기하학 역사의 문을 새롭게 열었고, 그의 기하학 체계는 로바체프스키 기하학이라는 이름으로 불리게 되었다.

로바체프스키 기하학에서는 삼각형 내각의 합이 180°보다 작을 수 있다는 중요한 결론을 내렸다. 말안장 모양의 물체를 찾아 직접 그 안에 삼각형을 그려보면 [그림 6-3]에서 보이는 것처럼 삼각형 모양이 움푹 파여 있는 것처럼 보이고, 내각의 합이 180°보다 작다는 것을 알게 된다.

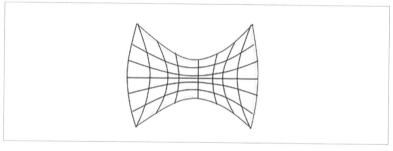

[그림 6-3]

이처럼 쌍곡 기하학이 존재한다면, 분명 구면 기하학도 존재할 것이다. 구면 기하학에서 삼각형 내각의 합은 180°보다 크다. [그림 6-4]를 살펴보자.

1854년 독일의 수학자 베른하르트 리만은 유클리드 기하학의 다섯 번째 공리를 다음과 같이 수정했다.

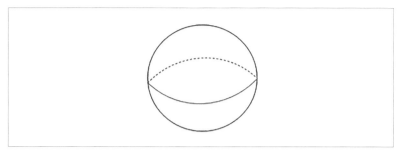

[그림 6-4]

직선 밖의 한 지점을 지나 주어진 직선과 평행한 직선은 없다(리만 기하학).

리만은 자신이 제시한 공리와 유클리드 기하학의 기타 네 가지 공리를 결합해 더욱 완전한 기하학 체계를 완성했는데, 이것이 바로 리만 기하학이다.

우리가 서 있는 지표면은 구면이다. 만약 무한히 연장되는 두 개의 줄자를 평행하게 놓고, 리만의 다섯 번째 공리를 바탕으로 생각해 보면 두 개의 줄자는 지표면의 특정 지점에서 교차하게 된다. 적도와 위도는 평행하지 않느냐고 묻는 사람도 있을 것이다. 그러나 위도는 지구 표면에 대해 '직선'이 아니고, 두 지점 사이의 거리가 최소라는 정의에도 부합하지 않는다.

6.1.2 식품 가공 공장

리만 기하학을 논할 때 기본이 되는 개념은 바로 미분 다양체다. 이 개념을 수학적으로 해석하면 이해하기 힘들 수도 있지만, 자연의 언어로 해석하면 쉽게 이해할 수 있다. 햇볕이 쨍쨍 비추는 날 바깥에 이불을 널어놓고 말리면 금방 마른다. 이때 바람이 불어오면 이불은 춤을 추듯 펄럭인다. 이 모습을 자세히 관찰해 보면, 바람이 항상 고르게 부는 건 아니지만 이불의 모양은 여전히 매끄러운 것을 볼 수 있다. [그림 6-5]에 나타난 모양처럼 말이다.

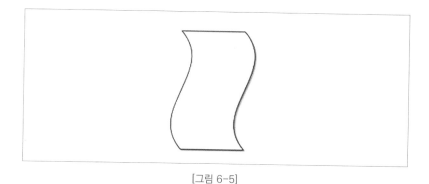

[그림 6-5]

이번에는 우뚝 솟은 산들을 관찰해 보자. [그림 6-6]처럼 산들은 저마다 기복이 있고, 산봉우리마다 뾰족하게 솟은 산꼭대기가 있다.

[그림 6-6]

197

밖에 널어놓은 이불과 우뚝 솟은 산들, 이 둘의 가장 큰 차이는 이불은 곳곳이 매끈하다는 것이고, 산에는 뾰족한 모서리가 있다는 점이다. 수학의 세계에서 매끈하다는 것은 미분 계산을 할 수 있다는 의미고, 반대로 모서리가 있다는 것은 미분 계산을 통해 유의미한 결과를 얻기 힘들다는 의미를 나타낸다. 수학자들은 이처럼 곳곳이 매끈한 공간을 미분 다양체라 부른다.

리만 기하학에서 미분 다양체는 갖가지 식품들을 제조하는 식품을 가공하는 공장에 비유할 수 있다. 하지만 식품을 제조하려면 공장만 있으면 안 되고, 생산 기계가 있어야 한다. 이 생산 기계가 바로 '사상'이다.

우리가 중학교 때 배우는 방정식이 사실은 일종의 사상이다. 예를 들어, $y = x + 2$라는 식은, x에 어떤 수를 대입하느냐에 따라 y의 값이 달라진다. 방정식은 $y = f(x)$라는 식으로 표현할 수도 있는데, 이 식에서는 f가 사상에 해당한다. 사상은 투입된 원재료를 완성된 제품으로 만드는 역할을 한다. 예를 들어, 기계에 소고기를 집어넣으면 햄버거 패티나 육포 등이 만들어져 나오는 것과 같다.

하지만 아직 공장과 기계만으로는 부족하다. 식품을 제조하려면 원재료가 필요한데, 수학자에게 필요한 원재료는 벡터와 스칼라다.

벡터는 방향성을 가진 물리량을 의미한다. 예를 들어, 뉴욕에서 워싱턴으로 향하는 기차를 묘사할 때는 기차의 속도(시속 200km)뿐만 아니라 운행 방향도 설명해야 한다. 만약 기차가 뉴욕에서 시카고를 향하고 있다면 속도가 똑같이 시속 200km라고 해도 방향이 완전히 다르기 때문에 같을 수 없다. 스칼라는 벡터와 상대되는 개념인데, 스칼라는 방향성이 없는 물리량이다. 예를 들어 사람의 키, 체중, 혈압, 체온 등이 스칼라에 해당한다.

수학자들은 일반적으로 벡터로 v로 표시한다. 만약 어떤 기계가 벡터 v를 실수 R로 사상할 수 있다면 다음과 같다.

$$v| \rightarrow R$$

이러한 사상을 쌍대 벡터라 부른다. 쌍대 벡터는 주로 방정식으로 나타나며, 벡터 v를 투입하면 실수 R이 산출된다.

벡터의 개념을 이해했다면 첫발을 성공적으로 뗀 셈이다. 자, 그럼 이제 텐서에 대해 알아보자. 텐서의 개념은 벡터보다 조금 더 복잡하다.

[그림 6-7]에 보이는 것처럼 텐서 역시 식품 가공 공장에 비유할 수 있다. 다만 햄버거 패티나 육포 등 하나의 제품을 만들어내는 공장보다 조금 더 복잡하다. 텐서라는 식품 공장에는 생산 라인이 두 개가 있는

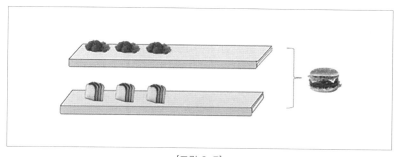

[그림 6-7]

데, 한 개의 생산 라인에는 소고기와 야채(벡터)만 투입할 수 있고, 다른 하나에는 빵(쌍대 벡터)만 투입할 수 있다. 그리고 최종적으로 햄버거(실수)가 만들어져 나온다.

이러한 내용을 공식으로 나타내면 다음과 같다.

$$T = t(w^1, \ldots, w^k \; ; \nu^1, \ldots, \nu^l) \, , \; T \in F_v(k\,,\,l)$$

위의 식은 k개의 쌍대 벡터(위의 생산 라인에만 투입 가능)와 l개의 벡터(아래 생산 라인에만 투입 가능)를 투입하면 최종적으로 실수 T를 얻게 된다는 의미다.

텐서라는 개념은 자연과학과 컴퓨터공학 등의 분야에서 중요한 역할을 한다. 텐서는 차원의 제한이 없기 때문에 이론적으로는 어떠한 복잡한 문제도 계산해낼 수 있다. 최근 큰 화제가 되고 있는 인공지능의 원리도 컴퓨터를 이용해 텐서 계산을 하는 것이다.

다시 본론으로 돌아와 보면, 텐서의 개념과 더불어 또 하나 알아야 할 것은 바로 텐서의 '길이'다. 수학자들은 이를 위해 '계량 텐서'라는 개념을 제시했다. 계량 텐서는 텐서 안에 있는 자와 같아서, 측정에 사용할 수 있다. 계량 텐서의 완전한 부호는 $g(w^1, \ldots, w^k \; ; \nu^1, \ldots, \nu^l)$이지만 보통은 g로 표시한다.

6.1.3 계량 텐서
계량 텐서라는 유용한 도구를 활용해 가장 간단한 유클리드 공간부터 계산해 보자.

톰슨이 공부하는 강의실은 [그림 6-8]과 같이 유클리드의 3차원 공간이다. 강의실 안에 있는 의자의 길이는 자를 이용해서 간단히 잴 수 있기 때문에 계량 텐서의 형식도 매우 간단하다.

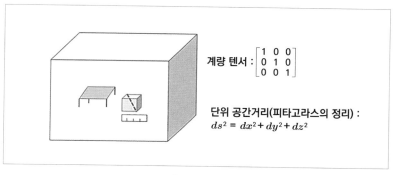

계량 텐서 : $\begin{bmatrix} 1 & 0 & 0 \\ 0 & 1 & 0 \\ 0 & 0 & 1 \end{bmatrix}$

단위 공간거리(피타고라스의 정리) :
$ds^2 = dx^2 + dy^2 + dz^2$

[그림 6-8]

[그림 6-8]을 통해 알 수 있듯이, 유클리드 공간에서 자를 이용해 측정한 단위 공간 거리는 그림 속 작은 정육면체의 대각선 길이와 같으므로 피타고라스의 정리를 이용해 계산하면 된다.

유클리드 공간보다 조금 더 복잡한 개념으로 민코프스키 공간이 있다. 아인슈타인의 스승이었던 민코프스키는 3차원 공간과 1차원 시간을 조합한 4차원 시공간의 개념을 정의했고, 이로써 민코프스키 공간이라는 개념이 생겨났다. 민코프스키 공간은 [그림 6-9]와 같은 형태로 나타나며, 특수 상대성 이론을 설명할 때 꼭 필요한 공간 개념이기도 하다.

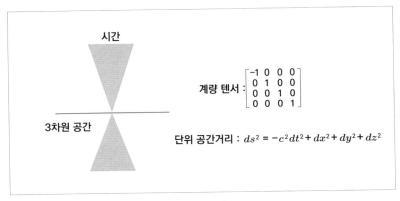

계량 텐서 : $\begin{bmatrix} -1 & 0 & 0 & 0 \\ 0 & 1 & 0 & 0 \\ 0 & 0 & 1 & 0 \\ 0 & 0 & 0 & 1 \end{bmatrix}$

단위 공간거리 : $ds^2 = -c^2 dt^2 + dx^2 + dy^2 + dz^2$

[그림 6-9]

민코프스키 공간에는 과거의 시간과 미래의 시간이 있고, 단위 시공간 거리는 광속 c와 관련된다. 유클리드 공간과 민코프스키 공간은 모두 평평하고 반듯한 공간이다. 사실 일상 속에서 구부러진 공간을 찾는 건 쉽지 않은데, 놀이공원이나 서커스장에서는 가끔 볼 수 있다. [그림 6-10]을 살펴보면, 서커스장에서 오토바이를 타고 묘기를 부리는 운전자는 직선 형태로 움직이지 않고, 동그란 공 모양의 공간을 따라 움직

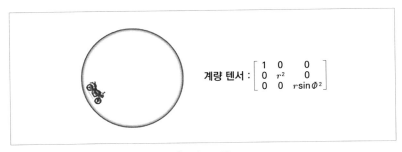

계량 텐서 : $\begin{bmatrix} 1 & 0 & 0 \\ 0 & r^2 & 0 \\ 0 & 0 & r\sin\phi^2 \end{bmatrix}$

[그림 6-10]

인다. 마찬가지로 공 모양의 공간을 측정하기 위해서는 직선으로 된 자 대신 원호형의 자가 필요하다.

우주 공간 역시 완전히 평평한 공간은 아니다. 아인슈타인은 상대성 이론을 발표한 이후, [그림 6-11]과 같이 우주의 계량 텐서를 제시했는데, 그중 몇몇 함수들은 실제 관측 결과를 통해 확정해야 한다.

$$\text{계량 텐서} : \begin{bmatrix} -1 & 0 & 0 & 0 \\ 0 & a^2 & 0 & 0 \\ 0 & 0 & a^2\sin^2\psi & 0 \\ 0 & 0 & 0 & a^2\sin^2\psi\sin^2\theta \end{bmatrix}$$

$$ds^2 = dt^2 + a^2 [\, d\psi^2 + \sin^2\psi(d\theta^2 + \sin^2\theta \, d\psi^2)]$$

[그림 6-11]

사실상 공간마다 그곳에 해당하는 고유한 계량 텐서가 있는 셈이다. 과학자들은 계량 텐서만 알면 해당 공간의 구조를 파악할 수 있다.

6.1.4 공간의 곡률

계량 텐서가 있으면 다양한 공간의 곡률을 계산할 수 있다.

[그림 6-12]와 같은 3차원 유클리드 공간에서 평면, 구면, 곡면을 관찰해 보면 첫 번째는 평평하고, 두 번째와 세 번째는 구불구불 굴곡져 있는 것을 볼 수 있다. 이처럼 굴곡진 물체를 3차원 공간에 놓았을 때 드러나는 굽은 정도를 수학자들은 외재적 곡률이라 부른다.

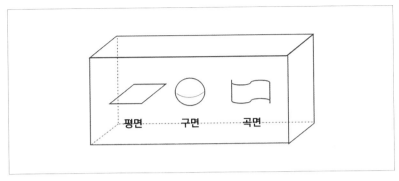

[그림 6-12]

그러나 수학자들이 더 중요하게 생각한 것은 공간 자체의 굴곡, 즉 내재적 곡률이며, 이 곡률을 '리만 곡률'이나 부른다.

$$R^{\rho}_{\mu\nu\sigma}=\Gamma^{\rho}_{\mu\nu,\sigma}-\Gamma^{\rho}_{\nu\sigma,\mu}+\Gamma^{\lambda}_{\sigma\mu}\Gamma^{\rho}_{\nu\lambda}-\Gamma^{\lambda}_{\rho\sigma}\Gamma^{\rho}_{\mu\lambda}$$

위의 식에서 Γ는 아핀 접속을, R은 리만 곡률 그리고 ρ, μ, ν, σ는 모두 변수를 나타내며, n차원 공간에서 다양한 값을 가질 수 있음을 의미한다. 그중 위의 첨자는 벡터를 나타내고 아래 첨자는 쌍대 벡터를 나타내며 둘이 모여 텐서를 구성한다. 앞에서 설명한 햄버거 공장의 예시를 기억하는가? 여러 개의 벡터와 쌍대 벡터를 각각의 생산 라인에 투입해 최종적으로 얻은 곡률은 하나의 실숫값이었다. 즉, 리만 곡률이 실수라는 의미다.

리만 곡률 계산 공식을 이용하면 유클리드 공간, 민코프스키 공간의 곡률은 0이고, 더욱 복잡한 공간의 곡률은 0이 아니라는 것을 계산할 수 있다. 곡률이 0보다 크면 구면과 비슷한 공간을 떠올리고, 0보다 작은 경우 말안장처럼 생긴 공간을 떠올려보면 된다.

아인슈타인은 리만 기하학을 바탕으로 '아인슈타인 방정식'이라고도 불리는 우주 장 방정식을 완성했다.

$$G_{ab} + \Lambda g_{ab} = R_{ab} - \frac{1}{2} R g_{ab} + \Lambda g_{ab} = 8\pi T_{ab}$$

위의 방정식은 우주의 시공간 곡률 R과 온도 등 요소와의 관계를 나타낸다. 장 방정식에 따르면 본 우주는 곡률이 0인 완전히 평평한 시공간이 아니며, 우주의 시공간 곡률은 시간, 온도 등의 요소에 따라 계속 변화한다.

6.1.5 우주에 대한 고찰

아주 흥미로운 질문을 하나 던져보겠다.

'과연 우주에는 끝이 있을까?'

이 질문에 대한 답은 무조건 둘 중 하나다. 끝이 있거나, 끝이 없거나. 우주에 끝이 있다면, 우주의 끝과 그 밖의 모습은 어떻게 생겼을까? 견고한 시멘트벽으로 되어 있을까? 반대로 우주에 끝이 없다면 0에서 탄생한 우주가 도대체 어떤 과정을 거쳐 무한한 공간이 된 것일까?

많은 사람들이 머리를 싸매고 고민하는 동안, 아인슈타인이 한 가지 가능성을 제시했다. 바로 '우주는 유한하지만 경계가 없다'는 주장이었다.

'유한하지만 경계가 없다'는 개념을 이해하기 위해 먼저 [그림 6-13]에 나온 뫼비우스의 띠를 한번 살펴보자.

[그림 6-13]

뫼비우스의 띠의 임의의 한 지점에서 양 끝을 향해 뻗어나가는 직선은 모두 가장자리에 닿지 않는다. 즉, 유한한 형상 안에서 영원히 경계를 찾을 수 없다는 의미다.

비슷한 예로 클라인 병이 있다. 클라인 병은 물을 계속 넣어도 영원히 가득차지 않는다. 클라인 병은 보통 2차원 평면도로 묘사되지만, 실제 클라인 병은 4차원 공간에 놓여 있고, 병의 몸체가 서로 교차하지 않아 태평양의 물이 다 쏟아져도 넘치지 않는다.

우주의 풍경에 대해 아인슈타인은 다음과 같은 예시를 들어 설명했다.

[그림 6-14]는 끊임없이 팽창하는 풍선을 그려놓은 것이고, 이것은 끊임없이 가속 팽창하는 우주의 모습과 비슷하다. 풍선 안에 있는 2차원의 어린아이는 어떤 방향으로 걸어가든 영원히 경계에 도달하지 못한다.

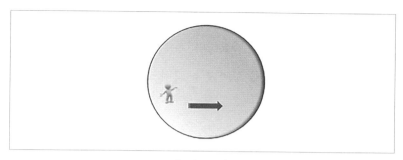

[그림 6-14]

　뫼비우스의 띠, 클라인 병 그리고 끊임없이 팽창하는 풍선의 공통점은 시공간이 크게 휘어지고, 측지선이 크게 한 바퀴 돌아 다시 원점으로 돌아온다는 점이다. 즉, 우주의 실제 모습은 곡률 R에 의해 결정된다는 말이다. 측정 결과, 본 우주의 시공간 곡률 R은 0에 근접한 것으로 나타났고, 결국 우주는 기본적으로 평평한 공간이라는 결론에 도달했다. 그러므로 실제 우주의 모습은 끝없이 펼쳐진 빈 공간일 가능성이 높다.

　우주의 곡률이 기본적으로 0에 근접한다고 해도 일부 구역, 예를 들면 블랙홀 같은 구역에서는 곡률이 아주 높게 나타날 수 있다. 이런 구역에서는 시공간이 크게 왜곡되어, 우리가 상상하지 못한 기이한 구조가 형성될 수도 있다.

　[그림 6-15]에 보이는 형상은 아인슈타인-로젠 다리라 불리는 구조로, 웜홀에서 우주의 서로 다른 두 구역을 연결한 모습을 나타낸다. 이 웜홀을 통과하면 우주의 다른 공간으로 빠르게 이동할 수 있어 순간 이동이 가능해진다. 기술의 한계로 인류는 아직 웜홀의 존재를 증명하지

못했지만, 이론적으로는 웜홀이 존재한다고 믿고 있다. 아인슈타인의 말처럼 상상력은 지식보다 중요하다. 우주는 지금까지 인류의 상상을 뛰어넘는 다양한 모습들을 보여줬다. 그러므로 상상력만 있다면 모든 것이 가능하다.

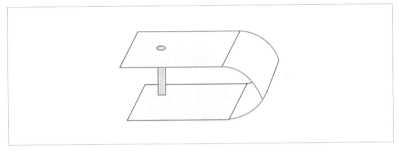

[그림 6-15]

신기한 연산자

6.2.1 등산

톰슨과 소피아의 이야기로 돌아가 보자. 학교 기념행사 날, 전교생을 대상으로 등산 대회가 열렸다. 학교 근처에 200m 높이의 작은 산이 하나 있는데, 가을이 되면 단풍이 아름답게 물들어 장관을 이룬다.

학생들은 학교 버스를 타고 등산로 입구에 도착했다. 이번 행사에서 가장 먼저 정상에 도착한 세 명에게는 소정의 상품도 있었다. 하지만 톰슨과 소피아는 상품에는 관심이 없는 듯 천천히 산을 올랐다. 두 사람은 앞서가는 무리에서 한참 떨어져 아름다운 풍경을 감상하며 천천히 걸어갔다.

"매년 등산 행사에서 항상 1등을 하는 사람이 있는데, 엄청 빠른 속도로 올라가서 30분이면 정상에 도착한대."

"정말 대단하네!"

소피아의 말에 톰슨이 감탄하며 말했다.

"나라면 두 시간도 힘들 텐데."

"나도 마찬가지야. 나는 세 시간은 족히 걸릴 거야."

소피아가 톰슨의 말에 맞장구쳤다.

30분, 두 시간, 세 시간은 시간의 길이에 관한 개념이다. 거리는 일정하고, 등산에 소요되는 시간이 다르다면 평균 속도가 다르다는 의미다. 그런데 수학자들이 평균 속도보다 더 주목하는 것은 바로 순간 속도다. 매년 1등을 차지한다는 그 학생은 산 입구에서부터 시속 10km의 속도로 빠르게 올라가다가 경사가 가파른 산 중턱에서는 시속 5km의 속도로 조금 천천히 올라가고, 그러다 산 정상이 가까워지면 다시 힘을 내서 시속 8km의 속도로 올라간다.

문자를 사용한 부정확한 묘사를 허용했던 고전 수학과 달리, 근대 수학에서는 더욱 정확한 묘사를 강조하기 시작했는데, 마침 뉴턴과 라이프니츠가 발명한 미적분 덕분에 순간 속도를 정확히 묘사할 수 있게 되었다. 순간 속도란 시간에 대한 운동 거리의 도함수다.

$$v = \frac{dx}{dt}$$

d는 도함수의 연산자고, 시간 t에 따른 거리 x의 변화율을 나타낸다. 시간 t에 구체적인 수치, 예를 들어 $t = 1$초를 대입해 보면 1초의 그 시점에 1등을 차지한 학생의 순간 속도는 시속 10km가 된다. 이러한 계산 방식을 미분이라고도 부르는데, 복잡해 보이는 문제를 이처럼 간단하게 해결할 수 있다.

미분과 상대되는 개념은 바로 적분이다. 적분은 [그림 6-16]처럼 곡선으로 둘러싸인 면적을 구할 때 아주 유용하게 사용된다.

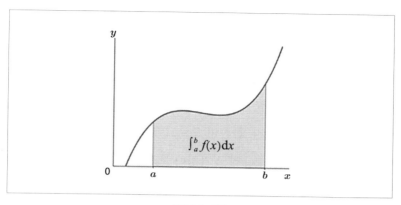

[그림 6-16]

[그림 6-16]에 나와 있는 것처럼 곡선 아래 부분의 면적을 구하려면 공식 $\int_a^b f(x)dx$을 사용해 계산하면 된다. 도함수의 개념은 편도함수(편미분함수)의 개념으로 확장될 수 있다. 즉, 최소 두 개의 요인에 변화가 생길 수 있다는 의미다. 편도함수는 부호 ∂가 d를 대체한다. 일단 ∂가 보이면 편도함수라는 것을 알 수 있다.

도함수를 적용할 수 있는 대표적인 물리량은 바로 속도와 가속도다.

$$v = \frac{dx}{dt}$$

$$a = \frac{d^2x}{dt^2}$$

가속도는 시간에 대한 속도의 도함수이자, 시간에 대한 거리의 2차 도함수이기도 하다.

211

6.2.2 오르기 힘든 산

등산을 시작하고 50m 높이까지는 체력이 충분했기 때문에 톰슨과 소피아 둘 다 수월하게 올라갔다. 그러나 산 중턱쯤에 다다르자 조금씩 체력이 바닥나기 시작하면서 둘 다 지친 기색이 역력했다.

[그림 6-17]을 살펴보자. 톰슨이 오르고 있는 작은 산의 밑면이 평면에 놓여 있고, 산의 높이를 z라고 가정해 보자.

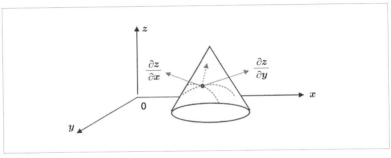

[그림 6-17]

톰슨은 산을 올라갈 때 산 정상까지 직선으로 올라가지 않고 산을 둘러서 올라간다. 산 둘레를 따라 동쪽을 향해 걷기도 하고, 방향을 틀어 서쪽을 향해 걷기도 하며 천천히 산 정상을 향해 올라간다.

동쪽을 향해 걸을 때 방향을 x축에 표시하고, 서쪽을 향해 걸을 때 방향을 y축에 표시해 보자. x가 고정불변할 때, 높이 z는 y의 함수로, $\frac{\partial z}{\partial y}$는 하나의 접선이 된다. y가 고정불변할 때, 높이 z는 x의 함수로, $\frac{\partial z}{\partial x}$는 하나의 접선이 된다. 평행사변형의 법칙을 사용하면 새로운 벡터를 구할 수 있고, 이 벡터값이 바로 톰슨이 현재 서 있는 곳의 기울기가 된다. 기울기의 부호는 ▽으로 표시하고, 계산된 기울기는 방향을 가진 양이다.

톰슨과 소피아가 평지를 걷고 있을 때 기울기의 크기는 0이다. 그러나 반대로 두 사람이 아주 가파른 산을 오르고 있다면 기울기는 커질 것이다. 톰슨이 산 중턱쯤 오르고 있을 때 기울기의 방향은 일반적으로 산 정상을 향해 있다.

미적분을 공부해본 적 없는 학생들에게 높은 산에 대해 설명해 보라고 하면, 단순히 산이 아주 가파르고 험준하다고 묘사할 것이다. 하지만 기울기의 개념을 배운다면 구체적인 경사뿐만 아니라 산 정상의 방향까지 구체적으로 묘사할 수 있게 된다.

6.2.3 연못의 소용돌이

기울기는 온도장과 같은 스칼라장에 주로 사용된다. 그러나 사실 대부분의 물리량은 벡터로, 방향을 가지고 있으며 벡터장에 대응한다. 예를 들어, U자형 자석 주변의 자기장은 크기의 변화가 있을 뿐만 아니라, 모든 위치의 자기장이 서로 다르다. 이런 경우 자기장의 발산과 회전을 통해 묘사해야 한다.

[그림 6-18]은 대전 입자를 나타낸 것이다. 먼저 입자 바깥의 작은 구역을 선정한다면, 이 작은 구역의 왼쪽에서 입력되는 전기 역선과 출력되는 전기 역선은 동일하고, 이 구역의 발산은 0이다. 발산은 점원의 존재 여부를 판단하는 데 사용될 수 있다.

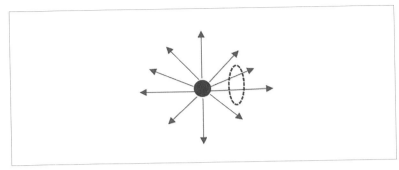

[그림 6-18]

만약 선택한 작은 구역이 대전 입자를 포함한다면, 입력되는 전기 역선은 0이고, 출력되는 전기 역선은 정수가 되므로 발산은 0이 아닌 양의 값이 된다. 그리고 만약 어떤 공간에 아주 작은 블랙홀이 있고, 선택한 작은 구역이 블랙홀을 포함한다면 들어오는 광자와 물질은 정수고, 나가는 것은 0에 가깝게 되므로 이때 발산은 음의 값이 된다.

발산의 수학적 표시는 다음과 같다.

$$\triangledown \cdot u$$

여기에서 u는 어떤 벡터를 나타내며, 발산은 벡터장의 기울기에 해당한다.

기울기와 발산을 이해했다면 이제 회전에 대해 알아보자. 톰슨과 소피아는 산에 오르면서 시원하게 흐르는 계곡을 만났다. 계곡물은 산비탈을 따라 졸졸 흘러가다가 산 중턱에 위치한 커다란 연못으로 흘러 들어갔다. 그런데 연못 아래 큰 구멍이 있어서인지, 물줄기가 소용돌이 모양을 띠며 흘러 들어갔다.

[그림 6-19]

발산이 벡터 u가 작은 구역의 '반경' 방향을 통과할 때의 상황에 관한 것이라면, 회전은 벡터 u가 작은 구역의 '접선' 방향을 통과할 때의 상황을 설명하는 것이다. [그림 6-19]에서 선택한 작은 구역(검은 테두리로 표시한 곳)은 회전 중심을 가리킨다. 그림을 살펴보면, 작은 구역의 회전 정도가 비교적 크고, 물이 이 구역을 통과할 때 한쪽에서 흘러 들어가 다른 한쪽으로 흘러나온다는 것을 알 수 있다. 유속이 빠르면 회전도 크다. 이 구역의 발산을 계산해 보면 결과는 0에 근접한데, 그 이유는 이 구역에서 순수하게 흘러나오기만 하는 물은 없기 때문이다.

회전의 수학적 표시는 다음과 같다.

$$\nabla \times u$$

215

수학 강의는 여기까지 하도록 하고, 톰슨과 소피아의 이야기로 돌아가 보자. 두 사람은 이제 체력이 완전히 바닥나 산을 오르는 속도가 점점 더 느려졌다. 얼마 안 가 소피아는 더 이상 못 올라가겠다며 바위 위에 털썩 주저앉아 버렸다. 톰슨은 그런 소피아의 손을 잡아 이끌고 산을 계속 올라갔다. 두 사람은 겨우겨우 산 정상에 도착했고, 함께 아름다운 풍경을 감상했다. 저 멀리 두 사람이 다니는 학교가 보였다. 평소에 엄청나게 커 보였던 캠퍼스가 산 정상에서 바라보니 장난감 모형처럼 작아 보였다.

6.2.4 양자 연산자

기울기, 발산, 회전의 개념을 알았으니 이제 실전 연습으로 들어가 보자.

양자 역학에서 입자의 상태는 운동량, 에너지, 운동 에너지 등의 변수로 묘사한다. 물리학자들은 이러한 변수들을 조금 더 편리하게 표시하기 위해 다음과 같은 연산자로 나타냈다.

운동량 연산자 : $\hat{P} = -i\hbar \nabla$

에너지 연산자 : $\hat{E} = -i\hbar \dfrac{\partial}{\partial t}$

운동 에너지 연산자 : $\hat{T} = -\dfrac{\hbar^2}{2m} \nabla^2$

운동량 연산자에 있는 ∇ 기호는 발산과 회전을 나타내고, 에너지 연산자의 편도함수 부호는 어떤 종속 변인의 변화율을 나타내며, 운동 에너지 연산자에 있는 부호 ∇^2는 고차원의 발산과 회전을 나타낸다. 이러한 연산자들은 어려운 영어 단어나 컴퓨터의 프로그램 언어처럼 처음에는 굉장히 어렵고 복잡해 보이지만 계속 보다 보면 익숙해진다.

고등학교 물리 시간에 배운 내용 중에 에너지의 총합은 운동 에너지와 위치 에너지의 합이라는 개념이 있다. 양자 역학의 해밀토니안이란 사실 에너지의 총합, 즉 운동 에너지와 위치 에너지의 합을 의미하고 다음과 같은 해밀토니안 연산자로 나타낸다.

$$\hat{H}(r,t) = \hat{T} + \hat{V}(r,t) = -\frac{\hbar^2}{2m}\nabla^2 + \hat{V}(r,t) \text{ (공식 1)}$$

알파벳 위에 뾰족한 모양은 '연산자'라는 표시로, 때때로 생략하기도 한다.

5장에서 살펴봤던 슈뢰딩거 파동 방정식을 다시 살펴보자.

$$i\hbar\frac{d\psi}{dt} = \hat{H}\psi$$

위의 식에서 d는 도함수 부호다. 그런데 현실이 얼마나 복잡한지를 고려하면 도함수 부호를 편도함수 부호 ∂로 바꿀 필요가 있다. 그래서 파동 방정식은 다음과 같이 나타내기도 한다.

$$i\hbar\frac{\partial\psi}{\partial t} = \hat{H}\psi$$

217

위의 내용을 정리해 보면 에너지 연산자는 $\hat{E} = i\hbar\dfrac{\partial}{\partial t}$를 만족하고, 해밀토니안은 에너지의 총합을 나타낸다. 그렇다면 등식의 좌변과 우변에 모두 에너지를 놓고 등호를 표시할 수 있다. 그럼 공식 1을 위의 식에 대입하면 완전한 형태의 슈뢰딩거 함수를 구할 수 있다.

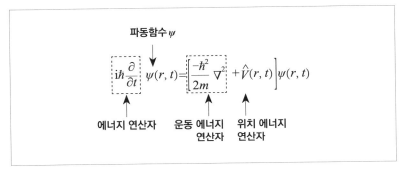

[그림 6-20]

방정식의 좌변은 파동함수 ψ에 작용하는 에너지 연산자로, 관측할 수 있는 파동함수 에너지를 나타내고, 방정식의 우변은 체계의 해밀토니안, 즉 체계의 에너지를 나타내며, 둘은 당연히 동일하다.

고전 물리학에서 운동량은 운동량이고, 운동량을 계산한다는 것은 말 그대로 운동량을 계산한다는 의미다. 하지만 양자 역학은 다르다. 5.2.6절에서 살펴봤듯이, 사람의 관측 행위는 파동함수의 붕괴를 초래한다. 양자는 원래 중첩 상태에 놓여 있는데, 관측 행위가 발생하면 중첩 상태가 하나의 확정 상태로 변하게 된다. 슈뢰딩거의 고양이는 관측 전에는 '죽거나 혹은 살거나'의 중첩 상태에 놓여 있지만, 일단 상자를 열어 고양이를 관측할 때는 둘 중 한 가지 상태만 보게 된다.

양자 역학의 연산자는 파동함수에 작용하는 일종의 관측 행위에 해당한다. 예를 들어 운동량 연산자 $\hat{P}$를 파동함수에 대입하면 양자의 운동량을 관측한다는 의미로, 이렇게 얻은 결과는 양자의 파동함수 붕괴 이후 어떤 확정 상태가 된다.

양자 역학에서 위치, 속도, 운동량, 에너지 등은 모두 관측할 수 있는 수치다. 에르미트 연산자의 정의에 따르면 양자 역학의 위치, 속도, 운동량, 에너지 연산자는 모두 에르미트 연산자에 속한다. 말장난처럼 들릴지 모르지만, 실제로 그렇다. 에르미트 연산자의 정의에 부합하는 연산자는 모두 에르미트 연산자에 속한다. 구체적으로 살펴보면, 에르미트 연산자의 정의는 에르미트 연산자의 고유치가 실수(복수나 허수가 아닌)라는 것이며, 여기서 고유치라는 것은 양자 역학의 각종 관측치를 의미한다. 위치, 운동량 등 관측할 수 있는 수치고, 관측된 수치는 반드시 실수여야 하므로 위치, 운동량 연산자는 에르미트 연산자에 속한다.

톰슨은 이 내용을 처음 배울 때 머리가 어질어질할 정도였다. 하지만 그 이후로 자주 접하다 보니 조금씩 익숙해졌다. 그리고 일단 익숙해지고 나면 사실 아주 간단한 개념이라는 것을 깨닫게 된다.

6.2.5 신기한 자

양자 역학에서 가장 많이 등장하는 용어를 꼽으라고 하면 단연코 고유함수와 고유치가 1, 2위를 다툴 것이다. 이 두 가지 용어를 이해하지 못하면 양자 역학을 제대로 이해하기 힘들다.

계산법 A와 함수 $f(x)$가 있다고 가정해 보자.

$$Af(x) = \lambda f(x)$$

여기서 λ는 상수이고, $f(x)$를 고유함수라고 할 때 λ는 고유치가 된다. 예를 들어, 함수 $f(x) = e^{2x}$, 계산법 A가 이차도함수 $A = \dfrac{d^2}{dx^2}$ 라면 다음과 같다.

$$Af(x) = 2f(x)$$

그러므로 $f(x)$는 고유함수, 고유치 $\lambda = 2$가 된다.

여기서 일부러 복잡한 함수를 선택한 이유는, 간단한 함수(예를 들면 $y = x$)를 선택할 경우 이차도함수에서 고유치를 계산해낼 수 없기 때문이다. 즉, 간단한 함수는 계산법 A의 고유함수가 아니라는 의미다.

위에서 설명한 에르미트 연산자와 연결해 생각해 보면 조금 더 쉽게 이해할 수 있다.

양자 역학에서 운동량, 위치, 에너지, 운동 에너지는 모두 연산자의 형식으로 파동함수에 작용(양자의 운동량 등의 정보 측정)한다. 운동량, 위치 연산자는 위의 예시 중 A와 같고, 양자의 파동함수는 고유함수 $f(x)$다. 만약 상수를 찾아 $Af(x) = \lambda f(x)$로 만들면, λ는 고유치, 즉 운동량, 위치, 에너지 등 측정해서 나온 구체적인 수치가 된다.

조금 더 이해하기 쉬운 예를 들어 설명해 보자. 계산법 A가 '자'라면 파동함수는 측정을 기다리는 '물체'다. 자로 물체를 측정하면 길이가 나오고, 이 길이는 고유치가 된다. 그러나 다음번에 물체를 다시 측정했을 때 길이는 변할 수 있고(양자 영역에서 관측된 수치는 모두 양자 상태의 무작위 추출 값이다), 변한 값은 λ'이 된다. 이때 고유치는 바로 λ'다. 그러므로 고유치는 여러 수치를 포함하는 행렬을 구성할 가능성이 높다.

[그림 6-21]

6.2.6 1차원 퍼텐셜 우물

지금까지 읽은 많은 내용들을 조금이라도 이해했다면, 아주 유용한 연장이 생긴 셈이다. 하지만 아무리 좋은 연장도 손에 들고 있기만 한다면 무슨 소용인가! 연장을 활용하는 방법을 아는 것도 중요하다. 그럼 아주 간단한 무한 퍼텐셜 우물의 예로 지금까지 배운 것을 한번 연습해 보자.

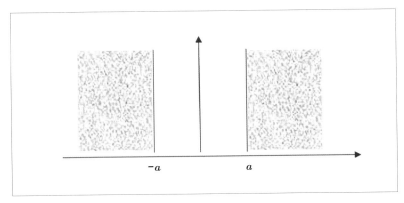

[그림 6-22]

본격적으로 문제를 탐구하기에 앞서, 이 문제는 이 책의 유일한 계산 문제로, 만약 관심이 없다면 이 부분을 건너뛰어도 무방하다.

질량이 m인 입자가 1차원 퍼텐셜 우물에 놓여 있다. [그림 6-22]의 $-a$와 a 중간의 위치 에너지는 $V = 0$이다. $-a$와 a 이외의 위치 에너지는 무한히 크다. 무한히 큰 구역은 무시하고, $-a$와 a 사이 구역의 정상상태 슈뢰딩거 방정식은 다음과 같다.

$$\left[-\frac{\hbar^2}{2m}\frac{d^2}{dx^2} + 0 \right]\psi(x) = E\psi(x)$$

위의 공식에서 $-\dfrac{\hbar^2}{2m}\dfrac{d^2}{dx^2}$는 운동 에너지를, $\psi(x)$는 함수를, E는 총 에너지를 나타낸다. 위치 에너지가 $V = 0$이기 때문에 운동 에너지가 총 에너지와 같아진다. 에르미트 연산자를 떠올려 보면 이 식은 운동 에너지 연산자에 위치 에너지 연산자(0)가 더해져 파동함수에 작용하고, 이로써 고유치 E(측정된 에너지)와 파동함수의 곱이 나온다는 것을 보여주고 있다.

여기서 $\psi(x)=C\sin(kx+\delta)$는 쉽게 구할 수 있다.

$\sin$함수와 e^x함수 사이에는 자연적인 연관성이 있다. e^{2x}의 예시와 결합해 보면 2차 도함수(위의 식의 $\frac{d^2}{dx^2}$)를 통해 고유치를 얻는 상황을 떠올릴 수 있다. 기본적으로 e^x함수 혹은 삼각함수의 형식이 있다면 여기에서는 삼각함수, 그중 $k=\frac{\sqrt{2mE}}{\hbar}$로 쓸 수 있다.

또한 $-a$와 a 두 지점의 경계 조건(파동함수의 연속성 요구)에 따라 $2ka=n\pi$을 얻을 수 있다. 그럼 위의 관계식을 정리해 보면 에너지 고유치 E_n을 구할 수 있다.

$$E_n=\frac{\pi^2\hbar^2}{8ma^2}n^2(n=1,\,2,\,3\cdots)$$

만약 직접 실험해 보면 실제 입자의 총 에너지와 위의 수치가 일치한다는 것을 확인할 수 있을 것이다. 이 예시는 양자 역학에서 풀이가 가능한 몇 안 되는 문제들 중 하나다. 이보다 더 복잡한 입자 상태나 입자 체계에 관한 문제들은 풀이 과정이 결코 쉽지 않다. 양자 역학을 공부하는 사람들은 계산능력보다는 사고능력을 향상시키려는 훈련과 노력이 더 중요하다. 실제로 계산과 관련된 내용은 크게 복잡하지 않은데, 그 이유는 양자 역학의 경우 일단 형태가 조금만 복잡해지면 근본적으로 풀기 힘든 비선형 미분 방정식이 등장하고, 사실 이런 문제들이 시험에 출제되는 일은 없기 때문이다.

톰슨 역시 양자 역학을 배우면서 공부해야 할 내용들이 정말 많다는 것을 깨달았다. 그래도 시간이 어느 정도 흐르고 나니, 양자 역학 특유의 용어와 개념들을 조금씩 이해하게 되었고, 지식이 쌓이고 익숙해지면서 이를 다양한 문제에 적용하고 활용할 수도 있게 되었다. 톰슨은 자신이 공부하고 이해한 내용을 소피아에게도 가르쳐줬다. 소피아는 톰슨이 가르쳐준 내용을 모두 다 이해하는 건 아니지만 그래도 양자 역학에 대해 배울 수 있어서 기뻤다.

6.2.7 극값의 원리

시각은 사람이 세상을 인지하는 중요한 감각 중 하나다. 사람은 빛이라는 매개를 통해 세상의 다양한 꽃과 나무 그리고 동물들을 볼 수 있다. 그래서 대자연에 대한 인류의 연구도 광선에서부터 시작되었다. [그림 6-23]처럼 물컵 뒤에 놓인 동전을 관찰할 때 빛의 굴절 현상이 일어나 동전이 마치 더 낮은 곳에 있는 것처럼 보인다.

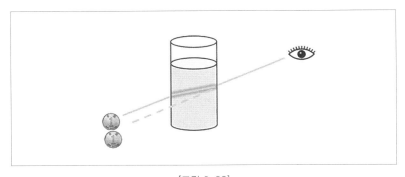

[그림 6-23]

광선은 왜 매개물을 통과할 때 굴절 현상이 생기는 걸까? 광선이 공기 중에서 수면으로 들어가면 왜 경로가 달라지는 걸까?

1662년 프랑스의 '아마추어' 수학자 페르마가 그 유명한 '페르마의 원리'를 제시했다. 페르마의 원리는 빛이 지정된 두 지점 사이를 이동할 때 모든 가능한 경로 중 극값의 경로를 선택한다고 설명한다. 즉, 빛은 이동 시간을 최소화하거나 최대화하는 경로를 선택한다는 의미다.

페르마의 원리와 미적분(미적분에서 극값은 도함수 0을 나타낸다)을 결합해 보면, 다양한 매개를 통과할 때 빛의 경로를 구할 수 있고, 이를 통해 굴절 현상이 나타난다는 사실을 확인할 수 있다.

빛은 왜 '극값'의 경로를 통해 전파되는 걸까? 이 문제는 철학적으로 논할 수도 있겠지만, 어쨌든 '극값'이 자연의 섭리인 것은 분명한 사실이다.

아인슈타인의 상대성 이론에도 이러한 극값의 원리가 존재한다. 바로 광선이 자발적으로 측지선을 따라 움직인다는 원리로, 대응하는 세계선은 모든 세계선 가운데 가장 길다.

6.2.8 범함수

양자 이론에 대해 조금 더 알아보자. 거시 영역에서는 대개 함수 분석만으로도 충분하다. 어떤 변수 x가 f라는 일정한 법칙에 따라 변하고 그 결과는 $f(x)$가 되는데, 이 $f(x)$에 대해 분석하면 일반적으로 원하는 결과를 얻을 수 있다.

예를 들어, 어떤 물체가 [그림 6-24]와 같은 경로를 따라 한 공간에서 다른 공간으로 움직인다면, 운동 방정식은 $x(t)$가 된다. 즉, 시간 t가 변함에 따라 물체의 위치 x도 변한다는 의미다. 이 물체의 운동 방정식 $x(t)$을 분석하면 필요한 역학 결과를 얻을 수 있다.

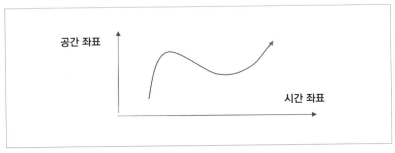

[그림 6-24]

하지만 양자 영역의 경우는 다르다. 입자는 A에서 B로 이동할 때 확실한 경로를 따라 움직이지 않는다. 입자는 불확정성의 원리에 따라 수많은 경로 중 하나를 선택해 움직이며, 이런 경우에는 $x(t)$와 같은 확실한 방정식이 존재하지 않으므로 함수 분석이 의미가 없다. 이럴 때 필요한 것이 바로 범함수 분석이다.

범함수 분석은 대학원 수업에서 다루는 내용이기 때문에 톰슨에게도 생소했다. 게다가 제법 난이도가 있는 내용이라 여기에서는 간략한 개념만 짚고 넘어가기로 하자.

범함수란 쉽게 말해 함수의 함수다. [그림 6-25]를 살펴보자.

범함수 분석은 두 개의 함수 공장 생산 라인을 지나는 것과 비슷한 개념으로, 최종 결과는 $F[f(x)]$가 나온다.

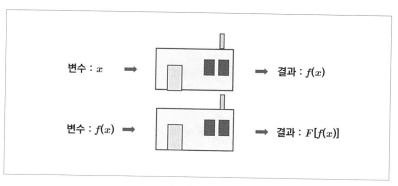

[그림 6-25]

6.2.9 라그랑지언

거시적 세계의 움직이는 물체에 대해 다시 살펴보면, 에너지 보존 법칙에 따라 운동 과정에서 에너지 E는 변하지 않는 상수다. 또 에너지 E는 운동 에너지 T와 위치 에너지 V의 합이므로 다음과 같은 식을 만들 수 있다.

$$E = T + V = 상수$$

그럼 이제 미시적 세계의 입자의 움직임에 대해 알아보자. 앞에서 설명했듯이 입자의 움직임에 대한 함수 분석은 의미가 없다. 이런 경우에는 입자에 대한 범함수 분석(입자가 모든 경로를 통해 움직일 수 있다는 사실을 고려한 것으로, $x(t)$는 고정된 경로가 아니라 변수가 된다)을 통해 다음과 같은 식을 얻을 수 있다.

$$\frac{\delta \bar{V}[x]}{\delta x(t)} = \frac{\delta \bar{T}[x]}{\delta x(t)} \quad \text{(공식 2)}$$

위의 공식 2에서 δ는 미세한 변화를 나타낸다. 즉, 위치 에너지가 공간 위치 함수 $x(t)$를 따라 미세하게 변하면서 생긴 변동을 나타내며, 운동 에너지가 공간 위치 함수 $x(t)$를 따라 미세하게 변하면서 생긴 변동과 일치한다. 다시 말해, 공간 위치 함수에 작은 변화가 생기면 평균 운동 에너지와 평균 위치 에너지에 동일한 변화가 생기고, 마찬가지로 입자가 움직이는 경로에 작은 변화가 생기면 평균 운동 에너지와 평균 위치 에너지에 동일한 변화가 생긴다.

설명이 다소 길어졌지만, 여기에는 우리가 기억해야 할 아주 중요한 내용이 담겨 있다. 바로 평균 운동 에너지와 평균 위치 에너지의 차이가 물리적 의미가 있을 수 있다는 사실이다. 그리고 이것을 라그랑지언(L)으로 정의할 수 있다.

$$L = T - V$$

위의 공식 2는 $dL = dT - dV = 0$, 즉 라그랑지언이 극값을 취한다는 것을 보여준다.

앞서 입자의 운동 궤적이 양자 역학에서 아무 의미가 없기 때문에 범함수 분석을 도입했다고 설명했다. 하지만 반대로 범함수 분석은 고전 역학에도 유효하게 적용된다. 이러한 내용을 바탕으로 앞의 분석 내용을 살펴보면, 거시적 물체가 움직인 경로 분석을 통해 물체의 경로가 변할 수 있다고 가정했고, 최종적으로 거시적 물체가 라그랑지언 최소

값의 운동 궤적을 선택했다는 결론을 내리게 된 것이다.

거시적 물체가 극값의 운동 궤적을 선택했다는 사실은 극값의 원리를 떠오르게 한다. 왜 극값을 선택했는지 묻는다면 이것 또한 자연의 섭리라고 대답할 수밖에 없다.

물리학자들은 라그랑지언 L이 굉장히 유용한 도구라는 사실을 깨달았다. 시간에 대한 라그랑지언 적분은 작용량 S라고 하고 다음을 만족한다.

$$S = \int_0^\tau L dt$$

또한 위의 분석에 따라 작용량 S는 다음 식을 만족한다.

$$\frac{\delta S}{\delta x(t)} = 0$$

이것이 바로 그 유명한 해밀토니안 최소 작용의 원리로, 고전 역학뿐만 아니라 미시적 세계를 다루는 양자 역학에서도 모두 성립한다.

라그랑지언은 양자 역학 분석에 자주 등장하며, 양자장론을 만든 주역이기도 하다. 라그랑지언은 규범 이론에서 대칭성 규범에 반드시 고려해야 하는 요소이고, 끈 이론에서도 입자 상호작용의 라그랑지언을 고려해야 한다. 결국 대부분의 물리학 연구는 라그랑지언을 빼놓고 생각할 수 없다는 뜻이다. 이 내용은 뒤에서 다시 다루기로 한다.

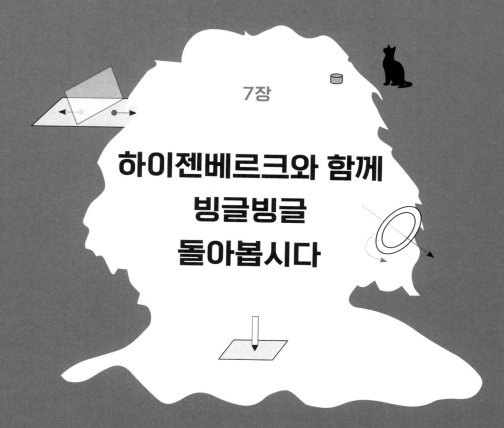

7장

하이젠베르크와 함께 빙글빙글 돌아봅시다

바늘 끝의 세계

주말 오후, 소피아가 자습실로 톰슨을 찾아왔다. 톰슨은 손에 바늘 하나를 들고 뚫어져라 쳐다보고 있었다.

"뭘 그렇게 보고 있어?"

소피아가 톰슨의 어깨를 툭 치며 말했다.

"그 바늘은 어디에서 난 거야?"

"아, 바닥에서 주운 거야. 누가 흘리고 갔나 봐. 바늘 끝이 어쩜 이렇게 작고 정교한지 보고 있었어."

"맞아. 바늘 끝은 참깨보다 더 작다고 하잖아."

"그런데 너 그거 알아? 이 작은 바늘 끝에 원자 백만 개가 들어갈 수 있대. 이 좁은 데서 다들 정말 비좁겠다."

"하하!"

톰슨의 말에 소피아가 웃음을 터트렸다.

"그러니까 너는 지금 꼬마 요정들을 걱정하고 있구나?"

"꼬마 요정? 그 단어 정말 마음에 든다! 이 세상을 이루는 입자들은 정말 꼬마 요정들 같아. 요정들처럼 폴짝폴짝 뛰기도 하고, 빙글빙글 돌기도 하고, 몸집이 크기도 하고, 작기도 하고, 태어나자마자 사라지는 것도 있고, 아주 오래 살아남는 것도 있고…."

톰슨이 신이 나서 말했다.

"어휴, 이제 그만. 아무튼 정말 못 말린다니까!"

7.1

입자 대가족

7.1.1 쿼크 요정

2000년 전, 고대 그리스의 철학자 데모크리토스는 원자를 물질세계를 구성하는 기본 입자라고 생각했다. 그러나 현대에 이르러, 과학자들은 원자를 더욱 미세한 구조로 세분화할 수 있고, [그림 7-1]처럼 원자 안에 원자핵이 있고, 전자들이 원자핵을 둘러싸고 있는 구조로 이루어져 있다는 사실을 발견했다.

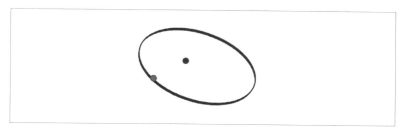

[그림 7-1]

그런데 원자핵도 더 이상 쪼갤 수 없는 가장 작은 단위는 아니다. 원자핵을 쪼개 보면 대부분 양성자와 중성자로 구성되어 있다는 사실을 알 수 있다. 양성자와 중성자의 무게는 거의 비슷하고, 중성자의 무게가 아주 조금 더 무겁다. 양성자는 양전하를 가지고 있고, 중성자는 전하를 가지고 있지 않다. 원소주기율표의 모든 원소는 양성자와 중성자가 서로 다른 비율로 결합해 형성된 것이고, 자연에서 볼 수 있는 거의 모든 화학적 현상은 양성자와 중성자를 통해 해석할 수 있다. 하지만 양성자와 중성자 역시 물질을 이루는 가장 기본 구조는 아니다.

1964년 미국의 물리학자 겔만과 츠바이크가 양성자와 중성자가 '쿼크Quark'라는 기본 입자로 구성되어 있다고 주장했다. 그리고 4년 후, 과학자들은 비탄성 산란 실험을 통해 중성자가 자기 자신보다 훨씬 더 작은 점상 구조로 이루어져 있다는 사실을 밝혀냈고, 이로써 쿼크의 존재를 증명했다. 쿼크는 [그림 7-2]와 같이 빨강, 초록, 파랑 세 가지 색전하로 구분된다.

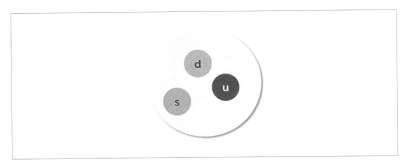

[그림 7-2]

여기에서의 색깔은 진짜 색깔이 아니라 쉽게 구분하기 위한 표시일 뿐이다. 색전하는 일종의 강한 상호작용과 관련된 입자의 속성이다. 세 가지 색전하가 결합하면 무색의 체계가 만들어진다. 예를 들면, 결합해서 양성자를 만들거나 중성자를 만드는 식이다.

색전하 외에 쿼크는 여섯 가지 맛^{flavor}으로 구분할 수 있는데, 이로써 양성자, 중성자, 전자 등의 전하량이 달라진다. 쿼크의 맛은 우리가 맛볼 수 있는 진짜 맛이 아니라, 전하와 직접적인 관련이 있는 입자 속성을 표현한 것이다.

[표 7-1]을 살펴보자.

명칭	아래 쿼크 down(d)	위 쿼크 up(u)	기묘 쿼크 strange(s)	맵시 쿼크 charm(c)	바닥 쿼크 bottom(b)	꼭대기 쿼크 top(t)
전하	-1/3	2/3	-1/3	2/3	-1/3	2/3

[표 7-1]

위 쿼크 u는 $\frac{2}{3}$의 전하를 가지고 있고, 아래 쿼크 d는 $-\frac{1}{3}$의 전하를 가지고 있다. 위 쿼크 두 개와 아래 쿼크 하나가 결합하면 양성자(duu)를 만들고, 이 양성자의 전하는 +1이 된다. 아래 쿼크 두 개와 위 쿼크 한 개가 결합하면 중성자(ddu)를 만들고, 이 중성자의 전하는 0이 된다. 그밖에 기묘 쿼크, 맵시 쿼크, 바닥 쿼크, 꼭대기 쿼크들을 결합하면 중간자가 만들어진다.

쿼크 요정들은 아무래도 외로움을 싫어하는 것 같다. 쿼크들은 단독으로 나타나는 경우가 없고, 언제나 결합된 형태로 나타난다. 즉, 세상에는 단독으로 나타나는 '맨 쿼크'는 존재하지 않는다는 의미다. 그래서 색전하를 띤 물질이나 전하를 $\frac{1}{3}$ 가진 물질은 관측하기 어렵다. 서로 다른 쿼크들은 자연스럽게 결합해 색-중성 조합이나 정수배 전하 물질을 만든다. 이처럼 쿼크들은 친구들과 언제나 손을 꼭 잡고 다니는 꼬마 요정들인 셈이다.

"쿼크의 종류가 이렇게 다양한 줄 몰랐어!"

소피아가 감탄했다.

"맞아. 쿼크는 여섯 종류가 있는데, 종류마다 세 가지 색이 있으니까 이것만 해도 벌써 18종류나 있는 거잖아. 그뿐만 아니라 모든 쿼크에는 대응하는 반입자인 반쿼크가 존재해. 그러니까 모두 합치면 총 36종류가 있는 거야!"

쿼크에 대해 속속들이 알고 있는 톰슨이 신이 나서 설명했다.

7.1.2 렙톤 꼬마 요정

주로 강한 상호 작용력이 적용되는 쿼크와 달리 렙톤은 약한 상호 작용력, 전자기력, 중력 등에만 관여하며, 다음을 포함한다.

$$\left\{ \begin{array}{l} \text{전자, 전자 중성미자} \\ \text{뮤온}(\mu),\ \text{뮤온 중성미자} \\ \text{타우}(\tau)\text{입자, 타우 중성미자} \end{array} \right.$$

전자는 가장 흔히 볼 수 있는 기본 입자이자, 가장 강한 '마법'을 부릴 수 있는 꼬마 요정이다. 전자는 일반적으로 원자 안에 속박되어 있고, 원자핵 주위로 빠르게 움직인다. 하지만 일단 외부 에너지를 흡수하게 되면 곧바로 원자를 떠나 자유 전자가 되며, 이로써 거시 물질들이 전하를 띠게 해준다. 오늘날 인류가 사용하는 모든 전자기기와 첨단과학

장치들은 '전자'라는 대자연의 '마법'이 있기에 존재할 수 있는 것이다.

중성미자는 1930년 볼프강 파울리가 제시한 개념이다. 이 입자는 굉장히 가볍고, 질량이 대략 전자의 백만 분의 일밖에 되지 않는다. 중성미자는 투과성이 굉장히 강해서 아무에게도 발견되지 않고 지구를 가볍게 관통할 수 있다. 중성미자는 전하, 색전하를 띠지 않고, 기본적으로 자연계의 그 어떤 상호작용에도 참여하지 않는 '투명인간' 같은 존재다. 1956년 클라이드 카원과 프레데릭 라이네스가 실험을 통해 전자를 동반한 중성미자를 발견했고, 이를 전자 중성미자라 부르게 되었다.

뮤온은 전자와 마찬가지로 음전하를 띠고, 스핀은 $\frac{1}{2}$이며, 참여하는 상호작용은 전자와 유사하다. 하지만 질량은 전자의 약 207배에 달하는 '비만' 전자다. 뮤온의 반감기는 2.2밀리 초로, 탄생 순간에 기타 물질로 변한다.

그럼 뮤온은 어떻게 발견되었을까? 일본의 물리학자 유카와 히데키는 원자핵 안에 있는 양성자와 양성자, 양성자와 중성자, 중성자와 중성자 사이에는 상호작용의 매개가 되는 중간자가 있으며, 이러한 핵자 안의 작용력은 강한 상호 작용력이라고 주장했다. 유카와 히데키는 1935년 중간자의 중량이 전자의 200배 정도 될 것으로 예측했다. 그러다 1936년에 칼 앤더슨이 뮤온을 발견했는데, 뮤온의 질량이 마침 전자의 200배 정도라는 것이 확인되면서 뮤온이 바로 유카와 히데키가 예측한 중간자라고 추측했고, μ중간자는 이름을 붙이게 되었다. 그러다 나중에 뮤온과 원자핵의 작용력이 매우 약하다는 사실을 발견하고 뮤온이라고 고쳐 부르게 되었다.

1975년 과학자들은 한 단계 더 나아가 3세대 전자인 타우입자를 발견했다. 타우입자 역시 전자와 마찬가지로 음전하를 띠고, 스핀이 $\frac{1}{2}$ 이며, 참여하는 상호작용이 전자와 유사하다. 하지만 질량은 전자의 약 3500배에 달하는 '초고도비만' 전자다.

전자, 뮤온, 타우입자와 각각의 입자에 대응하는 중성미자를 합하면 총 6종류이고, 여기에 각자의 반물질을 더하면 총 12종류가 된다. 정리하면 우주에는 총 12종류의 렙톤이 있다는 의미다.

"렙톤의 종류도 꽤 많네!"

소피아가 말했다.

"맞아. 하지만 우리 일상생활 속에서 볼 수 있는 건 오직 전자뿐이야. 다른 것들은 우주 방사선이나 실험실에서만 관측할 수 있어.

톰슨이 가볍게 설명해 주었다.

"뮤온이랑 타우입자는 결코 가볍지 않은데 왜 가벼운 입자라고 부르는 걸까?"

"글쎄, 그건 그냥 습관적으로 그렇게 부르게 된 것 같아."

소피아의 궁금증이 계속 이어질 모양이다.

7.1.3 전달자 꼬마 요정

쿼크와 렙톤 외에 매개 보손^{boson}이라고 부르는 기본 입자가 있다. 매개 보손에는 광자, W입자, Z입자, 글루온이 포함되고, 이러한 입자들은 대자연의 상호 작용력을 전달하는 역할을 한다. 그중에서 광자는 전자기 작용력을, W입자와 Z입자는 약한 상호작용력을, 그리고 글루온은 강한 상호작용력을 전달하는 역할을 한다.

광자는 전자기력의 상호작용을 전달하는 전달자다. 정지 질량이 0이고, 전하와 색전하를 띠지 않으며, 스핀이 1이다. 광자는 전자 혹은 기타 전하를 띤 입자 사이를 오고 가며 전자기력의 상호작용을 나타낸다. 전자기 상호작용은 $U(1)$ 게이지 대칭성을 적용하므로 전달자는 1종류다.

W^+, W^-, Z^0은 약한 상호작용을 전달하는 전달자다. 약한 상호작용은 $SU(2)$ 게이지 대칭성을 적용하므로 전달자는 3종류가 되어야 한다.

글루온은 강한 상호작용을 전달하는 전달자다. 강한 상호작용은 $SU(3)$ 게이지 대칭성을 적용하므로 전달자는 8종류가 되어야 한다.

매개 보손은 대응하는 반입자가 없으므로 총 12종류다. 매개 보손은 물질의 상호작용에 참여하기 때문에 벽돌 사이사이를 채우는 시멘트와 같은 역할을 한다.

지금까지의 내용을 정리해 보면 입자 가족은 다음과 같이 크게 세 부분으로 분류할 수 있다.

기본 입자
- 쿼크 – 양성자, 중성자, π중간자를 구성
- 렙톤
  - 전자, 전자 중성미자
  - 뮤온, 뮤온 중성미자
  - 타우입자, 타우 중성미자
- 매개 보손
  - 광자 : 전자기력 상호작용 전달
  - 글루온 : 강한 상호작용 전달
  - W보손, Z보손 : 약한 상호작용 전달

여기에 '신의 입자'라 불리는 힉스 보손이 더해져 현재까지 알려진 기본 입자는 총 61종이다.

7.1.4 조립공 꼬마 요정

세상에는 61종의 기본 입자 외에 복합 입자가 존재한다. 복합 입자는 기본 입자들끼리 결합해 만들어진 '중형' 입자다. 기억하기 쉽도록 이 입자들에는 조립공 꼬마 요정이라는 별명을 붙여 주자.

복합 입자들 가운데 가장 유명한 것은 바로 π중간자다.

1935년 일본의 물리학자 유카와 히데키가 중형 입자의 존재를 예측했다. 당시 과학자들은 광자가 전자기력의 상호작용을 전달한다는 것을 이미 알고 있는 상태였다. 유카와 히데키는 질량이 전자의 200배인 입자가 존재하고, 이것이 강한 상호작용 및 약한 상호작용을 전달하는 역할을 한다고 생각했다. 광자의 질량이 0이면 전달하는 전자기력을 원거리력으로 만든다. 그러나 강한 상호작용력 및 약한 상호작용력은 모두 단거리력이므로, 강한 상호작용 및 약한 상호작용을 전달하는 입자의 질량은 대략 전자($1\,m_e$[4])와 양성자($1840\,m_e$) 사이에 있는 $200\,m_e$ 정도로 매우 커야 한다고 예측했다. 유카와 히데키는 이러한 입자에 중간자라는 이름을 붙였다.

1947년 과학자들은 우주 방사선에서 유카와 히데키가 예측한 π중간자를 발견했다. 양성자, 중성자는 세 개의 쿼크로 구성되어 있고, 중입

---

4) m_e는 전자의 정지 질량이다.

자라고 불린다. 일반적으로 세 개의 쿼크로 이루어진 입자는 대부분 중입자로 불리는데, 양성자, 중성자 외에도 Σ입자, Λ입자 등 흔히 볼 수 없고 기이한 중입자(중입자는 모두 기본 입자가 아니며, 기본 입자의 조합으로 만들어지는 입자다) 등이 포함된다.

모든 중간자는 두 개의 쿼크로 구성되고, π중간자, K중간자, D중간자, J/ψ중간자, Y중간자 등이 포함된다. K중간자는 수명이 100억 분의 1초밖에 되지 않고, 질량은 전자의 1,000배다. J/ψ중간자는 미국의 물리학자 리히터와 중국계 미국인 물리학자 새뮤얼 팅이 함께 발견한 것으로 맵시 쿼크와 반맵시 쿼크로 구성되어 있다.

복합 입자가 세 개의 쿼크로 구성되어 있으면 중입자가 된다. 양성자와 중성자는 우리에게 가장 익숙한 중입자다. 그 외에 Δ입자, Λ입자, Σ입자, Ξ입자 등 명칭이 조금 특이한 중입자들이 있다. 이러한 기이한 중입자들은 대부분 우주 방사선에서 발견된 것들이고 수명이 짧은 편이다.

양성자, 중성자, 중간자는 원래 아주 오랜 시간 강입자라고 불렸다. 그러나 쿼크가 강입자를 구성하는 기본 입자인 것을 알게 되면서 분류상 쿼크가 강입자를 대체했고, 이제 강입자라는 용어는 거의 사용하지 않게 되었다.

7.1.5 그림자 꼬마 요정

"아, 나는 이제 좀 쉬어야겠어! 종류가 너무 많아서 다 못 외울 것 같아!"

소피아는 계속해서 새로운 이름들이 등장하자 머리가 어질어질했다.

"다 못 외워도 괜찮아. 여러 번 듣다 보면 익숙해질 거야. 우리 음료수라도 마시면서 잠깐 쉬자!"

톰슨이 소피아를 달래며 말했다.

"좋아!"

소피아의 얼굴에 화색이 돌았다.

톰슨은 차가운 콜라를, 소피아는 따뜻한 커피를 한 잔 주문했다.

"우리 음료를 한데 섞으면 맛이 정말 이상하겠지?"

소피아가 장난스럽게 물었다.

"일단 맛은 잘 모르겠고, 뜨거운 음료랑 차가운 음료를 섞으면 미지근한 음료가 만들어지겠지. 그런데 말이야, 혹시 기본 입자랑 그 반입자가 섞이면 어떻게 되는 줄 알아? 아주 뜨거운 탕이 된대!"

톰슨이 웃으며 말했다.

"그게 무슨 말이야?"

"그건 말이야…."

소피아가 관심을 보이자 톰슨은 이번 기회에 반입자에 대해 설명해 줘야겠다고 마음먹었다. 기본 입자에 대응하는 반입자는 그림자 꼬마 요정들이라고 이해하면 쉽다.

양자 역학이 빠르게 발전하고 있던 1928년으로 돌아가 보자. 당시 슈뢰딩거가 양자의 파동 방정식, 즉 슈뢰딩거 방정식을 발표했는데, 사실 이 방정식은 상대론적 요소를 반영하지 않은 것이라 완전한 방정식으로 보기 어려웠다.

이러한 상황에서 영국의 물리학자 디랙이 양자 역학과 상대론의 요구를 모두 만족하도록 방정식을 수정했다. 디랙의 방정식의 풀이는 양의 에너지 상태뿐만 아니라 음의 에너지 상태도 포함한다. 그는 사람들이 쉽게 간과하는 결과에 깊은 뜻이 숨어 있을 거라 생각했고, 우주에 음전하를 띤 전자 외에 양전하를 띤 '양전자'도 존재한다고 예견했다.

디랙은 양전자와 전자는 질량, 스핀 등의 속성이 동일하고, 다만 상반된 전하를 띠고 있을 뿐이라고 생각했다. 마치 거울에 비친 모습처럼 말이다. 여기서 더 나아가, 디랙은 양전자와 전자가 만나면 서로 소멸시키고, 광자를 배출할 거라고 예견했다.

$$e + e^+ \rightarrow 2\gamma$$

그로부터 4년 후인 1932년, 미국의 앤더슨이 우주 방사선을 연구하던 중, 방사선이 강력한 자기장을 통과한 이후 전자의 절반은 한쪽으로 치우치고, 또 다른 절반은 다른 한쪽으로 치우친 것을 발견했다. 두 부류의 전자는 서로 다른 전하를 띠고 있었고, 이로써 양전자의 존재가 증명되었다.

실제로 전자만 반입자가 있는 것이 아니라, 다른 기본 입자들도 대응하는 반입자를 갖고 있다. 예를 들면, 반양성자, 반중성자, 반쿼크 등이 있다. 다만 광자, π중간자, η중간자 등 순 중성입자들은 반입자가 존재하지 않는다.

입자와 반입자가 만나면 순간적으로 소멸되어 중성미자, 광자 등 정지 질량이 0 혹은 0에 근접한 입자를 방출한다. 이 과정에서 질량은 거의 완전히 에너지로 전환된다. 질량 에너지 방정식 $E = mc^2$을 이용하면 방출되는 엄청난 양의 에너지를 확인할 수 있다. 오늘날 인류가 사용할 수 있는 핵분열, 핵융합 기술은 모두 대량의 질량 손실이 발생하는데, 입자와 반입자가 만나 소멸되면서 방출하는 에너지는 핵융합의 무려 100배 이상이라고 한다.

예를 들어, 오늘날 인류가 살아가는 환경에 반입자가 퍼져 있다면, 입자와 반입자가 수시로 만나 소멸되면서 엄청난 파괴력이 발생하게 된다. 다행인 점은, 우주 진화 과정에서 거의 모든 반입자가 입자와 만나 소멸되었고, 남아 있는 반입자의 수량은 아주 미미해서 인류의 생존 환경에 위협이 되지 않는다는 것이다.

반입자가 구성하는 물질을 반물질이라고 부른다. 우주에서 반물질은 굉장히 찾기 어려운데, 2011년 미국의 브룩헤이븐 국립연구소에서 지금까지 발견된 반물질 가운데 가장 무거운 반헬륨-4을 발견했다. 물론 앞으로 기술이 더욱 발달하면 질량이 훨씬 큰 반물질을 발견할 수도 있을 것이다.

7.1.6 요정들의 라벨

소피아는 다양한 입자의 명칭과 속성을 모두 외우는 것이 너무 어려웠다. 입자의 종류가 정말 다양하고, 지금도 계속 발견되고 있으니 그럴 만도 했다. 과학자들은 이처럼 다양한 입자들을 쉽게 구분하고 연구하기 위해 입자마다 질량, 수명, 전하, 스핀 등의 라벨을 붙여 표시해두었다.

1. 질량

전자의 정지 질량은 9.11×10^{-28}g으로 매우 작다. 거시적 물질의 질량 측정과 달리, 전자와 같은 미시적 입자는 중력의 작용이 미약하기 때문에 저울을 이용해 측정하는 것이 불가능하다.

1897년 영국의 물리학자 조지프 존 톰슨이 자기장에서의 전자 운동을 통해 전자의 비전하를 측정했다. 1909년 미국의 물리학자 로버트 밀리컨은 전기장 내에서 기름방울을 떨어트려 떨어지는 속도를 측정했고, 이로써 전자의 전하를 얻어 전자의 질량을 구했다.

전자는 입자들의 세계에서는 꽝장히 가벼운 축에 속한다. 양성자의 질량은 전자의 1,860배이고, 가장 무거운 입자로 알려진 꼭대기 쿼크의 질량은 전자의 약 34만 배다.

사실상 기본 입자들은 중력의 작용을 받지 않는다고 생각해도 무방하다. 과학자들은 기본 입자의 질량 단위로 그램(g)을 사용하지 않고, MeV/c^2를 사용한다. 여기서 eV는 1전자볼트, 즉 1볼트 전압을 가할 때 전자가 얻는 운동에너지를 나타낸다. M은 100만을 나타내므로, MeV는 메가(100만)전자볼트를 나타낸다. 질량 에너지 방정식 $E=mc^2$을 이용하면 운동에너지 E를 c^2로 나누면 질량 m을 얻는다. 보통 c^2는 습관적으로 생략하고 메가전자볼트(MeV)로 입자(전자를 포함한)의 질량을 나타낸다. 전자의 질량은 $0.51MeV$, 양성자와 중성자의 질량은 $939MeV$로 나타낼 수 있다. 이러한 단위를 사용할 때 좋은 점은, 10의 마이너스 몇 제곱을 표시하는 번거로움을 피할 수 있고, 질량 에너지 방정식을 이용해 입자의 질량을 에너지로 전환했을 때의 수치를 곧

바로 알 수 있다는 점이다. 예를 들어, 전자의 질량을 모두 에너지로 전환할 경우, 전자 하나에서 0.51메가전자볼트의 운동에너지를 만들 수 있다.

2. 수명

입자들은 저마다 수명이 다르고, 모든 입자가 장수하는 것은 아니다. 실제로 상당수의 입자들은 약한 상호작용을 통해 붕괴되어 다른 입자로 변한다. 입자가 붕괴 전에 평균적으로 존재하는 시간이 바로 그들의 수명이다.

전자, 양성자, 중성미자는 안정적으로 장수하는 입자들이다. 예를 들어, 양성자의 수명은 약 10^{33}년이고, 이는 우주의 나이보다 더 많다. 이러한 장수의 특징을 가진 전자와 양성자는 마치 '벽돌과 기와'처럼 우주를 구성하는 가장 주요한 입자들이다. 양성자가 이처럼 장수하지 못했다면 안정적인 원소가 존재할 수 없고, 그러면 우리가 사는 행성도, 생명도 존재할 수 없었을 것이다.

자유 중성자(원자핵 안의 안정적인 중성자가 아닌)의 수명은 약 14분 정도다. 그리고 수명이 끝나면 다음의 식과 같이 양성자, 전자, 반전자 중성미자로 변한다.

$$n \rightarrow p + e + \bar{\upsilon}_e$$

위의 공식에서, n은 중성자(neutron의 머리글자), p는 양성자(proton

의 머리글자), e는 전자(electron의 머리글자), $\bar{v}_e$는 반전자중성미자를 나타낸다. 그밖에 기타 기본 입자들은 대부분 수명이 짧은 편이다. 예를 들어, 뮤온의 수명은 $2.2 \times 10^{-6}s$이고, 타우입자의 수명은 $3.4 \times 10^{-13}s$로 아주 짧은 순간만 존재한다.

3. 전하

전하는 가장 이해하기 쉬운 라벨이다. 전하는 기본 입자의 전자기 상호작용 참여 상황을 알아보기 위한 것이다.

전자, 뮤온, 타우입자는 한 개 단위 음전하를 가진다.

양성자, W^+입자, π^+입자는 한 개 단위 양전하를 가진다.

쿼크는 $-\frac{1}{3}$ 혹은 $\frac{2}{3}$의 전하를 가진다.

그 밖에도 중성자, 중성미자 등 전자기 상호작용에 참여하지 않는 입자들도 많이 있다.

4. 스핀

[그림 7-3]처럼 금속 링(정확하게 말하면 전자기 코일)의 한 부분에서 전류가 흐르면 유도 자기장이 발생한다. 이것이 바로 패러데이의 전자기 유도법칙이다.

양자역학이 등장하기 전, 슈테른과 게를라흐는 미시 세계 속 전자가 자성을 띤다는 사실을 발견했다. 그들은 전자가 자전하면서 자기모멘트를 생성하는 자침과 같다고 표현했다. 이 작은 자침을 강한 자기장에 놓으면 마치 나침반처럼 자기장의 방향을 따라 정렬된다.

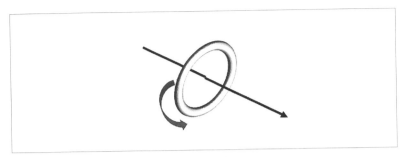

[그림 7-3]

 그러나 전자는 우리가 작은 공처럼 상상할 수 있는 실체가 아니고, 만약 전자가 실제로 자전을 한다면 속도가 광속을 초과하므로 이는 특수 상대성 이론에 위배된다. '자전'과 유사한 현상을 설명하기 위해 물리학자들은 전자의 이러한 특징에 '스핀'이라는 이름을 붙여줬다. 스핀은 전자가 실제로 자전을 하는 것이 아니라, 전자의 타고난 속성이다.

 전자 외에 기타 기본 입자들의 스핀 속성은 [표 7-2]와 같다.

유형	명칭	스핀
보손	광자	1
	W^+, W^-, Z^0	1
	글루온	1
페르미온	전자	$\frac{1}{2}$
	중성미자(전자중성미자)	$\frac{1}{2}$
	뮤온, 타우입자	$\frac{1}{2}$

[표 7-2]

[표 7-2]를 보면 스핀의 속성에 따라 입자를 분류할 수 있다. 광자처럼 스핀이 정수(0, 1, 2)로 나타나는 입자들은 보손이라 부르고, 전자처럼 스핀이 반정수($\frac{1}{2}$, $\frac{3}{2}$)로 나타나는 입자들은 페르미온이라 부른다. 여기서 페르미온은 파울리의 배타원리(두 개 이상의 페르미온이 동시에 동일한 양자 상태를 취할 수 없다)를 따라야 한다.

광자의 스핀은 1이고, 이는 광자가 360도를 돌면 원래 상태로 돌아온다는 의미다. 한편 전자의 스핀은 $\frac{1}{2}$인데, 이는 전자가 두 번을 돌아야 원래 상태로 돌아온다는 의미를 나타낸다.

5. 반전성

테이블 위에 놓인 공 하나가 오른쪽으로 굴러가고 있다고 가정해 보자. [그림 7-4]처럼 테이블 중앙에는 거울이 하나 있어 공이 왼쪽으로 굴러가고 있는 모습을 볼 수 있다. 이 과정에서 현실의 공과 거울 속의 공은 완전히 동일한 물리 규칙(운동량 보존의 법칙)을 따른다.

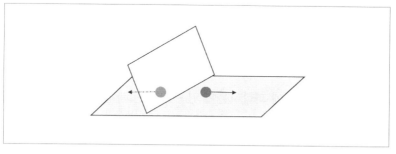

[그림 7-4]

대칭성은 물리학자들이 가장 높이 칭송하는 특징으로, 사람들은 우주의 법칙에 반드시 대칭성이 존재한다고 믿는다. 고전 역학에서부터 전자기 현상 그리고 강한 상호작용력에 이르기까지 모두 완벽한 대칭성을 보여준다.

입자 물리학자들은 '반전성'을 통해 서로 다른 입자의 거울 대칭 과정을 관찰했다. 반전성이 1, 즉 짝수 대칭이면 입자가 대칭 변화에서 변하지 않는다는 의미를 나타내고, 반전성이 -1, 즉 홀수 대칭이면 입자가 대칭 변화에서 반대로 변한다는 의미다.

입자의 상태는 주로 함수를 통해 나타내는데, 입자 물리학자들은 파동함수의 위치 매개 변수가 좌우로 변해도 반전성에 변화가 없을 거라 믿었다. 일반적으로 불변성의 원리와 보존 법칙이 서로 긴밀히 연관되어 있기 때문이다. 예를 들면, 운동량 보존법칙은 공간을 평행 이동할 때의 불변성을 나타내고, 에너지 보존 법칙은 시간을 평행 이동할 때의 불변성과 관련이 있으며, 각운동량 보존 법칙은 물리학 법칙 중 하나인 공간 회전 대칭성을 보여준다. 그러므로 반전성의 불변은 곧 반전성의 보존을 의미한다.

미시 입자들로 구성된 체계에서 총 반전성은 각 체계 입자들의 반전성의 곱으로, 총 반전성은 하나의 보존량이다.

그런데 1950년대에 과학자들이 연구를 하던 과정에서 한 가지 난제에 봉착했다. 바로 $\tau - \theta$ 수수께끼였다. K중간자는 두 가지 형태로 붕괴되는데, 한 가지는 τ중간자로 붕괴되고, 다른 한 가지는 θ중간자로 붕괴된다. 이 두 가지 중간자는 질량, 전하, 수명, 스핀 등 속성이 완전히 동일하기 때문에 과학자들은 두 입자가 동일한 것이 아닐까 생각했다. 하지만 τ중간자는 한 번 더 붕괴되었을 때 π중간자 3개를 생성하고, 이들의 반전성은 -1이므로 입자 체계의 총 반전성은 -1이 되었다. 한편 θ중간자는 한 번 더 붕괴되었을 때 π중간자 2개만 생성하고, 입자 체계의 총 반전성은 1이었다. 그럼 과연 이 두 입자는 다른 걸까?

이 난제를 해결할 수 있는 방법은 두 가지였다. 첫 번째 방법은 τ, θ이 서로 다른 입자라는 것을 인정해 반전성이 달라지는 이유를 설명하는 것인데, 이 경우 두 입자가 왜 그토록 유사한지에 관한 수수께끼는 풀 수 없다는 문제가 있었다. 또 다른 방법은 입자가 붕괴될 때 대응하는 약한 상호작용에 의해 반전성이 보존되지 않는다는 사실을 인정하는 것인데, 이 경우에는 물리학자들이 오랫동안 신봉해온 대칭성의 원리가 깨질 수밖에 없었다.

그러다 1956년 중국 출신의 미국 물리학자 양전닝楊振寧과 리정다오李政道가 약한 상호작용 과정에서 반전성이 보존되지 않는다는 주장을 내놓았고, 그들의 예견을 증명할 수 있는 실험 방법도 제시했다. 같은 해 우젠슝吳健雄이 이끄는 연구팀에서 실험을 완성하며, 약한 상호작용에 의한 반전성 비보존 이론이 증명되었다. 이 업적으로 양전닝과 리정다오는 1957년 공동으로 노벨 물리학상을 수상했다.

6. 아이소스핀

아이소스핀은 1932년 하이젠베르크가 제시한 개념이다. 당시 사람들은 양성자와 중성자의 질량이 아주 근접하다는 사실을 발견했는데,

만약 '전하'라는 요소를 고려하지 않으면 두 개의 원자핵 내의 하드론만으로는 두 입자를 구분하기 어려웠다. 이러한 상황에서 하이젠베르크가 아이소스핀이라는 개념을 제시하며 양성자와 중성자의 아이소스핀은 동일하지만 두 입자의 세 번째 아이소스핀은 중성자가 $-\frac{1}{2}$, 양성자가 $\frac{1}{2}$로 서로 다르다고 설명했다.

아이소스핀과 스핀은 상당히 유사한데, 특히 두 개념 모두 어떤 물리적 실제에 대응할 수 없다는 점에서 비슷하다. 예를 들면, 스핀은 입자가 어떤 축을 중심으로 회전하는 것이 아니고, 아이소스핀 역시 회전을 나타내는 개념이 아니다. 이 두 가지 매개 변수는 단지 서로 다른 입자를 구분하기 위해 인위로 붙여놓은 이름이다.

하이젠베르크가 처음 아이소스핀의 개념을 제시했을 때는 크게 주목받지 못했다. 하지만 나중에 강한 상호작용 과정에서 아이소스핀이 보존된다는 사실이 발견되고 나서부터는 중요한 매개변수로 자리 잡게 되었다.

신비한 힘의 작용

슈퍼마켓에서 카트를 밀 때, 조금만 힘을 주어 밀면 카트는 저절로 앞으로 움직인다. 이것은 손이 카트에 힘을 가하고, 카트는 힘의 영향을 받아 운동 상태의 변화가 생기기 때문이다. 이러한 현상은 아주 자연스러운 것이며 이해하기도 쉽다. 그러나 자연계에서 힘의 작용은 '비접촉성'인 경우가 더 많다. 태양과 지구는 1억 5천만 km나 떨어져 있지만, 지구는 태양 주위를 '착실히' 돌고, 서로 10mm 정도 떨어져 있는 두 개의 자석은 중간에 어떤 연결 고리 없이도 서로를 끌어당기거나 밀어낸다. 또 원자핵 내부의 입자들은 서로 가까이 붙어 있지 않아도 강한 힘에 의해 한데 단단히 묶여 있다.

이처럼 대자연의 힘은 강력하고 신비한 마법처럼 아무리 멀리 떨어져 있는 물질들도 상호작용할 수 있게 해준다. 현재까지 과학자들이 발견한 기본적인 힘의 종류는 중력, 전자기력, 약한 상호작용, 강한 상호작용 이렇게 네 가지로, 이 네 가지 힘이 우주 만물의 모든 움직임을 제어한다.

7.2.1 중력

뉴턴은 23살 때 영국 북부 링컨셔주의 한 마을에 머물고 있었다. 어느 날, 뉴턴이 사과나무 밑에서 낮잠을 자고 있는데 갑자기 사과 한 알이 그의 위로 떨어졌다. 이 사과 한 알이 바로 뉴턴이 만유인력의 법칙을 발견하게 해준 주인공이다. 사과 이야기가 실제로 있었던 일인지는 알 수 없지만, 한 가지 확실한 점은 뉴턴이 지구, 달 등의 천체가 어떻게 우주에 떠 있을 수 있는지 오랜 시간 고민하고 연구했다는 것이다. 모든 일에는 그 일이 일어난 원인이 있다. 그리고 그 원인은 신비한 마법이 아니라 물리 법칙이다. 뉴턴은 케플러 등 사람들의 연구를 바탕으로 만유인력의 법칙을 다음과 같이 정리했다.

만물은 모두 서로 끌어당기는 작용을 하는데, 작용력과 물체의 질량은 비례하며 거리의 제곱과 반비례한다.

만유인력의 법칙이 대단한 이유는 중력계수 G가 상수라는 점 때문이다. 다시 말하면, 우주 전체에 동일한 상수가 적용된다는 의미다. 크게는 은하계부터 작게는 작은 낱알까지 모두 이 법칙의 적용을 받는다.

만유인력의 법칙이 가장 주목받은 시기는 해왕성을 발견했을 때다. 19세기 전반에 과학자들은 천왕성의 운동 궤적에 불규칙한 파동이 존재한다는 사실을 발견했는데, 이는 물리 법칙으로 설명할 수 없는 현상이었다. 그런데 만약 천왕성 외에 다른 미지의 행성이 존재한다고 가정하면 이 미지의 행성에 의한 섭동이 천왕성의 궤적에 영향을 미친다고 볼 수 있었다. 천문학자들은 만유인력의 법칙을 활용해 미지의 행성의 성질과 위치를 예측했다. 그리고 1846년 드디어 해왕성을 관측할 수 있었고, 행성의 성질은 천문학자들이 예측한 것과 일치했다. 당시 사람들은 이러한 발견에 환호하며 만유인력의 법칙을 통해 대자연의 모든 현상을 이해할 수 있을 거라 기대했다.

만유인력의 법칙을 단순한 규칙으로만 이해하고 있던 사람들은 20세기 초 아인슈타인의 등장으로 만유인력의 법칙 이면의 본질을 이해하게 되었다. 즉, 중력의 본질은 시공간의 기하학적 효과라는 사실을 말이다.

중력은 어디에나 존재하고 은하계, 항성, 천체를 움직이는 원동력이기도 하지만, 힘의 강도만 놓고 보면 네 가지 힘 중에서는 가장 약한 편이다. 예를 들어, 강한 상호작용의 힘의 강도를 1이라고 한다면 전자기력은 $\frac{1}{137}$, 약한 상호작용은 10^{-13}, 만유인력은 10^{-39}밖에 되지 않는다. 중력은 이처럼 힘의 강도가 약하기 때문에 두 사람이 서로 마주 보고 서 있어도 상대방의 중력 작용을 느끼지 못하는 것이다.

7.2.2 전자기력

서로 10mm 정도 떨어진 곳에 두 개의 자석을 놓으면 자석이 서로를 끌어당기거나 밀어내는 것을 볼 수 있다. 이는 자기력의 작용 때문이다. 또 아침에 머리를 빗을 때 빗에 정전기가 발생하면 머리카락이 빗을 따라 움직이기도 하는데, 이는 정전기력의 작용에 의해 나타나는 현상이다.

1873년 맥스웰은 기존 과학자들의 연구 내용을 바탕으로 「전기와 자기에 관한 논문집」을 발표했다. 여기에서 그는 전기와 자기의 개념을 합쳐 '전자기력'이라는 한 단어로 표현했고, 전자기파의 존재를 예견했다. 1888년 헤르츠가 실험을 통해 전자기파의 존재를 증명하며, 맥스웰의 전자기장 이론의 정확성을 입증했다.

전자기력은 중력과 마찬가지로 원거리력이고, 작용 거리는 무한하다. 힘의 강도는 전자기력이 중력에 비해 훨씬 강하다. 거시 세계에서 두 개의 자석 사이에는 명확한 전자기적 작용이 발생한다. 미시 세계에서 양전하를 띤 원자핵과 음전하를 띤 전자가 전자기력을 통해 안정적으로 결합해 원자를 구성한다.

전자기력은 원거리 작용을 하지 않고 광자를 통해 전달된다. 하지만 이 광자는 육안으로 확인할 수 있는 광자가 아니라 양자 이론에 사용되는 가상의 광자다. 전하를 띠는 두 개의 입자가 서로 가상의 광자를 주고받으면서 상대방의 힘을 느끼게 되고 이로써 전자기력이 발생한다.

톰슨은 [그림 7-5]처럼 두 사람이 빙판 위에서 공놀이하는 모습을 그려 설명했다. 두 사람이 계속 공을 주고받다 보면 서로의 거리가 점점 멀어지게 된다. 전자기력의 작용 메커니즘도 이와 비슷하다. 두 개의

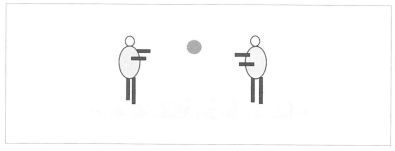

[그림 7-5]

입자가 서로 가상의 광자를 주고받다 보면 극성이 같은 전하의 상호 반발력이 발생해 서로 멀어진 것처럼 보인다.

7.2.3 약한 상호작용

1895년 독일의 물리학자 뢴트겐이 X선을 발견했다. 그리고 이듬해, 이번에는 프랑스 물리학자 베크렐이 β선을 발견했다. 1900년에 퀴리 부인은 방사성 원소 라듐을 정제했고, 그 이후로도 더 많은 방사선 및 방사성 원소가 발견되었다. 100여 년 전, 방사성 원소가 처음 발견되었을 때 사람들은 어둠 속에서 아름다운 푸른빛을 내는 원소를 보면서 에너지가 풍부하고 인체에도 유익한 생명의 원천을 발견했다고 생각했다. 그래서 음료수에 소량의 방사성 물질을 첨가해 판매량을 높이기도 했다. 하지만 사실 이러한 방사성 물질은 사람의 유전자를 변형시키고 건강에 해를 끼치는 물질이었다.

퀴리 부인의 장녀 이렌 졸리오퀴리는 방사성 원소인 플루토늄을 처음 발견한 과학자로 노벨 화학상까지 수상했지만, 방사성 물질에 과도하게 노출되어 젊은 나이에 세상을 떠났다.

그 이후 과학자들은 방사선을 다음과 같은 세 종류로 구분할 수 있다는 사실을 발견했다.

첫 번째는 중원소의 붕괴 과정에서 방출되는 α선이다. 이는 두 개의 양성자와 두 개의 중성자로 구성된 것으로 질량은 수소 원자의 4배인 양전하 입자선이다. 측정 결과, α입자선은 헬륨 원자핵으로 밝혀졌다.

두 번째 종류는 음전하를 가진 β선이다. 이것은 일종의 고속 전자선으로, 아주 강한 투과력을 지녔다.

세 번째 종류는 전기적으로 중성인 γ선으로, 투과력이 X선보다 훨씬 강해 아주 두꺼운 납판을 사용해야 가릴 수 있다.

20세기 초부터 1930년대 무렵까지 많은 과학자들이 원자핵이 자발적으로 α선, β선, γ선을 방출하는 이유에 대해 줄곧 고민했고, 분명 원자핵 내부에서 일어나는 어떤 작용 때문일 거라고 추측했다. 당시 β선은 원자핵 내부에서 중성자가 자발적으로 붕괴되어 양성자로 변할 때 방출되는 전자에 의해 생긴다고 알려져 있었다. 그러나 문제는 중성자가 붕괴될 때 생기는 에너지 손실이 방출되는 전자의 에너지보다 현저히 크다는 점이었다. 마치 원자핵 내부에 에너지를 훔쳐 가는 '도둑'이 있는 것처럼 말이다.

1930년, 파울리가 중성미자 가설을 제시하며 원자핵 내부에 정말로 에너지를 훔쳐 가는 '도둑', 즉 중성미자가 있다고 주장했다. 게다가 중성미자는 전자기 상호작용에 참여하지 않기 때문에 중성미자가 원자핵 내부를 떠날 때 관측이 불가하다.

이후 페르미가 파울리의 가설을 바탕으로 중성자의 붕괴 과정을 더욱 명확히 설명했다.

$$\upsilon_e + n \rightarrow e + p$$

중성자는 중성미자를 흡수해 자발적으로 붕괴되고 양성자로 변한다. 그리고 이와 동시에 전자를 방출해 붕괴 전후로 안정적인 에너지 상태를 유지한다.

페르미는 이러한 원자핵의 자발적인 붕괴 현상이 일종의 상호작용에 의한 것이라고 주장하며, 다음과 같은 특징이 있다고 설명했다.

(1) 강도는 전자기력보다 약하고, 중력보다는 훨씬 강하다.

(2) 이러한 작용은 스핀이 1/2인 기본 입자(페르미온) 사이에서만 일어난다.

(3) 이러한 작용의 힘은 도달 거리가 짧아서 일단 붕괴가 완성되고 나면 사라진다.

페르미가 설명한 이 작용이 바로 약한 상호작용이며, 대응하는 작용으로는 강한 상호작용이 있다.

중성자의 붕괴과정을 다시 한번 살펴보자. 전자 중성미자 v_e와 중성자 n이 충돌하면 양성자 p와 전자 e로 붕괴된다.

이러한 현상은 신기하지만, 한편으로는 이해하기 굉장히 까다로운 과정이기도 하다. 이해를 돕기 위해 다음의 내용을 자세히 읽어보기를 바란다.

전자 중성미자와 중성자의 충돌은 간격이 전혀 없는 상태에서 일어나는 것이 아니라, 빈 공간을 사이에 두고 약한 상호작용으로 일어난다. 충돌 이후 중성자가 운동 방향을 바꾸면서 관측 시공간과 협각이 생기게 되고, 관측자의 시각에서는 중성자의 에너지와 운동량이 변해 양성자로 변한 것처럼 보인다. 마찬가지로 전자 중성미자 역시 운동 방향을 바꾼 이후 전자로 관측된다.

위의 설명을 살펴보면 양성자와 중성자에 뛰어넘을 수 없는 '틈'은 없다는 것을 알 수 있다. 그리고 이것은 중성미자와 전자도 마찬가지다. 어떤 입자의 에너지, 운동량, 각운동량 등의 속성이 변하면 관측자의 입장에서는 완전히 새로운 입자가 된 것처럼 보인다.

광자가 전자기 작용을 전달하는 것처럼 약한 상호작용에도 전달자가 존재한다. 바로 W^+, W^-, Z^0 등의 입자들이다. **약한 상호작용 과정은 사실 광자의 운동 속도가 현저히 줄어든 이후, 저속 운동하는 W입자와 Z입자가 관측되는 것이다.**

광자와 W^+, W^-, Z^0 등 입자들의 질량 사이에는 큰 차이가 있고, 대응하는 작용력인 전자기력과 약한 상호작용 사이에도 현저한 차이가 존재한다. 그러나 이러한 차이는 단지 관측에 의해 생기는 차이일 뿐이다. 다시 말해, 서로 완전히 다르게 보이는 전자기력과 약한 상호작용은 사실 '전약 통일'이라는 동일한 메커니즘을 갖고 있다는 의미다. '전약 통일 이론'에 관해서는 나중에 다시 자세히 설명하도록 하겠다.

약한 상호작용은 우리의 일상생활과는 가장 무관한 작용력으로, 주로 중성자의 붕괴, 뮤온 붕괴, 파이온 및 K입자 붕괴 과정에서 나타난다.

7.2.4 강한 상호작용

수소 원자핵 내부에는 양성자와 중성자가 각각 하나씩 있고, 헬륨 원자핵 내부에는 양성자와 중성자가 각각 두 개씩 있다. 헬륨 원자보다 무거운 원소의 원자핵에는 모두 2개 이상의 양성자가 존재한다.

1.2절에서 원자핵과 원자의 크기 차이를 개미와 운동장에 비유했는데, 이는 원자에서 원자핵이 차지하는 공간 범위가 얼마나 작은지를 보여준다. 그럼 도대체 어떤 힘이 이렇게 협소한 공간에 양전하를 가진 양성자를 두 개 이상 붙잡아둘 수 있는 걸까? 분명 전자기력 사이에 서로 반발하는 힘보다 훨씬 더 큰 힘이 작용했을 것이다.

중력은 힘의 강도가 약하기 때문에 거리가 멀고, 약한 상호작용 역시 전자기력보다 약하기 때문에 해당되지 않는다. 그래서 과학자들은 이 강력한 힘에 강한 상호작용이라는 이름을 붙여줬다.

강한 상호작용은 중력의 10^{39}배에 달하는 우주에서 가장 강력한 힘으로, 주로 쿼크를 결합하는 작용을 한다. 쿼크는 총 세 종류의 색전하가 있고, 서로 다른 색전하 사이의 쿼크들은 강한 상호작용을 통해 서로 단단히 결합하며, 여덟 종류의 글루온이 이러한 힘을 전달한다.

강한 상호작용은 약한 상호작용과 마찬가지로 힘의 도달 거리가 매우 짧고, 작용 범위는 대략 10^{-15} 이내다.

이런 생각을 하는 사람도 있을 수 있다. 벽에다 손을 딱 붙이면 벽과 손 사이의 틈이 10^{-15}보다 작을 텐데 왜 벽에서 전달되는 강한 상호작용을 느끼지 못하는 걸까? 이러한 의문에 대한 답은 간단하다. 강력한 힘은 색전하를 가진 입자들 사이에서만 일어나는데, 손과 벽은 모두 색전하가 중성이기 때문이다. 강한 상호작용은 양자 색역학(QCD)이라는 이론을 통해 설명할 수 있다.

강한 상호작용은 정말 가공할만한 힘을 가졌다. 일반적인 상황에서 원자핵의 안정성을 깨트릴 수 있는 사람은 없다. 그런데 설령 힘을

$\frac{1}{10}$, $\frac{1}{100}$, 심지어 $\frac{1}{1000}$로 줄인다 하더라도 원자핵을 무너뜨리는 것은 불가능하다. 강한 상호작용은 어떻게 이렇게 강력한 힘을 갖게 된 걸까? 아마도 그건 우주 탄생 초기부터 이미 그렇게 정해졌기 때문일 것이다.

7.3

탐구는 끝이 없다

지금까지 61가지의 기본 입자와 네 가지 힘에 대해 알아봤다. 1900년대 후반부터 지금까지 입자 물리학은 줄곧 물리학계를 선도하는 주요 학문이었고, 여전히 개간해야 할 곳이 많은 비옥한 토양이다. 이 토양에서는 언제든 새로운 복합 입자가 발견될 수 있다. 게다가 측정 기구와 설비의 첨단화로 이제는 물질의 더욱 깊은 경지까지 파헤칠 수 있게 되었다.

러더퍼드 시대를 시작으로 과학자들은 입자에 충격을 가하는 방법으로 물질 구조를 연구했다. 1950~60년대 과학자들은 전자 충돌 장치를 개발해 전자를 광속에 가까운 속도로 가속시켜 고정된 표적을 타격함으로써 표적 물질 내부의 상황을 깊이 알 수 있게 되었다. 그 이후 동시 복사 충돌기, 양성자 충돌기 등이 차례로 개발 및 운행되기 시작했다. 현재 세계에서 가장 강력한 입자 가속기는 유럽에 있는 대형 강입자 충돌기(LHC)로, 이 설비를 통해 신의 입자라 불리는 히그스 보손 입자를 발견했다.

과학자들은 대형 천문대에서 우주 방사선 복사를 통해 새로운 입자를 발견하기도 한다. 그중 어떤 입자들은 수명이 아주 짧지만 첨단 설

263

비를 이용해 모두 식별이 가능하다. 설비의 정확성이 높아지면서 이제는 우주 방사선 속의 아주 약한 입자의 흐름뿐만 아니라 수명이 극히 짧거나 특수한 성질을 가진 입자들도 발견할 수 있게 되었다.

입자 대가족의 크기는 꾸준히 확장되고 있고, 물질 사이의 상호작용에 대한 연구도 활발하게 진행 중이다. 우주의 네 가지 상호작용을 통해 현재까지 인류가 발견한 현상들은 모두 설명이 가능했다. 하지만 우주는 주로 암흑 물질(전자기 상호작용에 참여하지 않는)과 암흑 에너지(물질에 속하지 않는)로 구성되어 있고, 이러한 물질과 에너지의 상호작용은 여전히 미지의 영역으로 남아 있다. 이처럼 아직도 대자연에는 인류가 탐구하고 발견해야 할 신비의 영역이 무궁무진하다.

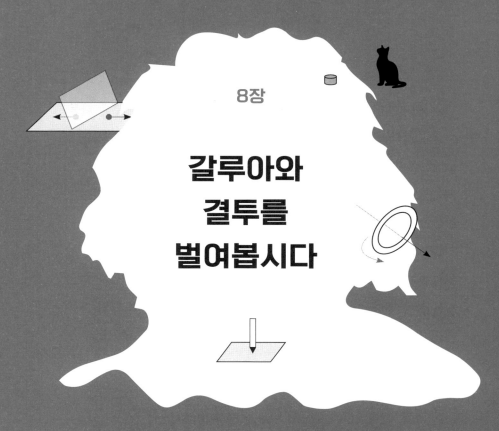

8장

갈루아와
결투를
벌여봅시다

아름다운 대칭에 관하여

8.1
구체와 입방체

최근 톰슨은 '대칭'의 매력에 푹 빠져 있다. 관심을 갖고 둘러보니 주변에 거의 모든 것들이 대칭을 이루고 있었다. 정원사가 가지런히 다듬어놓은 캠퍼스의 화단, 네모반듯한 강의실 건물, 가로수, 나무의 열매 그리고 하늘에서 떨어지는 빗방울과 수면의 물결까지, 인공적으로 만들어진 사물이든 자연적으로 존재하는 사물이든 모두 대칭성과 밀접한 관련이 있었다.

톰슨은 수학을 전공하는 소피아를 찾아갔다. 수학적인 관점에서 대칭성을 이해해 보고 싶었기 때문이다. 소피아는 톰슨에게 다음과 같은 질문을 하나 던졌다. [그림 8-1]에 보이는 구체와 입방체 중 과연 어떤 것의 대칭성이 더 높을까?

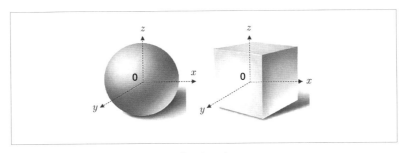

[그림 8-1]

직관적으로 봤을 때는 구체가 대칭성이 훨씬 높아 보인다. 하지만 직관보다 더 타당한 이유는 없을까?

구체의 대칭성이 더 높다는 것을 설명하려면 우선 두 개의 3차원 도형에 직각 좌표계를 세워야 한다. 구체의 경우 x축, y축, z축을 따라 임의로 회전하면 구체의 초기 상태와 최종 상태는 변화가 없다. 다시 말해 구체는 완전히 대칭한다. 그러나 입방체는 다르다. 입방체의 경우 x축, y축, z축을 따라 90도, 180도, 360도 회전시키면 회전 전후에 아무 변화가 없다. 하지만 30도 혹은 50도를 회전하면 어떻게 될까? 당연히 입방체의 위치가 변하게 된다. 그러므로 입방체는 완전한 대칭이라고 볼 수 없다.

이로써 구체의 대칭성이 훨씬 높다는 사실을 알 수 있다. 여기서 사용한 근거는 구체와 입방체에 일정한 조작을 가해 확인하는 방법이다. 구체는 각종 조작에도 모두 대칭을 이루었지만, 입방체는 일부 조작에만 대칭을 이루었다.

이처럼 대칭성을 판별하는 좋은 방법은 물체의 위치를 바꿔보는 것이다. 위치를 바꾸기 전후에 아무런 변화가 없으면 대칭한다고 볼 수 있다.

시계와 회전

톰슨이 대칭성을 이해하고 싶은 가장 큰 이유는 최근 입자 물리학을 배우기 시작했기 때문이다. 입자 물리학에는 군론이라는 아주 중요한 개념이 등장하는데, 톰슨은 이 수학적인 개념을 이해하는 데 특히 애를 먹었다. 그래서 이번에도 소피아에게 도움을 요청했다.

소피아는 톰슨을 데리고 학교 식당으로 갔다. 식당에는 [그림 8-2]처럼 학생들이 매일 보는 커다란 시계가 하나 있다. 점심 식사가 시작되는 시간은 11시지만 매일 10시 50분경이면 벌써 많은 학생들이 식당 앞에 줄을 서기 시작한다.

[그림 8-2]

소피아가 시계를 가리키며 톰슨에게 말했다.

"저기 봐, 저 시계는 하나의 군을 만들 수 있어."

"어떻게?"

"간단해. 숫자 1, 2, 3…, 12가 하나의 군을 이루는 셈이야. 그런데 여기서 가장 중요한 건 이 군의 계산 법칙이야. 여기서 군을 만든 법칙은 군 안의 원소들을 서로 더하고, 더했을 때 결과가 12를 초과하면 12를 빼주는 거야."

"정말 그런가?"

톰슨은 소피아가 이야기한 방법대로 계산해 봤다. 그랬더니 정말 신기하게도 어떤 조합으로 계산을 하든 결과는 군 안에 있었다!

실제로 수학에서는 다음과 같은 네 가지 공리를 만족하면 하나의 군을 성립할 수 있다.

(1) **폐쇄** : 군 안의 원소들을 어떤 계산 법칙에 따라 계산했을 때 결과는 언제나 군 안에 있다.

(2) **결합법칙** : 군 안의 원소들을 $(a*b)*c$에 따라 계산한 결과가 $a*(b*c)$ 와 일치한다. 여기서 *는 계산 법칙을 가리킨다.

(3) **항등원** : 군 안의 원소 a와 항등원 사이에 어떤 계산을 했을 때 결과는 여전히 a다. 예를 들어 위에서 살펴본 시계의 예시에서 항등원은 12다.

(4) **역원** : 군 안의 원소 a는 역원인 a'가 반드시 존재한다. a와 역원을 계산하면 항등원을 얻는다. 예를 들어 시계의 예시에서 3의 역수는 9다.

군론의 기본 규칙은 간단한 것처럼 보이지만 실제로는 아주 복잡하고 유용한 정리나 계산 체계로 확장될 수 있다.

한 가지 설명을 덧붙이자면, 두 번째 공리에서 만약 $a*b=b*a$의 등식이 성립하면, 교환 가능한 군, 혹은 아벨 군이라 부른다. 만약 등식이 성립하지 않으면 교환 불가능한 군 혹은 비아벨 군이라 부르는데, 대부분의 군은 교환 불가능하며 아벨 군은 아주 소수의 특수한 군에 속한다.

그럼 이제 조금 더 복잡한 예시를 살펴보자. [그림 8-3]은 종이를 위에서 아래를 내려다본 조감도다. 톰슨은 손가락으로 종이의 한 귀퉁이를 잡고 다른 귀퉁이를 밀어 종이를 회전시켰다.

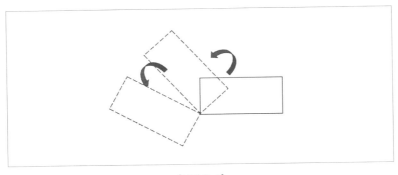

[그림 8-3]

회전이라는 동작은 종이의 물리적 성질은 변화시키지 않고 종이가 놓인 위치만 변화시킨다. 이러한 변화는 모서리가 고정된 상태에서 일어나며 종이가 손가락이라는 축을 중심으로 움직이는 것과 같다. 이 과정에서 종이의 움직임은 하나의 군을 형성하게 된다. 360도 범위 내에서 종이가 멈추는 임의의 위치가 군의 하나의 원소가 되고, 연산자는 회전각도 θ다.

종이를 회전한 결과는 언제나 군 안에 있다. 또한 초기 위치에서 30도를 회전하고 다시 60도를 회전한 결과와, 초기 위치에서 먼저 60도를 회전하고 다시 30도를 회전한 결과가 동일하므로 군의 교환이 성립한다. 그 밖에도 종이를 360도 회전하면 하나의 항등원이 되고, 모든 원소를 초기 상태에서 시계방향으로 일정 각도를 회전한 다음, 다시 반시계 방향으로 동일한 각도를 회전하면 반드시 초기 상태로 돌아온다.

이로써 종이의 움직임이 하나의 군을 형성한다는 사실이 증명된 셈이다. 이 군을 '종이군'이라고 부르기로 하자. 시계 대칭군과 달리 종이군의 원소는 연속적이다. 시계 대칭은 1, 2, 3… 등의 정수만 취할 수 있는 반면, 종이군은 임의의 각도를 선택할 수 있으므로 각도는 정수도 되고 분수(예 : $30\frac{1}{2}$도)도 될 수 있으며, 심지어 무리수가 될 수도 있다. 그러므로 원소는 실수 범위 내의 모든 수를 취할 수 있다. 이러한 군을 수학에서는 리 군이라고 부르며, 군의 원소는 연속적이다. 실수의 수학 부호는 R이고, 종이의 조작은 2차원 평면에서 진행되므로 이러한 군은 $R(2)$로 나타낼 수 있다.

자, 그럼 이제 조금 더 복잡한 문제로 넘어가 보자.

지금까지 2차원 실수평면에서의 회전을 알아봤다면 이제 1차원 복소평면의 효과를 살펴보자. 먼저 간단한 방정식 하나를 풀어보자.

$$x^2 = -1$$

이 방정식은 어떻게 풀어야 할까? 아주 오랫동안 수학자들은 이러한 종류의 방정식을 이해하지 못했다. 하지만 분명 해결 방법은 있었다. 비밀은 바로 i를 이용하는 것이었다. i는 허수로, i의 제곱은 −1이라고 정의한다. i의 개념이 생기고 나서 복소수의 개념이 등장했다. 복소수는 $a + bi$의 형식으로 나타낼 수 있으며, 여기서 a는 실수부, b는 허수부를 의미한다. 복소수는 [그림 8-4]의 한 지점에 대응할 수 있다.

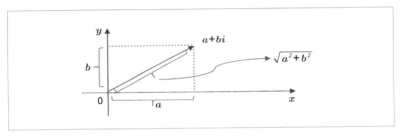

[그림 8-4]

허수와 복소수와 같은 개념들은 처음에는 학계의 인정을 받지 못했다. 라이프니츠는 허수에 대해 신성한 존재가 숨어 있는 오묘하고 기이한 은신처 혹은 존재와 허상 그 어디쯤에 걸쳐 있는 양서류 같은 존재라고 표현했다. 그러나 수학이 계속 발전함에 따라 사람들은 서서히 허수와 복소수의 개념을 인정하기 시작했다. 이 오묘하고 기이한 존재가 일단 은신처에서 벗어나고 나면 굉장히 유용한 무기가 될 수 있다는 사실을 깨달았기 때문이다. 실제로 허수와 복소수의 개념은 수학과 물리학의 수많은 문제들을 해결했다.

그럼 복소수의 크기는 어떻게 비교할까?

실수의 크기를 비교하는 것은 아주 쉽다. 예를 들어 4가 3보다 크다는 것은 한 눈에 알 수 있다. 그런데 과연 두 개의 복소수 $4+3i$와 $3+4i$ 중에는 어떤 수가 더 클까? 이 문제를 풀기 위해 사람들은 노름^{norm}이라는 개념을 도입했다. 복소수의 크기는 $\sqrt{a^2+b^2}$와 같다. 피타고라스의 정리를 아는 사람이라면 노름이 바로 원점에서 복소수 지점까지의 직선거리를 의미한다는 것을 알 수 있다. $4+3i$의 노름은 5이고, $3+4i$의 노름도 5이므로 결국 두 복소수의 크기는 같다.

1차원 복소평면에서의 회전 효과는 앞에서 살펴본 2차원 실수평면에서의 회전 효과와 사실상 동일하다. 그리고 이러한 회전은 전체 노름이 1인 복소수들로 구성된 군을 형성한다. 계산 법칙은 곱셈이고, 노름이 1인 복소수를 서로 곱하면 1이 나오므로 폐쇄 공리를 만족한다. 그 밖에도 결합, 항등원($1+0i$), 역원의 공리뿐만 아니라 원소의 연속성을 만족하므로 리 군에 해당한다. 노름이 1인 1차원 복소수의 회전군은 $U(1)$이라고 부른다.

$U(1)$와 $R(2)$의 효과는 동일하다.

$R(2)$는 $R(3)$으로 또 한 번 확장될 수 있다.

톰슨이 이번에는 책상 위에 놓인 종이를 두꺼운 책으로 바꾸고, 책의 한쪽 모서리를 잡고 360도 공간 안에서 임의로 회전했다. [그림 8-5]처럼 책의 한쪽 모서리는 고정된 채로 나머지 부분만 자유 공간에서 회전시킨 것이다. [그림 8-5]에서 점선으로 그려진 책은(한쪽 모서리는 고정되어 있다는 전제하에) 임의의 한 위치에 놓여 있고(한쪽 모서리는 고정되어 있다는 전제하에), 이는 책을 x축, y축, z축을 따라 각각 일정한 각도만큼 회전하면 점선의 위치에 도달할 수 있다는 의미를 나타낸다.

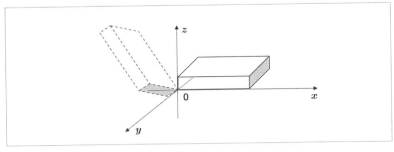

[그림 8-5]

이렇게 회전하는 책은 3차원 실수 공간의 회전군을 형성한다. 책이 놓인 모든 위치는 군의 원소가 되고, 각각 x축, y축, z축을 따라 일정한 각도만큼 회전하며 계산 법칙을 구성한다. 그리고 이러한 군은 $R(3)$이라고 불린다. $R(3)$이 군의 정의에 부합하는지 궁금하다면 직접 한 번 검증해 보기를 바란다.

$U(1)$와 $R(2)$의 효과는 동일하다. 그럼 과연 $R(3)$와 $SU(2)$, 즉 2차원 복소구면의 효과도 동일할까? 이를 알아보기 위해서는 상당히 복잡한 계산 과정이 필요하므로 톰슨은 소피아에게 결론만 물어보기로 했다. 소피아는 두 개의 군이 기본적으로는 효과가 같다고 설명했다. 여기서 '기본적으로'라고 말한 이유는 둘 사이에 약간의 차이가 존재하기 때문

이다. $R(3)$은 360도를 회전하고 나서 처음 위치로 돌아올 수 있지만, $SU(2)$는 720도를 회전해야만 처음 위치로 다시 돌아올 수 있다.

$SU(2)$와 $R(3)$의 효과는 기본적으로 동일하다.

그런데 이처럼 작은 차이도 물리학에서는 굉장히 중요하다. 6.2.9절에서 라그랑지언에 대해 알아봤다. 라그랑지언의 중요한 의미는 미시 입자가 변화할 때 라그랑지언이 보존됨으로써 미시 입자의 에너지, 총 각동량, 궤도 각동량이 보존될 수 있게 해준다는 데 있다.

물리법칙의 대칭성이 수학의 형식에서는 라그랑지언 함수 혹은 해밀 토니안의 어떤 변환에 대한 불변성으로 나타난다. 모든 변환은 수학에서 대부분 '군'으로 정의되므로 물리학자들이 대칭성을 연구할 때 가장 중요하게 생각하는 부분이 바로 이 군론이다.

그럼 '군론'의 세계를 조금 더 자세히 파헤쳐보자.

8.3
천재 소년

8.3.1 갈루아의 이야기

일원 1차 방정식 $x+a=b$의 해가 $x=b-a$라는 것은 한눈에 알 수 있다. 일원 2차 방정식 $x^2+2ax=b$도 어렵지 않게 풀 수 있다. 이 방정식의 근은 $x=\pm\sqrt{b+a^2}-a$이다. 그럼 이제 일원 3차 방정식 $x^3+px^2+qx=w$를 풀어보자. 일원 3차 방정식은 일원 2차 방정식보다 난이도가 훨씬 높다.

옛날 사람들은 일상생활에서 2차 방정식을 놓고 머리 아프게 씨름할 일이 거의 없었고, 3차 방정식의 경우에는 아예 접할 기회조차 없었다. 하지만 16세기 이탈리아 사람들은 조금 특이했다. 그들은 누가 먼저 3차 방정식을 풀 수 있는지 시합을 해서 가장 먼저 문제를 푼 사람에게 상을 주고는 했다. 당시 이탈리아에는 축구나 농구스타처럼 방정식을 잘 풀어서 유명해진 스타들이 있었는데, 타르탈리아도 그중 한 명이었다. 타르탈리아는 거의 모든 시합에서 우승을 거머쥐며 이탈리아에서 큰 명성을 날렸다.

멀리서 이 소식을 듣게 된 카르다노는 수소문 끝에 타르탈리아를 찾아갔다. 카르다노는 그에게 방정식의 해법을 알려달라고 간청하며 다른 사람들에게 절대 누설하지 않겠다고 약속했다. 하지만 과연 이러한 약속을 믿을 수 있을까? 타르탈리아는 1539년 카르다노에게 자신의 해법을 알려줬다. 그런데 카르다노는 타르탈리아와의 약속을 저버리고 1545년 『아르스 마그나(위대한 술법)』이라는 책에 그의 3차 방정식 해법을 공개했고, 이로써 3차 방정식 근의 공식은 '카르다노 공식'으로 불리게 되었다. 사실 카르다노 공식은 세 개의 해법 중 하나일 뿐이며, 1732년 오일러가 3차 방정식의 모든 해법(허수의 근 포함)을 완성했다.

3차 방정식 근의 공식(카르다노 공식)은 [그림 8-6]과 같다.

$$x_1 = \sqrt[3]{-\frac{q}{2} + \sqrt{\left(\frac{q}{2}\right)^2 + \left(\frac{p}{3}\right)^3}} + \sqrt[3]{-\frac{q}{2} - \sqrt{\left(\frac{q}{2}\right)^2 + \left(\frac{p}{3}\right)^3}}$$

$$x_2 = \omega\sqrt[3]{-\frac{q}{2} + \sqrt{\left(\frac{q}{2}\right)^2 + \left(\frac{p}{3}\right)^3}} + \omega^2\sqrt[3]{-\frac{q}{2} - \sqrt{\left(\frac{q}{2}\right)^2 + \left(\frac{p}{3}\right)^3}}$$

$$x_3 = \omega^2\sqrt[3]{-\frac{q}{2} + \sqrt{\left(\frac{q}{2}\right)^2 + \left(\frac{p}{3}\right)^3}} + \omega\sqrt[3]{-\frac{q}{2} - \sqrt{\left(\frac{q}{2}\right)^2 + \left(\frac{p}{3}\right)^3}}$$

$$\omega = \frac{-1 + \sqrt{3}\,i}{2}$$

[그림 8-6]

일원 4차 방정식은 차수는 3차 방정식보다 높지만 제곱근을 활용하면 오히려 2차 방정식보다 쉽게 풀 수 있다. 4차 방정식은 이탈리아의 수학자 페라리가 일반 방정식의 해법을 발견했다.

카르다노 3차 방정식과 4차 방정식의 공식은 굉장히 복잡한 형태를 띤다. 하지만 여기에서는 복잡한 풀이에 중점을 두지 않을 것이다. 대신 우리가 눈여겨봐야 할 점은 1차 방정식, 2차 방정식, 3차 방정식, 4차 방정식의 근(또는 방정식의 해)이 모두 계수의 조합으로 이루어져 있다는 사실이다! 즉, 계수의 더하기, 빼기, 곱하기, 나누기의 조합으로 이루어져 있다는 의미다.

예로부터 방정식의 풀이에 참여한 수학자와 수학 애호가들은 부지기수였지만 방정식의 해를 계수의 조합으로 바라보고 이와 관련된 새로운 학문을 창시한 사람은 단 한 명뿐이었다. 바로 프랑스의 천재 수학자 갈루아다. 갈루아는 '군론'이라고 부르는 새로운 학문을 창시했다.

갈루아는 1811년 파리 근교에서 태어났다. 그는 고등학교 때 이미 수학의 매력에 푹 빠져 오로지 수학 공부에만 몰두했고, 다른 과목에는 전혀 흥미를 느끼지 못했다. 학교에서는 그를 특이하고 독창적인 사고를 가졌지만 폐쇄적인 학생이라고 평가했다. 갈루아는 고등학교 때 혼자서 르장드르의 『기하학 원리』와 라그랑주의 『대수 방정식 해법』, 『함수론 분석』, 『미적분 강좌』 등의 책을 독학했으며, 이들 중 대부분은 오늘날 대학교에서 다루는 내용이다. 그는 18살이 되던 해 대수 방정식의 일반 해법을 발견했고, 이러한 성과를 담은 논문을 프랑스 과학 아카데미에 전달했다. 당시 논문 심사를 담당한 사람은 프랑스의 또 다른 수학자 코시였는데, 그가 갈루아의 논문을 분실하면서 천재 소년의 성과는 그대로 묻히게 되었다.

1832년, 21살이 된 갈루아는 (5차 이상의)다항 방정식의 근의 공식이 없다는 사실을 증명했다. 1차, 2차, 3차, 4차 방정식의 풀이에 사용한 방법을 5차 이상으로 확장할 수 없으며, 5차 방정식은 계수의 조합으로 해를 구하는 것이 불가능하다는 것이다. 물론 그렇다고 5차 이상의 방정식에 해가 없다는 뜻이 아니라, 다만 이전에 사용한 방법이 더 이상 통하지 않는다는 의미다.

갈루아의 결론은 특별할 것이 없어 보이지만, 이것이 바로 수학의 매력이다. 갈루아 이전에도 많은 수학자들이 5차 방정식을 풀기 위해 시도해 봤지만 풀리지 않았다. 그래서 근의 공식을 구할 수 없다는 사실을 어렴풋이 알기는 했지만 이를 확실히 증명하는 것은 상당히 어려운 일이었다. 갈루아는 그들의 시행착오를 뛰어넘어 더 높은 차원으로 발돋움했고, 군을 형성하는 방법으로 증명을 하는 데 성공했다. 이후 그가 창시한 군론은 수학과 물리학에서 다양하게 응용되고 있다.

하지만 이처럼 대단한 성과를 남긴 천재 소년은 상당히 안타까운 최후를 맞이했다. 갈루아는 프랑스의 대혁명 시기를 살았고, 혈기 왕성한 청년이었던 갈루아는 혁명군에 가입했다가 혁명의 주요 인사로 주목되어 감옥에 갇히게 된다. 감옥에서 나온 뒤에는 한 아름다운 무용수와 사랑에 빠졌다가 '사랑의 결투'에 휘말리게 되었고, 결국 21살의 젊은 나이에 결투장에서 총을 맞고 세상을 떠났다. 갈루아가 세상을 떠나고 11년 뒤, 수학자 리우빌이 그의 논문의 가치와 독창성을 알아봤고, 갈루아의 모든 연구 성과를 정리해 세상에 발표했다. 그리고 그제야 이 비운의 천재는 세상에 이름을 알리게 되었다.

갈루아는 인생의 5년이라는 짧은 시간 동안 획기적인 업적을 남긴 것을 물론, 중요한 수학의 분파를 창시하기도 했다. 만약 그에게 더 많은 시간이 허락되었다면 가우스나 오일러와 같은 수학자들보다 훨씬 뛰어난 성과를 남겼을지도 모른다.

그럼 이제 갈루아가 어떻게 결론에 도달했으며 군론이란 무엇인지에 대해 조금 더 자세히 알아보도록 하자.

8.3.2 동형

동형은 군론에서 가장 중요한 개념이자 유용한 무기다. 갈루아가 어떻게 결론에 도달했는지 알아보기 위해서는 그가 창시한 동형의 개념부터 이해해야 한다.

톰슨이 학교 운동장에서 달리기를 하고 있다고 가정해 보자. [그림 8-7]처럼 운동장에는 400m 트랙이 있다. 톰슨이 움직이지 않고 가만히 서 있으면 그의 위치 상태는 변하지 않는다. 톰슨이 400m 트랙을 한 바퀴 돌아 시작점으로 돌아와도 그의 상태에는 변함이 없다. 여기서 그가 흘린 땀은 고려하지 않는다. 그리고 톰슨이 역방향으로 400m 트랙을 한 바퀴 돌아 시작점으로 돌아와도 여전히 그의 상태에는 아무런 변화가 없다.

[그림 8-7]

자, 그럼 이제 군을 만들 수 있게 된다. '가만히 서 있을 때', '순방향으로 400m 트랙을 돌았을 때', '역방향으로 400m 트랙을 돌았을 때', 이세 가지 조작은 톰슨의 위치 상태를 변화시키지 않고, 대칭 조작에 속한다. 이러한 군을 Q라고 부르기로 하자.

달리기에 지친 톰슨이 이번에는 [그림 8-8]처럼 생긴 이단 평행봉 앞으로 갔다.

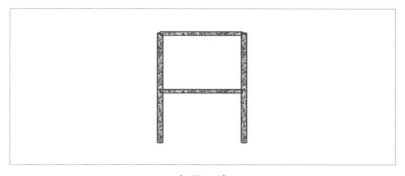

[그림 8-8]

톰슨이 움직이지 않고 가만히 서 있으면 그의 상태는 변하지 않는다. 톰슨이 손으로 평행봉의 아랫단을 잡고 몇 초간 매달렸다가 다시 원래의 지점으로 돌아와도 그의 상태는 변하지 않는다. 또 그가 턱걸이를 하고 다시 원래의 지점으로 돌아와도 그의 상태는 변하지 않는다.

이로써 또 하나의 군이 만들어진다. '가만히 서서 움직이지 않을 때', '평행봉을 잡고 있다가 제자리로 돌아왔을 때', '평행봉에서 턱걸이를 하고 제자리로 돌아왔을 때', 이 세 가지 조작 역시 톰슨의 위치 상태를 변화시키지 않고, 대칭 조작에 속한다. 이 군의 원소는 세 개로, 위의 달리기 군과 동일하다.

군론의 세계에서는 원소가 어떤 형태든 원소의 개수(혹은 계수)가 동일하고, 모든 원소가 대칭 조작하면 두 개의 군을 동형이라고 본다. 두 개의 군이 동형이면 군의 여러 성질 또한 동일하다. 이 점이 얼마나 중요한지에 대해서는 뒤에서 자세히 알게 될 것이다.

달리기와 평행봉의 예는 원소의 개수가 각각 세 개로 아주 적은 편에 속한다. 그럼 이제 [그림 8-9]처럼 원소의 개수가 조금 더 많은 군을 살펴보자.

[그림 8-9]

모양이 같은 다섯 개의 공이 있다고 가정해 보자. 이제 눈을 감고 옆에 있는 누군가에게 이들 중 두 개의 공의 위치를 바꿔보게 한다. 공의 모양이 모두 똑같기 때문에 우리는 눈을 떴을 때 공의 위치가 어떻게 바뀌었는지 알 수 없다. 공의 위치가 바뀐 것은 우리에게 어떤 영향도 미치지 않았으므로 **대칭 조작**에 속한다.

[그림 8-9]는 두 번째 공과 세 번째 공의 위치를 바꾼 것이다. 만약

세 번째 공과 다섯 번째 공의 위치가 바뀌면 어떻게 될까? 상황은 마찬가지다. 두 개의 공의 위치를 변환하는 모든 조작을 하나의 군으로 구성하며, 이를 F_5라고 부르기로 한다. 순열 조합의 개념을 활용하면 F_5는 120계열의 군이라는 사실을 쉽게 알 수 있다. 즉, 군에 120개의 원소가 있거나, 120가지 위치 변환 조작을 할 수 있다는 의미다.

공의 예시는 여기서 잠시 접어두고, 뒤에서 다시 살펴보도록 하자.

8.3.3 체

군이 성립하려면 폐쇄, 결합, 항등원, 역원의 네 가지 조건을 만족해야 한다. 그러나 군의 개념만으로는 5차 방정식을 풀 수 없기 때문에 새롭게 '체'의 개념이 도입되었다. 군의 경우, 대응하는 조작이 모두 인위적으로 지정된 것이다. 이러한 군과 달리 체는 다음과 같은 특별한 요구를 만족해야 한다.

체 안의 원소는 덧셈, 뺄셈, 곱셈, 나눗셈에 대해 닫혀 있다.

다시 말해, 체의 집합은 원소의 사칙연산이 집합의 폐쇄성을 만족해야 한다.

가장 대표적인 체는 유리수 집합이다. 두 개의 유리수를 서로 더하거나, 빼거나, 곱하거나, 나누면 그 결과는 여전히 유리수가 된다. 한편 전체 자연수의 집합은 체를 구성하지 못한다. 왜 그럴까? 예를 들어, 3을 5로 나누면 결과가 자연수가 아니기 때문이다.

그렇다면 유리수체는 방정식의 풀이 요구를 만족할까?

결론부터 말하자면, 그렇지 않다. 예를 들어, 방정식 $x^2 - 2 = 0$의 해는 유리수가 아니라, 무리수 $\sqrt{2}$이다. 여기서 제곱근은 방정식을 푸는 데 아주 큰 도움을 주는 연산이다. 이때 필요한 것은 바로 체의 확장이다. 유리수체 Q안에 $\sqrt{2}$를 삽입하면 확장된 체 $Q(\sqrt{2})$로 변한다.

그런데 여기서 주의할 점은 $x^2-2=0$ 방정식의 해는 $\sqrt{2}$와 $-\sqrt{2}$ 두 개 모두 될 수 있다는 것이다. $-\sqrt{2}$는 $Q(\sqrt{2})$ 안에 있을까? 물론 있다. 유리수체 Q에 원소 0이 있는데, 0에서 $\sqrt{2}$를 빼면 $-\sqrt{2}$가 나오기 때문이다. $\sqrt{2}$를 Q에 놓고 덧셈, 뺄셈, 곱셈, 나눗셈의 사칙연산을 거치면 숫자가 늘어나게 된다. 예를 들면, $3+\sqrt{2}$, $5-\sqrt{2}$ 등이 있으며, 새롭게 늘어난 숫자들은 모두 $Q(\sqrt{2})$ 안에 있다.

$Q(\sqrt{2})$ 안의 $\sqrt{2}$를 $-\sqrt{2}$로 바꿔도 방정식 $x^2-2=0$을 푸는 데 아무 영향이 없다. 방정식은 누군가가 $\sqrt{2}$와 $-\sqrt{2}$를 서로 바꾸었는지 알 수 없기 때문이다. 그러므로 $\sqrt{2}$와 $-\sqrt{2}$는 대칭 조작이고, 교환 전후의 $Q(\sqrt{2})$는 동형이다. 이러한 동형은 새롭게 증가한 원소가 포함되지 않는 특수한 동형으로, '자기동형'이라 불린다. 자기동형이란 한 마디로 체의 '대칭 조작'을 의미한다.

8.3.4 갈루아 군

다음의 방정식을 살펴보자.

$$x^4+2x^2+1=2$$

이 방정식의 근은 총 4개이고, 여기에는 $\sqrt{2}$와 i도 포함된다. 체 $Q(\sqrt{2})$는 이 방정식에 더 이상 사용할 수 없는데, 그 이유는 덧셈, 뺄셈, 곱셈, 나눗셈 그 어떤 연산으로도 허수 i가 나올 수 없기 때문이다. 그래서 $Q(\sqrt{2})$에 대한 확장이 반드시 필요하며, 허수 i를 포함한 $Q(\sqrt{2}, i)$ 새로운 체가 만들어져야 한다.

$Q(\sqrt{2}, i)$에는 몇 개의 대칭 조작이 존재할까?

톰슨의 400m 달리기 상황을 다시 떠올려보자. 대칭 조작이란 조작이 끝난 뒤, 상태에 아무런 변화가 없는 것을 의미한다. $Q(\sqrt{2}, i)$에는 모두 네 개의 대칭 조작이 존재한다. 첫 번째는 아무 조작도 하지 않는 것, 즉 톰슨이 움직이지 않고 가만히 서 있는 것이다. 두 번째는 체 내의 모든 $\sqrt{2}$와 $-\sqrt{2}$를 교환하는 것이고, 세 번째는 체 내의 모든 i와 $-i$를 교환하는 것이다. 그리고 네 번째는 $\sqrt{2}$와 $-\sqrt{2}$, i와 $-i$을 동시에 교환하는 것이다. 이 네 가지 조작은 모두 $Q(\sqrt{2}, i)$의 자기동형군이다.

위의 네 가지 동형군 중에서 두 가지, 즉 첫 번째 조작(아무 조작도 하지 않는)과 세 번째 조작(i와 $-i$)은 $Q(\sqrt{2})$를 변화시키지 않으며, 이러한 동형군을 갈루아군이라 부른다. 다시 말해, 갈루아 군은 체의 확장 과정에서 원래의 체를 유지하고 변하지 않는 동형군을 의미한다.

8.3.5 특수 제작된 시계

갈루아군을 조금 더 잘 이해하기 위해 [그림 8-10]과 같이 특수 제작된 시계 이미지를 가져와 봤다.

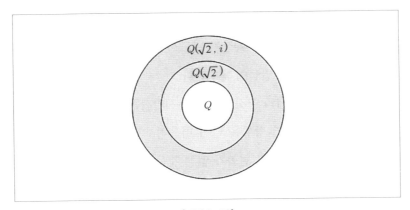

[그림 8-10]

이 시계는 여러 바퀴로 제작된 특수한 시계다. 가장 안쪽 바퀴를 통해서는 시간을 확인하고, 중간 바퀴를 통해서는 원거리 대화를 나눌 수 있으며, 가장 바깥쪽 바퀴에는 레이더가 있어 주변의 적을 스캔할 수 있다. 그리고 이 시계는 도난 방지를 위한 특수한 설정이 되어 있어, 조작을 잘못하면 경고음이 울리거나 작동을 멈춘다. 움직이지 않거나, 바깥층을 대칭으로 회전하거나, 안쪽 층을 움직이지 않게 유지하는 경우에만 경고음이 울리지 않는다.

유리수체 Q를 $Q(\sqrt{2})$로 확장하는 과정에서 두 가지 조작, 즉 아무것도 하지 않는 조작과 $\sqrt{2}$와 $-\sqrt{2}$를 교환하는 조작은 $Q(\sqrt{2})$의 대칭 조작과 Q에 영향을 주지 않는다. 이 두 가지 조작은 움직이지 않거나, 대칭으로 중간의 한 바퀴를 회전하고, 가장 안쪽 바퀴는 움직이지 않게 유지하는 조건을 만족한다.

마찬가지로 $Q(\sqrt{2})$를 $Q(\sqrt{2}, i)$로 확장하는 과정에서 두 가지 조작,

즉 아무것도 하지 않는 조작과 i와 $-i$를 교환하는 조작은 $Q(\sqrt{2}, i)$의 대칭 조작과 $Q(\sqrt{2})$에 영향을 주지 않는다. 이 두 가지 조작은 움직이지 않거나 가장 바깥층을 대칭으로 회전하고, 안쪽의 한 바퀴와 중간의 한 바퀴가 움직이지 않게 유지하는 조건을 만족한다.

이처럼 시계의 경고음을 울리지 않게 하는 조작은 모두 갈루아군에 대응한다.

그럼 이제 경고음을 울리지 않게 하는 것에만 만족하지 말고 시계를 직접 사용해 보도록 하자. 특수 제작된 시계의 기능을 사용하는 방법은 바깥층만 대칭 회전하고, 안쪽 층은 움직이지 않게 유지하는 것이다.

하지만 때때로 시계에 예상치 못한 현상이 발생하기도 한다. 예를 들면, 너무 오래 사용해서 녹이 슬어 더 이상 돌아가지 않는 경우다. 다음과 같은 예시를 살펴보자.

[그림 8-10]을 그대로 활용하되, 이번에는 $Q(\sqrt{2})$를 $Q(\sqrt[3]{2})$으로 바꿔보자. 바꾼 이후에는 더 이상 2의 제곱근이 아니라 2의 세제곱근이며, 이 체에 대응하는 방정식은 $x^3 - 2 = 0$이다. 제곱근 2였을 때는 $\pm\sqrt{2}$가 모두 방정식의 해였지만, 이번에는 해가 $\sqrt[3]{2}$ 하나밖에 될 수 없다. $\sqrt[3]{2}$은 교환할 수 없는 다른 수가 없으므로 움직이지 않는 조작 외에 대칭 조작이 없다. 다시 말해, 특수 제작된 시계가 돌아갈 수 없다는 의미다.

그런데 멈춰버린 시계를 다시 돌아가게 만들 수 있는 윤활유가 있다. 바로 $Q(\sqrt[3]{2})$ 안에 두 개의 복소수근을 넣어주는 것이다. 이렇게 모든 다항식의 근을 포괄하고, 각각의 근이 중첩되지 않게 확장되는 것을 갈루아 확장이라고 부른다.

8.3.6 핵심 사상

이제 드디어 5차 방정식을 풀 수 있는 준비가 되었다.

만약 5차 방정식에 근의 공식이 존재한다면, 이 공식은 유리수를 기반으로 $\sqrt{2}$, $\sqrt[3]{2}$와 같은 무리수를 계속 더해가는 형태로 구성되어 있었을 것이다.

2차 방정식, 3차 방정식 근의 공식의 계수는 교환이 가능하다. 예를 들어, 방정식 $x^2 - 2 = 0$은 두 개의 해 $\sqrt{2}$와 $-\sqrt{2}$를 서로 교환할 수 있고, 방정식 자체는 이러한 교환 조작을 알 수 없다. 3차 방정식 근의 공식인 카르다노 공식을 다시 자세히 살펴보면, 상당히 높은 대칭성을 발견할 수 있다.

5차 방정식도 마찬가지다. 방정식의 해에 대응하는 체에 무리수를 제한적으로 더해나가다 보면 교환율(교환 조작을 허용)을 만족할 수 있다. 그러므로 만약 5차 방정식에 근의 공식이 존재한다면 방정식의 해가 있는 M체는 유리수체의 체 확장으로 얻을 수 있고, Q에서 M의 체 확장을 유한한 몇 단계(각 단계에 $\sqrt{2}$와 같은 무리수를 더한다)로 나누어 각 확장 단계의 갈루아군이 교환율을 만족하게 할 수 있다.

M체가 이러한 요구를 만족한다면 Q에서 M의 체 확장에 대응하는 갈루아군을 가해군이라고 부른다. 즉, Q에서 M으로 확장시키는 하나의 사슬을 찾을 수 있어야 한다.

대수의 기본 정리에 의하면 5차 방정식에는 다섯 개의 근이 있고 이러한 근들을 임의로 교환할 수 있다. 방정식이 보기에 이러한 근들은 모두 똑같이 생겼다. 앞에서 예로 들었던 모양이 같은 다섯 개의 공이 떠오르지 않는가? 그렇다. 그럼 이것이 바로 동형의 개념이 아닐까? 그렇다. Q에서 M으로 확장되는 체에 대응하는 갈루아 군은 F_5(다섯 개의 구슬 예시에 F_5의 정의가 나와 있다)라는 것을 알 수 있다.

하지만 F_5은 아무 조작도 하지 않거나 그 자체를 제외하고는 하나의 중간 사슬(모든 F_5의 짝수 치환으로 이루어진 군)밖에 없으며 이 중간 사슬은 교환율을 만족하지 않는다.

이러한 결론을 어떻게 알았을까? 약간의 설명을 덧붙이자면, 중간 사슬이 하나밖에 없다는 것을 확인하기 위해 Q에서 M으로 확장되는 복잡한 과정을 모두 연구할 필요 없이 모양이 같은 다섯 개의 공이나 심지어는 더욱 간단한 F_5와 같은 그의 동형군만 연구하면 된다. 이것이 바로 동형의 위력이다.

그럼 중간 사슬이 교환율을 만족하지 않는다는 것은 어떻게 알았을까? 마찬가지로 동형군에 대한 간단한 연구만으로 이러한 결론을 확인할 수 있다. 그런데 사실 대부분의 군은 교환율을 만족하지 않으며 아벨군과 같은 아주 소수의 군만 교환율을 만족한다.

자, 그럼 지금까지 살펴본 대략적인 내용으로 다음과 같은 결론을 내릴 수 있다.

Q에서 M의 확장은 **'체의 확장을 유한한 몇 단계(각 단계에 $\sqrt{2}$와 같**

은 무리수를 더한다)로 나누었을 때, 각 확장 단계의 갈루아군이 교환율을 만족할 수 있게 한다'는 요구를 만족하지 못하므로 5차 방정식의 근의 공식이 존재하지 않는다.

이상의 내용을 바탕으로 갈루아는 5차 방정식의 근의 공식이 존재하지 않는다는 결론을 내렸다. 더욱 자세한 증명 과정을 알고 싶다면 갈루아의 저서를 참고하기를 바란다.

지금까지 일련의 사고 과정을 통해 군론과 동형의 위대함뿐만 아니라 교환율의 희소성 그리고 대칭의 중요성까지 이해하게 되었다. 인류는 또한 동형이라는 대단한 무기 덕분에 입자 물리학의 심오한 원리를 이해할 수 있게 되었다.

대칭과 게이지

자연 과학의 발견은 대부분 물리학과 수학의 결합으로 이루어진다. 때로는 물리학이 앞서 나가고 수학이 자연 원리에 따라 일련의 도구를 제공하는 형태로 이루어지지만, 대부분의 경우는 수학이 앞서 나가며, 수백 년 동안 봉인되어 있던 수학 이론들이 후세에 큰 빛을 발휘하기도 한다. 가장 대표적인 예는 상대성 이론에 리만 기하학이 응용된 것이다. 비슷한 예로, 군론이 19세기에 탄생하고 약 백 년 후 군론을 핵심 내용으로 하는 수학 이론인 게이지 이론이 탄생했다.

게이지 이론은 상대성 이론과 더불어 이론에서 출발해 실험으로 검증된 몇 안 되는 이론 중 하나다. 기타 대부분의 물리학 이론은 실험 결과를 바탕으로 탄생한 것이다. 예를 들어, 갈릴레이는 피사의 사탑 실험을 통해 자유 낙하 이론을 제시했고, 케플러는 행성의 운동 법칙을 바탕으로 운동 법칙을 정리했다. 하지만 게이지 이론은 자연 법칙의 가장 심오한 철학에서 출발해 여러 가지 가설을 제시하고 최종적으로 실험으로 증명되었다.

게이지 이론은 1954년 중국계 미국인 물리학자인 양전닝과 그의 제자인 로버트 밀스가 함께 발표한 이론으로 양-밀스 게이지 이론이라고도 불린다. 게이지 이론은 약한 상호작용과 강한 상호작용 관련 이론에서 핵심적인 역할을 하며 20세기 후반 가장 위대한 표준 모형 이론으로 자리 잡았다.

8.4.1 게이지 원리

[그림 8-11]과 같은 모양의 전선이 있다고 가정해 보자. 전선의 한쪽 끝의 전압은 20V이고, 다른 한쪽 끝의 전압은 0V라면 전자는 왼쪽에서 오른쪽으로 흐를 것이다.

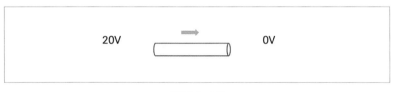

[그림 8-11]

이 전선을 바닥에 놓았을 때 전류의 강도와 저항과 같은 매개 변수는 전선을 천장에 놓았을 때와 차이가 없다. 바꿔 말하면, 전류가 따르는 물리 법칙은 시공간의 변화에 따라 변하지 않는다는 의미다. 더 나아가 전자기 현상의 물리 법칙은 좌표계의 변화에 따라 변하지 않는다.

조금 더 흥미로운 예시를 살펴보자. 어느 산자락에 사람들이 일요일마다 예배를 드리러 찾아가는 교회가 하나 있었다. 이 교회 건물에는 사람들이 잘 알지 못하는 한 가지 특징이 있는데, 그건 바로 건물 바닥이 완전한 수평이라는 점이다. 물론 이것은 이 교회 건물을 세운 건축가의 정밀한 측정 덕분이었다.

그런데 어느 날 교회 건물이 [그림 8-12]처럼 감쪽같이 산 정상으로 옮겨져 있는 게 아닌가! 여기서는 누가 어떻게 건물을 옮겼는지에 대해서는 일단 고려하지 않고, 최종 상태만 보기로 하자. 교회 신도들은 이 상황이 매우 어리둥절하겠지만 그들이 외우는 기도문이나 교회의 모양에는 아무런 변화가 없으며 교회 건물의 바닥 역시 매끄럽고 평평한 수평 상태를 계속 유지하고 있다.

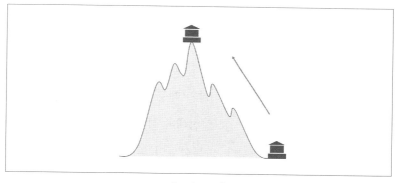

[그림 8-12]

위의 두 가지 예시에 대한 분석은 뒤에서 자세히 설명하도록 하겠다.

1950년대 아인슈타인의 상대성 이론은 이미 많은 사람들의 관심을 받고 있었다. 상대성 이론의 보편적인 세계관 중 하나는 물리 법칙이 좌표계의 변화에 따라 변하지 않는다는 것이다. 즉 좌표계의 변화로 인해 공변하지 않는다는 뜻이다. 이처럼 물리 법칙이 시공간 좌표의 변화에 따라 변하지 않는 것은 물리학계의 보편적인 인식이다.

입자 물리학은 주로 양자 역학이 이끌어가는 학문이므로 양자 역학 파동함수의 법칙을 따라야 한다. 다음의 슈뢰딩거 방정식을 살펴보자.

$$-\frac{\hbar^2}{2m} \nabla^2 \psi + V\psi = E\psi$$

ψ는 파동함수를 나타내고, ψ의 제곱에 $dxdydz$(단위부피를 나타냄)를 곱하면 단위부피 내에서 입자의 발견 확률을 구할 수 있다. 방정식 좌변의 첫 번째 항은 입자의 운동 에너지를, 두 번째 항은 입자의 위치 에너지를, 그리고 우변은 입자의 총 에너지량을 나타낸다.

이제 위에서 언급한 전선과 교회의 예시를 다시 살펴보자. 물리 법칙은 시공간 좌표가 변해도 변하지 않기 때문에 파동함수의 위상이 바뀌어도 슈뢰딩거 방정식은 반드시 성립해야 한다. 파동함수는 복소 변수 함수로, 매개 변수가 복소수다. 파동함수의 위상을 변화시키려면 $e^{i\theta}$[5]을 곱하기만 하면 된다.

시공간 어느 한 지점의 ψ는 복소수이고, 화살표가 원점을 기준으로 원운동을 하는 것과 같다. 또한 협각의 변화는 사실 위상의 변화를 나타내며, 노름은 영원히 변하지 않는다. 물리학자들은 노름의 크기를 통해 시공간 어느 한 지점에서 입자를 발견할 확률을 판단한다.

만약 θ가 상수라면 비교적 쉽게 해결할 수 있다. θ가 상수일 때 슈뢰

5) 300년 전, 수학자 오일러가 다음과 같은 오일러 공식을 발표했다. e^{ix}=cos$x$+$i$sin$x$ 등식 좌변은 실수-허수 평면의 하나의 원이고, cos$x$는 실수측, 그리고 $i$sin$x$는 허수측의 투영이다. 마찬가지로 등식 우변의 e^{ix}도 하나의 원으로 x는 원의 협각이다.

딩거 방정식의 파동함수에 상수 $e^{i\theta}$을 곱한 후, 고등 수학의 방법을 사용해 방정식이 성립함을 증명할 수 있다. 일반적인 예를 들어 설명하자면, θ가 상수라는 것은 전선의 예시에서 왼쪽 끝과 오른쪽 끝에 동시에 전압을 가하는 것과 같다. 만약 왼쪽 끝에 전압을 20V에서 24V까지 올리고, 오른쪽 끝에 전압을 0V에서 4V까지 올리면 전선 안의 전류는 아무런 변화도 생기지 않는 셈이다.

조금 극단적인 예를 살펴보자. 어떤 과학 실험에 미친 남자가 자기 몸에 직접 실험해 보기로 했다. 그는 녹색 널빤지 위에 누워 왼손과 오른손으로 각각 220V 전류가 흐르는 전선을 잡았다. 그런데 놀랍게도 남자에게는 아무 일도 생기지 않았다. 양쪽에 똑같이 220V 전류가 흐르고 있었기 때문에 남자의 몸에 전류가 통하지 않은 것이다!

마지막으로 산 정상으로 옮겨진 교회의 예시를 살펴보자. θ가 상수라는 것은 교회 바닥이 동시에 같은 높이로 상승했다는 의미로, 예를 들면 0m 높이에서 산정상의 300m 높이까지 올라간 것이다. 물론 교회 바닥은 여전히 완전한 수평을 유지하고 있으므로 신도들은 아무 변화도 느끼지 못한다.

지금까지는 모든 문제가 순조롭게 풀리는 것처럼 보인다. 그러나 양전닝의 생각은 조금 달랐다. 그는 이 과정에서 한 가지 문제점을 발견했다.

자연 법칙은 좌표가 변해도 변하지 않는다는 성질은 아무 문제가 없어 보인다. 하지만 자연 법칙이 변하지 않게 하기 위해 시공간의 모든 좌표에 인위적으로 일치된 변화를 요구하는 것(전체적인 변화에 버금가는)은 생각해 보면 합리적이지 않다. 예를 들어, 교회 건물의 동쪽 바닥이 300m 상승할 때 서쪽 바닥은 동쪽 바닥이 상승한 높이를 곧바로 알 수 없다.

1905년 아인슈타인은 특수 상대성 이론을 발표하면서 광속을 초월할 수 없는 속도라고 표현했다. 마찬가지로 정보의 전달(양자의 얽힘은 고려하지 않는다) 속도 역시 광속을 초월할 수 없다. 그러므로 동쪽 바닥과 서쪽 바닥은 '순간 통신'이 불가능하기 때문에 300m 높이를 동시에 올라가는 것은 불가능하다. 즉, 논리적으로 생각해 보면 동쪽과 서쪽 바닥의 변화의 폭은 같을 수 없고, 교회의 모양에는 변형이 생길 수밖에 없다. 결국 교회 신도들은 이러한 변화를 감지하게 된다.

교회의 예시를 통해 설명하려고 하는 내용은 θ를 상수로만 보는 것은 무리가 있고, 실제로는 θ를 공간 좌표와 시간 좌표에 따라 변하는 변수 즉, $\theta(x,\ y,\ z,\ t)$로 봐야 한다는 것이다. 물론 변수로서 θ는 슈뢰딩거 방정식을 반드시 만족해야 한다.

전체적인 변화에 대한 불변성은 물론 좋은 일이며, 물리 법칙은 서로 다른 좌표계의 불변성을 만족해야 한다. 파동함수의 경우를 봐도 전체적인 위상 변화에 대한 불변성은 좋은 일이다. 다만 양전닝은 이러한 요구가 다소 지나칠 수 있다고 지적했다. 특히 대자연은 이러한 전체적인 변화에 대한 불변성에 동의하지 않는다. 자연의 법칙에는 전체적인 변화가 아닌 국소적인 변화에 대한 불변성이 더 적합하다.

그런데 문제는 지금부터다. θ가 시공간 좌표 변화에 따라 변하고, 여기에 슈뢰딩거 방정식의 파동함수에 $e^{i\theta}$을 곱하고 나면 문제가 복잡해진다. 방정식 좌변의 에너지 연산자 $-\dfrac{\hbar^2}{2m}\nabla^2$에는 2차 편도함수가 존재하는데, 우변에는 편도함수 연산자가 없으므로 방정식이 성립하지 않게 된다. 보통 어디에나 들어맞는 슈뢰딩거 방정식이 성립하지 않는다니, 정말 난감한 일이 아닐 수 없다.

이 문제를 해결하기 위해 1954년 양전닝과 밀스가 논문을 발표하고 게이지 이론을 제시했다. 두 사람은 파동함수에 보정 함수를 더할 필요가 있다고 생각했다.

$$qA(x)\psi(x)$$

위의 식에서 $\psi(x)$는 파동함수고, $A(x)$는 보정 요소 함수로 파동함수의 위상 변화로 인한 영향을 상쇄하는 역할을 하며, q는 상수를 나타낸다. 여기서 보정 함수(혹은 보정항)만 있으면 문제는 훨씬 간단해진다. 변화로 인해 파동함수 방정식이 성립하지 않을 때 '오류'를 상쇄해 방정식이 성립하도록 도와주기 때문이다. 이런 경우 파동함수 방정식은 전체 및 국소 게이지 불변성을 동시에 만족하며, 서로 다른 시공간에서 위상의 변화는 방정식의 성립에 영향을 주지 않는다. [그림 8-13]을 살펴보자. 교회의 예시에서 보정 항의 역할은 미세한 조정이다. 예를 들면, 교회의 동쪽 바닥이 300m 상승하고, 서쪽 바닥이 200m 상승했을 때 보정항의 역할은 서쪽 바닥을 100m 더 높여주는 것이다. 이로써 교회는 다시 완전한 수평을 되찾고 안정적인 상태를 유지할 수 있게 된다.

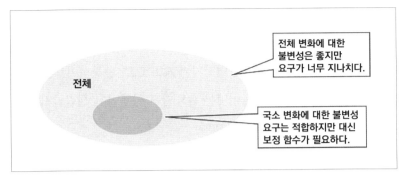

[그림 8-13]

양전닝과 밀스가 제시한 게이지 이론을 정리하면 다음과 같다.

'파동함수는 전체 및 국소 변화에 대한 불변성을 유지한다.'

지금까지 게이지 이론의 정의와 국소 게이지 변환에 대한 불변성, 그리고 보정항 $qA(x)\psi(x)$의 필요성 등을 알아봤다. 다만 여기서 '변환'이 무엇을 의미하는지는 아직 명확히 이해하지 못했다.

입자 물리학에서 '변환'이란 어떤 장(전기장, 약한 상호작용력장 등)의 위상이 변하는 상황에서, 정확히 말하면 국소 게이지 위상에 변화(게이지 변환)가 있을 때 라그랑지언과 운동 방정식이 보존되는 것을 의미한다. 위상 변환은 방금 설명했듯이 파동함수 $\psi(x) \rightarrow e^{ia}\psi(x)$이고, e^{ia}을 더하면 파동함수가 일정 각도 회전하거나 위상이 조정된다.

그럼 라그랑지언과 운동 방정식의 불변성에 대해 조금 더 알아보자. 라그랑지언은 입자 체계의 운동 에너지에서 입자 체계의 위치 에너지를 뺀 연산자고, 최소 작용력이라고도 한다. 파동함수의 위상을 바꾸는 것으로 최소 작용력의 법칙까지 바꿀 수는 없다. 그러므로 게이지 변환에 대해 라그랑지언이 불변하는 것은 당연한 일이다.

운동 방정식이 불변하는 것도 마찬가지다. 운동 방정식은 입자가 본질적으로 따라야 하는 법칙이므로 게이지 변환으로 인해 효력이 사라지지 않는다.

8.4.2 $U(1)$에서 $SU(3)$ 까지

전자기 상호 작용에 대해 게이지 변환은 국소적인 위상 변환만 이루어진다. 톰슨이 손으로 책의 한쪽 귀퉁이를 잡고 평면에서 회전시키던 장면을 다시 떠올려보자. 톰슨은 회전 각도를 0도에서 360도까지 임의로 선택할 수 있다. 톰슨이 평면 위에서 책을 회전시켜 형성되는 군은 $R(2)$이고, $R(2)$은 수학에서 $U(1)$에 해당한다. $U(1)$은 복소평면에서의 회전을 나타내는데, 위상 변환이 곧 회전이 아니던가?

회전하면 곧바로 떠오르는 것이 5차 방정식이다. 앞서 살펴봤던 '동형'의 개념을 떠올려보면 전자기 상호 작용의 위상 조정은 복소평면의 $U(1)$와 동형이라는 것을 이해할 수 있다.

전자기 상호 작용하에 이루어지는 회전은 라그랑지언과 운동 방정식이 보존된다. 이는 대칭 조작이고, 교환이 가능하다는 의미다. 앞서 갈루아가 5차 방정식에 근의 공식이 없다는 사실을 증명하는 과정에서 설명했듯이 교환 가능한 군은 흔하지 않으며, 연속적인 변화 상태에서 교환 가능한 군은 아벨군이라 부른다.

그럼 이제 다음과 같은 결론을 내릴 수 있다.

전자기 상호 작용의 게이지 변환을 결합하면 1차원 리군, 즉 $U(1)$이 형성된다. 이 $U(1)$은 매우 특별하며 게이지 변환에 대해 불변성을 만족한다. 다시 말해 이러한 $U(1)$들은 모두 대칭 조작한다.

교환율을 만족하는 군은 매우 드물다. 이러한 특징을 기반으로 양전닝과 밀스가 제시한 보정항 $qA(x)\psi(x)$을 결합하면 대응하는 방정식의 해를 구할 수 있고, 이러한 해는 정지 질량이 0인 입자, 즉 광자다. 양자 전기 역학은 $U(1)$ 게이지 불변성을 이용해 묘사한 이론으로, 이는 양자 역학보다 한 단계 더 높은 이론이다. 높은 곳에 올라서서 내려다보면 현상을 통해 본질을 파악하는 일이 더욱 쉽다. $U(1)$ 게이지 대칭성을 이용하면 '순' (즉, 전하) 보존을 결정할 수 있고, 전하 보존 법칙을 유도할 수 있다.

전자기 상호작용의 다음 단계는 약한 상호작용이다. 약한 상호작용은 국소 게이지 위상 변화에 대한 불변성뿐만 아니라 아이소스핀 변화에 대한 불변성도 고려해야 한다. 약한 상호작용의 모든 변환을 결합하면 2차원 리군 $SU(2)$이 형성되며, 2차원 리군의 생성자는 모두 세 개다. 게이지 이론의 철학에 따라 이번에는 추가로 세 개의 보정 함수가 필요하다.

$$g_1 W_1(x)\psi_n(x) + g_2 W_2(x)\psi_n(x) + g_3 W_3(x)\psi_n(x)$$

이 방정식의 해는 세 개의 보손에 대응한다(광자가 전자기 상호작용을 전달하는 것처럼 보손은 약한 상호작용을 전달한다).

양전닝과 밀스가 2차 리군을 제시한 시기는 1950년대였다. 방정식의 풀이로 나온 보손의 질량은 0이 아니었는데, 당시 사람들은 광자 외에 정지 질량이 0인 입자를 발견하지 못한 상태였기 때문에 양전닝과 밀스가 제시한 세 가지 게이지 입자는 현실에서 상응하는 대상을 찾지 못하고 오랫동안 묻혀 있었다.

그러다 1960년대 힉스가 자발적 대칭성 붕괴를 제시하며 양-밀스 게이지장의 세 가지 게이지 입자가 의외의 질량을 얻을 수 있고, 이로써 정지 질량이 0이 아니게 된다고 설명했다(힉스 매커니즘에 대해서는 10장에서 구체적으로 알아보도록 하자). 힉스 매커니즘의 등장으로 많은 사람들이 게이지 이론에 관심을 갖기 시작했다.

1967년 와인버그와 살람은 양-밀스 게이지장과 자발적 대칭성 붕괴 매커니즘을 바탕으로 전자기력-약력 통일론, $U(1) \times SU(2)$를 제시했다. 이 중 $U(1)$의 게이지 입자는 광자이고, 전자 작용력을 전달하는 데 사용된다. $SU(2)$의 게이지 입자는 W^+입자, W^-입자, Z입자이고, 약력을 전달하는 데 사용된다. 이처럼 전자기력과 약력을 하나의 방정식으로 통일하면, 이렇게 통일된 이론으로 설명할 수 있다.

1983년 W입자, Z입자가 실험으로 증명되었다. 그리고 이어서 전자기력-약력 통일에 관한 여러 가설들도 실험을 통해 증명되었다.

정지 질량이 0이 아닌 W보손과 Z보손의 발견은 게이지 이론의 위대한 승리로 여겨졌다.

약한 상호작용 문제를 해결하고 나면 그 다음은 강한 상호작용이다. 물리학자들은 강한 상호작용에 대응하는 파동함수 뒤에 여덟 개의 보정 함수를 추가했다. 여덟 개의 보정 함수를 추가하는 이유는 강한 상호작용이 $SU(3)$의 게이지 변화 불변성을 따르기 때문이고, 대응하는 생성자가 여덟 개이므로 여덟 종류의 글루온에 대응한다.

지금까지 게이지 이론은 전자기 작용, 약한 상호작용, 강한 상호작용 방면에서 성공을 거두었다. 강한 상호작용은 약한 상호작용만큼 크게 성공하지 못했는데, 그 이유는 실험실에서 쿼크와 글루온을 분리하는 일이 쉽지 않기 때문이다. 이 내용은 11장에서 더 자세히 다루도록 하겠다.

통일의 길

8.5.1 전자기 통일

옛날 사람들은 비가 오는 날 천둥 번개가 치는 모습 등을 관찰하며 일찍이 전자기 상호 작용을 경험했다. 또 마찰에 의해 전기가 발생하는 현상을 통해 전기를 띠는 물체들 사이에는 서로 끌어당기거나 배척하는 힘이 작용한다는 사실을 깨달았다. 18세기 중엽에 미국의 벤자민 프랭클린은 천둥과 번개를 자세히 연구했고, 전하는 이동하거나 회전할 수 있지만 무에서 유를 창조하거나 저절로 소멸될 수 없다는 전하 보존의 법칙을 제시했다.

19세기 초, 덴마크의 물리학자 외르스테드가 처음으로 전기와 자기의 관계를 발견했다. 외르스테드는 전류가 흐르는 도선이 운동 상태에 있고, 자침이 옆에 있을 때 자침의 남북극이 전류의 방향을 따라 회전한다는 사실을 발견했다. 이는 전류가 어떤 자기 효과를 일으키고, 따라서 외부의 자침과 상호 작용이 발생했다는 의미로 볼 수 있다. 외르스테드는 전기와 발열 그리고 발광 현상이 서로 연관이 있는 것처럼 전기와 자기 사이에도 어떤 중요한 관계가 있다고 생각했다.

이후, 전기 역학의 창시자인 앙페르가 이 내용을 더욱 깊이 연구했다. 서로 판이하게 다른 것처럼 보이는 전기와 자기가 어떻게 서로 연

303

관이 될까? 앙페르는 도선으로 둘러싸인 원통 코일에 전류가 흐르면 자석과 같은 성질을 나타내고 남북극의 개념도 생기며 자성체와 서로 끌어당기거나 배척하는 작용을 한다는 사실에 주목했다. 그는 연구를 통해 분자 전류 이론을 발표했다. 자성 물질 내부에는 무수히 많은 '분자 전류'가 존재하며, 이들은 영원히 소멸하지 않고 닫힌 경로를 따라 흘러 작은 자성체를 형성한다는 것이다.

외르스테드가 '움직이는 전류'가 '자기를 생성'할 수 있다는 사실을 발견한 이후, 영국의 패러데이는 '변화하는 자기장'이 '전기를 생성'할 수 있느냐는 새로운 의문을 제기했다. 1831년 패러데이는 실험을 통해 진동 운동하는 자침 주변에 놓인 도선에 전류 반응이 나타나는 것을 확인했다. 즉, 변화하는 자성체가 전류를 일으킨 것이다. 패러데이는 이를 바탕으로 다음과 같은 전자기 유도 법칙을 정리했다.

$$E = -\frac{\mathrm{d}\Phi}{\mathrm{d}t}$$

이 공식은 폐쇄 회로에서 발생하는 유도 전압 E와 폐쇄 루프의 자속 Φ의 변화율에 비례한다는 의미를 나타낸다.

1873년 맥스웰이 「전자기학 이론」을 발표했다. 그는 기존의 연구 성과들을 바탕으로 전자기학을 집대성하며 고전 역학을 창시한 뉴턴과 같은 지위를 누렸다. 맥스웰은 [그림 8-14]와 같이 간결하면서도 아름다운 방정식의 조합을 통해 전자장의 물리 법칙을 정리했다.

$$\nabla \cdot \vec{D} = \rho$$

$$\nabla \times \vec{E} = -\frac{\partial \vec{B}}{\partial t}$$

$$\nabla \cdot \vec{B} = 0$$

$$\nabla \times \vec{H} = \vec{\delta} + \frac{\partial \vec{D}}{\partial t}$$

[그림 8-14]

맥스웰은 전자기파의 존재를 예견했고, 1888년 헤르츠가 실험을 통해 전자기파의 존재를 증명하며 맥스웰의 전자기장 이론의 성공을 뒷받침했다.

8.5.2 4-페르미온 이론

약한 상호작용은 입자가 분열할 때 나타나는 일종의 상호작용으로 표면적으로 보면 전자의 상호작용과 아무런 관련이 없어 보인다.

하지만 원래 물리학자들이 하는 일이 서로 아무런 관련이 없어 보이는 사물들의 본질을 찾아내고 그 안에 숨어 있는 규칙을 발견하는 것이다.

1930년대 페르미는 중성자 β의 붕괴를 연구하며 4-페르미온 이론을 제시했다. 중성자 β의 붕괴란, 중성자가 전자 중성미자를 흡수하고 자발적으로 붕괴되어 양성자와 하나의 전자로 변하는 과정을 의미한다. 붕괴 과정에서 전자를 방출할 수 있으므로 β 붕괴에 해당한다.

페르미는 중성자 β의 붕괴 과정에서 중성자가 양성자로 변하고, 동시에 중성미자가 전자로 변한다고 생각했다. 중성자와 양성자는 전류

305

와 유사한 전하를 띤 벡터 스트림(V류)을 형성하고, 중성미자와 전자는 또 다른 전하를 띤 벡터 스트림을 형성한다. 네 개의 페르미온의 한 지점에서의 약력은 벡터 스트림과 벡터 스트림의 상호작용으로 볼 수 있으며, 패리티가 보존된다. 페르미는 약력의 힘의 거리가 짧기 때문에 네 개의 입자가 동일한 지점에서 상호작용이 일어났을 거라고 예견했다. 네 개의 입자가 모두 페르미온이기 때문에 이 이론을 4-페르미온 이론이라고 부르게 되었다.

그 이후 파인만과 겔만 등의 인물이 4-페르미온 이론을 더욱 보완하고 개선해 V-A 이론을 만들었다. V-A 이론을 통해 과학자들은 약한 상호작용이란 사실 전하를 띤 입자를 서로 교환하는 과정이라는 것을 이해하게 되었다. 이러한 입자들은 스핀이 1이고, 광자(광자는 전자기력의 전달자다)와 마찬가지로 W^+보손과 W^-보손이라고 불린다. 나아가 누군가는 약한 상호작용과 전자기 상호작용의 메커니즘은 굉장히 유사하기 때문에 둘 사이에는 깊은 연관성이 있을 거라고 주장하기도 한다.

4-페르미온 이론 및 V-A 이론의 가장 큰 문제는 재정렬화가 불가능하다는 점이다. 물리학자에게 재정렬화가 불가능한 이론이란 사실상 무효한 이론이다. 수많은 물리학 방정식에서 고차항의 계산 결과는 무한대로 발산될 수 있고, 이런 경우에는 유한대 항을 이용해 무한대 항을 상쇄할 수 있으며, 이러한 상황을 재정렬화가 가능하다고 부른다. 반대로, 어떤 이론에 무한히 많은 발산 항이 존재한다면 재정렬화가 불

가하다. 재정렬화가 불가능한 이론은 논리적 일관성 요구를 만족하지 못하므로 기본적으로 무효한 이론에 해당한다.

8.5.3 전약 통일 이론

1957년 미국의 물리학자 슈윙거는 약력과 전자기력은 통일된 형태를 갖고 있으며, 힘을 전달하는 보손은 W^+와 W^-라고 주장했다. 슈윙거 이론의 계산 결과 W의 질량이 아주 크게 나타났다.

글래쇼는 스승인 슈윙거의 연구 결과를 바탕으로 전약 통일 이론 연구를 계속 이어나갔다. 슈윙거가 추구했던 현상학적 연구 방법과 달리 글래쇼의 이론은 양-밀스 게이지 이론의 기반 위에 구축되었다. 다시 말해, 그의 이론은 약력의 보정 함수에서 출발한 셈이다. 그 밖에도 글래쇼는 이론 모형에 대한 재정렬화를 위해 노력했다. 1959년 글래쇼는 마침내 약력과 전자기력의 통일 이론을 완성했다. 그런데 글래쇼의 이론을 접한 살람은 일부 계산 과정에 오류가 있는 것을 발견하고, 1961년에 이를 개선한 전약 통일 모형을 발표했다.

전자기 통일 현상을 정리한 맥스웰 방정식과 마찬가지로, 전약 통일 이론에도 [그림 8-15]와 같은 방정식 조합이 있다.

[그림 8-15]의 방정식에서 첫 번째 행은 전자기장을, 두 번째 행에서 네 번째 행까지는 약한 상호작용 중 W^+, W^-, Z 등 입자에 대응하는 게이지장을, 그리고 θ는 와인버그 각을 나타낸다. 이 방정식은 전자기력, 약력이 결합되어 있으며, θ가 선택하는 수치에 따라 전자기력 혹은 약력이 나타나는 현상을 설명한다.

$$A_\mu = \cos(\theta)B_\mu - \sin(\theta)W_\mu^3$$

$$Z_\mu = \sin(\theta)B_\mu - \cos(\theta)W_\mu^3$$

$$W_\mu^+ = \frac{1}{\sqrt{2}}\,(W_\mu^1 + \mathrm{i}W_\mu^2)$$

$$W_\mu^- = \frac{1}{\sqrt{2}}\,(W_\mu^1 + \mathrm{i}W_\mu^2)$$

[그림 8-15]

첫 번째 행의 전자기장은 $U(1)$ 게이지 대칭성을 적용하고, 두 번째 행에서 네 번째 행까지의 약한 상호작용은 $SU(2)$ 게이지 대칭성을 적용하므로 전약 통일 모형은 $U(1) \times SU(2)$ 게이지장을 적용한다.

그러나 전약 통일 모형에는 여전히 한 가지 문제가 남아 있었다. 당시에는 보손의 질량이 0이어야 한다는 보편적인 인식이 있었는데, 이론적으로 계산한 보손 W, Z의 질량이 0이 아니었던 것이다. 다행히 이러한 난제에 봉착했을 무렵, 마침 난부 요이치로, 와인버그, 힉스 등의 인물이 입자의 질량 문제를 해결함으로써 덩달아 이 문제도 쉽게 해결되었다.

당시 과학자들은 물리 법칙의 대칭성을 굳게 믿고 있었다. 입자가 따라야 할 대칭성 법칙 중 하나는 아이소스핀 대칭이고, 아이소스핀이 변할 때 라그랑지언(최소 작용력)은 대칭을 유지하며, 이로써 얻은 계산 결과는 약력의 보손 질량이 반드시 0이어야 했다. 하지만 그 이후 양전닝, 리정다오가 우기성이 보존되지 않는다는 사실을 발견하고, 난부 요이치로가 고체 물리학에서 대칭성이 자발적으로 깨지는 현상을 발견하면서 이제 대칭성은 더 이상 반드시 준수해야 하는 법칙이 아니었다. 또한 1960년대에 힉스 매커니즘이 발표되면서 W입자의 질량이 0이 아닐 수도 있다는 사실이 명확해졌다.

전약 통일 모형의 하이라이트는 중성 흐름의 존재를 예견한 것이다. 1973년 서유럽의 실험 물리학자들이 중심이 되어 2년 동안 140만 장의 구름 상자 사진을 찍었고, 마침내 약한 상호작용 중 중성 흐름의 존재를 발견하며 전약 통일 모형이 증명되었다. 그리고 1979년 와인버그, 살람, 글래쇼 이 세 사람의 이론 물리학자들은 그 해 노벨 물리학상을 수상했다.

8.5.4 GUT^{Grand Unified Theory}

아인슈타인은 말년에 프린스턴 대학교 교정을 거닐며 대자연의 네 가지 힘의 통일 문제에 대해 고민했다. 그는 네 가지 힘을 모두 포함할 수 있는 이론의 틀을 만들고 싶어 했고, 아인슈타인의 이러한 '대통일 이론(GUT)'을 후대의 물리학자들도 끊임없이 연구했다.

대자연의 네 가지 힘은 서로 완전히 다른 것처럼 보인다. 하지만 물리학자들이 주목하는 것은 겉으로 드러나는 현상 뒤에 숨어 있는 본질이다. 겉으로 드러나는 현상이 아무리 복잡해도 그 본질은 대부분 간결하고 단순하다. [그림 8-16]을 살펴보자.

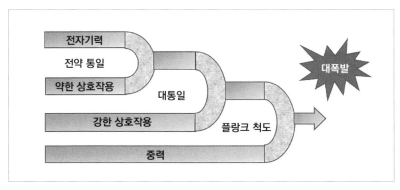

[그림 8-16]

1960년대 약력과 전자기력이 하나의 틀 안으로 통일되었고, 1970년대에는 전약 통일 이론이 실험으로 증명되며 대통일 이론의 중요한 첫발을 내디뎠다. 1970년대 중반 과학자들은 게이지 이론의 틀 안에서 이론적으로 강한 상호작용을 같은 체계로 통합했다. 하지만 강한 상호작용의 통일은 전약 통일만큼 순조롭지 않았다. 강한 상호작용은 근본적으로 '점진적 자유'의 특징을 갖고 있어 쿼크와 글루온을 분리시키는 것이 어려웠고, 실험 조건 역시 W^+, W^-, Z 등 입자를 발견할 때처럼 글루온의 존재를 확인할 수 없었다.

중성자가 자발적으로 β의 붕괴를 통해 양성자로 변하고 전자를 방출한다는 것은 이미 많은 사람들이 알고 있는 사실이다. GUT의 이론에서 예견한 내용 중 하나는 양성자 역시 붕괴될 수 있다는 것인데, 붕괴 이후에 중성자가 아니므로 중입자(양성자, 중성자)의 수가 보존되지 않는다. 그러나 이러한 이론을 검증하는 것은 결코 쉬운 일이 아니다. 양성자의 수명은 약 10^{30}년이어서 아무리 오랜 세월을 기다린다 하더라도 양성자의 붕괴를 보기 힘들기 때문이다. 과학자들은 GUT 이론을 검증하기 위해 땅속에 깊은 굴을 파고 양성자 붕괴를 검사하는 장치를 넣어 놓았지만, 아주 오랜 시간이 흐른 지금까지도 단 하나의 양성자의 붕괴도 관찰할 수 없었다.

현재 이론적으로 강력, 약력, 전자기력 이 세 가지 힘은 게이지 이론을 기반으로 하는 표준 이론으로 통일되었다. 다만 강한 상호작용에 대한 실험 검증은 난이도가 높아 전약 통일 이론처럼 완전한 성공을 거두지는 못했다.

하지만 아직 검증에 성공하지 못했다고 해도 괜찮다. 물리학자들은 여기서 포기하지 않고 중력과 나머지 세 힘을 이론적으로 통일하기 위해 노력했다.

전자기력은 $U(1)$ 게이지 대칭성을 적용하고, 약한 상호작용은 $SU(2)$ 게이지 대칭성을 적용하며, 강한 상호작용은 $SU(3)$을 적용한다. 그렇다면 중력은 $SU(5)$ 게이지 대칭성을 적용할까?

전자기력은 힘의 전달자로 광자가 있고, 약한 상호작용은 W^+, W^-, Z 등 보손이 있으며, 강한 상호작용은 여덟 종류의 글루온이 있다. 이러한 힘들은 원거리 작용을 하지 않기 때문에 두 사물 사이에는 반드시 힘을 전달하는 전달자가 있어야 한다. 그렇다면 중력에도 전달자가 있을까? 과학자들은 우선 이러한 전달자를 중력자라고 가정했다.

여기서 전달자의 개념은 쉽게 이해할 수 있다. 예를 들어, 톰슨이 멀리서 걸어오고 있는 페인 교수를 봤다고 가정해 보자. 페인 교수가 다가오고 있는 것을 보자마자 톰슨의 뇌에서는 악수를 할 준비를 한다. 그러나 10m 넘는 거리에서 악수를 할 수 없으므로 두 사람 사이의 거리가 충분히 가까워질 때까지 기다려야 한다. 그리고 악수를 나누는 그 순간 톰슨과 페인 교수는 상대방의 반작용력을 느끼게 된다. 뉴턴의 운동 제3법칙에 따르면 이러한 작용력은 크기는 동일하고 방향은 상반된다. 물론 톰슨과 페인 교수가 함께 학교 운동회에 참가해 줄다리기 시합을 한다면 두 사람 사이에는 밧줄이라는 힘의 전달자를 통한 원거리 작용이 발생한다. 시합이 끝나고 밧줄이 땅에 떨어지면 톰슨은 더 이상 페인 교수를 전진 혹은 후퇴하게 만들 수 없다. 공상과학영화에 나오는 것처럼 '생각'만으로 물체를 움직이게 하는 그런 일은 현실에 있을 수 없다는 말이다.

이처럼 전자기력, 약력, 강력 이 세 종류의 힘은 모두 자신의 전달자가 있고, 원격으로 상호작용하지 않는다. 그럼 어디에나 존재하는 중력의 작용은 어떻게 설명할까?

상대성 이론에 따르면 중력은 시공간의 휘어짐을 나타내는 것이다. 아인슈타인의 관점에서 보면 중력은 일종의 기하학적인 현상으로, 지구는 측지선을 따라 움직이며, 이 측지선은 태양을 따라 공전하는 궤도다. 상대성 이론의 정확성은 이미 무수히 많은 실험을 통해 검증되었기 때문에 의심할 여지가 없다.

일부 GUT 지지자들은 시공간 기하 형상의 변화도 시공간 장의 물체에 정보를 전달하는 중력자가 필요하다고 주장한다. 예를 들어, 지구에는 '눈'이 없어 태양이 존재한다는 사실을 모르기 때문에 중력자를 매개로 정보를 전달해야 한다는 것이다.

아직까지 중력자는 발견되지 않았다. 중력자의 발견이 화룡점정이 될지 사족이 될지는 아직 미지수다. 하지만 '대통일 이론'을 실현하기 위한 과학자들의 발걸음은 앞으로도 멈추지 않을 것이다. 설령 중력이 $SU(5)$에 부합하지 않고, 중력자가 존재하지 않더라도 말이다.

9장

힉스와 함께
파티에
참석해 봅시다

질량의 비밀

다시 가을이 찾아오고, 톰슨과 소피아는 어느새 3학년이 되었다.

톰슨은 학교에 처음 입학했을 때 몸무게가 70kg 정도의 표준 체형이었다. 하지만 지난 2년 동안 대부분의 시간을 공부하느라 앉아서 보냈고, 평소에 초콜릿과 빵 등의 달달한 간식까지 많이 먹었더니 몸무게가 어느새 80kg에 육박해 있었다. 이제는 소피아 옆에 있으면 웬 곰 한 마리가 서 있는 것처럼 보였다.

"살을 좀 빼는 건 어때?"

소피아가 톰슨에게 조심스럽게 말했다.

"아직 괜찮지 않아?"

톰슨이 자기 몸을 훑어보며 말했다. 가을이 되고 날씨가 쌀쌀해지면서 긴팔, 긴바지를 입었더니 살들이 옷에 가려져 여름보다는 덜 뚱뚱해 보였다.

"체중이라는 건 그저 사람들의 착각일 뿐이야. 신경 쓰지 않아도 돼."

톰슨이 말했다.

"체중이 착각일 뿐이라니, 그게 도대체 무슨 말이야! 체중은 진짜로 있는 거야. 못 믿겠으면 가서 직접 재보자. 체중계는 거짓말을 안 하거든."

소피아는 톰슨이 궤변을 늘어놓으려고 하자 톰슨을 데리고 직접 체중을 재러 갔다. 마침 학교 식당 입구에 커다란 전자저울이 하나 놓여 있었다. 원래는 학교에서 대량으로 구매하는 야채나 식재료 등의 무게를 재기 위해 놓여 있는 것이지만 평소에 많은 학생들이 체중계로 사용했다.

톰슨이 저울 위에 올라가자 곧바로 그의 체중이 표시되었다.

"80kg이라는 건 지구의 저울로 쟀을 때 나오는 수치야. 만약 달에 가면 내 몸무게는 13kg 밖에 되지 않아. 너무 가벼워서 높이뛰기도 문제없을 거야!"

톰슨이 장난스럽게 폴짝 뛰어올랐지만 땅에서 고작 몇 뼘 정도 올라갔다가 이내 묵직한 소리를 내며 떨어졌다.

"네 말대로라면 목성에서는 200kg이 되는 거잖아. 그럼 거기서는 걸어 다니지도 못하겠네!"

소피아가 머리를 바르게 굴려 톰슨의 말을 받아쳤다. 목성은 지구보다 질량이 훨씬 크고, 태양계에서 부피가 가장 큰 행성이다. 목성의 물체가 받는 중력은 지구의 2.5배다.

이렇게 보면 체중은 절대적인 수치가 아니라 [그림 9-1]처럼 중력장에 따라 변하는 상대적인 수치다. 그래서 더욱 정확한 설명을 위해서는 체중이 아닌 질량이라는 매개변수를 사용해야 한다. 뉴턴의 고전 역학에 따르면 질량은 물질이 외부의 힘에 저항하는 능력을 반영한다.

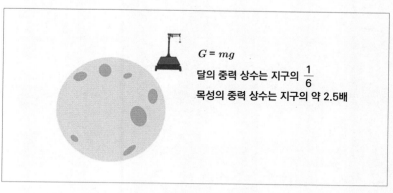

$G = mg$

달의 중력 상수는 지구의 $\frac{1}{6}$

목성의 중력 상수는 지구의 약 2.5배

[그림 9-1]

질량이 작은 물체는 외부의 힘에 의해 운동 상태가 수시로 변할 수 있고, 변화의 폭도 크다. 반대로 질량이 큰 물체는 외부의 힘에 의해 운동 상태가 쉽게 변하지 않고, 변화의 폭도 작다. 만약 질량이 큰 물체가 운동 상태에 놓여 있다면, 물체를 정지시키기 위해서도 굉장히 큰 힘이 필요하다.

톰슨처럼 몸집이 거대한 물체의 질량은 신체 내의 무수히 많은 기본 입자들이 결합해 만들어진 결과이고, 질량의 본질을 이해하기 위해서는 연구 대상을 신체 내의 기본 입자들로 바꿔야 한다.

9.1

엘리베이터에서 터지지 않는 휴대폰

톰슨은 3학년 때부터 수강 시간을 줄이고, 남는 시간에는 4학년 때 제출할 졸업 논문을 준비하기 위해 지도 교수와 함께 과제 연구를 했다. 톰슨과 소피아는 자료 조사를 하러 도서관을 자주 찾았고, 어느 날은 하루 종일 도서관에 머물러 있기도 했다.

그러던 어느 날, 톰슨이 도서관 5층에 있는 자료실에 가기 위해 엘리베이터를 탔다. 그런데 엘리베이터 문이 닫히려는 순간 톰슨의 휴대폰 벨소리가 울렸다. 휴대폰 화면을 확인해 보니 지도 교수의 전화였다. 지도 교수는 학생들에게 굉장히 엄격해서 하루에 잠자는 시간만 빼놓고 16시간 동안은 휴대폰을 꼭 켜놓고 언제든 자신의 전화를 받으라고 요구했다. 하지만 엘리베이터 안에서는 신호가 잡히지 않으니 전화를 받고 싶어도 받을 수 없는 상황이 된 것이다.

그런데 왜 엘리베이터 안에서는 휴대폰 신호가 잡히지 않을까? 통신탑이 너무 멀리 있어서일까? 그런 것 같지는 않다. 엘리베이터 바깥 공간에서는 통신이 원활하지만 일단 엘리베이터라는 '금속 상자'에 들어가면 통신이 끊어지는 것이기 때문이다.

전자기 신호(전자기파)는 광자가 전달되는 과정에서 발생하는 횡파다. 광자의 정지 질량은 0이고, 전자기파는 우주를 자유자재로 이동할 수 있을 만큼 전달 거리가 무한하다. 그러나 광자가 금속으로 둘러싸인 밀폐된 공간을 지날 때는 신기한 일이 벌어진다. 광자의 작용 범위가 1 ㎛ 범위로 축소되는 것이다. 그 이유는 금속으로 둘러싸인 밀폐 공간의 벽면에는 다량의 자유 전자가 존재하기 때문이다. 이러한 자유 전자들이 광자들을 포획해 더 이상 자유롭게 이동할 수 없게 만든다. 바로 이러한 현상 때문에 엘리베이터 안에서 휴대폰 신호가 끊기는 것이다.

또 다른 상황을 살펴보자. 우리가 해변을 걸을 때는 발걸음이 가볍고, 심지어 뛰는 것도 전혀 무리가 없다. 그러나 일단 바닷물에 들어가서 수영을 하려고 하면 몸이 바닷물에 가로막혀 움직이기가 어렵고 앞으로 나아가는 속도도 느려진다. 이 느낌은 똑같이 해변을 걷고 있지만 체중이나 질량이 크게 증가한 것과 같은 느낌이다.

이번에는 뚱뚱한 사람과 마른 사람이 함께 길을 걷는 상황을 살펴보자. 날씨가 화창한 날에는 두 사람 모두 아무 어려움 없이 정상적으로 길을 걸어간다. 그런데 태풍이 부는 날에는 뚱뚱한 사람과 마른 사람 모두 걷기가 힘들어진다. 마른 사람의 경우 마치 뚱뚱한 사람이 된 것처럼 발걸음이 무거워지고, 뚱뚱한 사람의 경우에는 아예 움직이지 못하기도 한다.

금속으로 둘러싸인 공간에서 광자의 움직임은 마치 우리가 바닷물 안이나 태풍 속에서 움직이는 것과 비슷하다. 광자는 자유 전자에 의해 끌려가 외부 작용력에 대한 저항 능력이 증가하므로, 금속 공간 안에서 운동 상태를 변경하기가 어려워진다. 다시 말해, 광자가 무거워진 것이다. 이러한 상태의 광자를 관측하면 질량이 증가한 것을 확인할 수 있다.

톰슨은 엘리베이터에서 내리자마자 지도 교수에게 다시 전화를 걸었다. 지도 교수는 톰슨에게 힉스장에 관한 논문을 한 편 써오라고 지시했고, 톰슨은 곧장 도서관에서 관련 자료를 찾아보기 시작했다.

9.2
입자들의 파티

영국의 물리학자인 힉스는 1960년대에 질량의 발생에 큰 관심을 갖고 있었다. 우주 대폭발 직후에 입자들은 질량을 갖고 있지 않았다. 그러다 1초가 채 안 되는 시간 동안 모두 질량을 갖게 되었는데, 힉스는 과연 어떤 힘이 입자들에 질량을 부여한 것인지 늘 궁금했다. 힉스는 자신이 구상한 이론 모형을 발표했는데, 이것이 바로 훗날 힉스 메커니즘이라고 불리는 이론이다. 그는 자신의 이론 모형에서 훗날 힉스 입자라고 불리는 입자에 대해 예견했는데, 이 입자는 흔히 신의 입자라고도 불린다.

힉스장에서 질량이 발생하는 과정을 이해하기 위해 먼저 다음의 예시를 살펴보자.

거대한 파티장 안에 사람들이 삼삼오오 모여 이야기를 나누고 있다. 파티 분위기는 차분하고, 종업원들은 칵테일과 과일을 담은 쟁반을 들고 파티장 안을 오가고 있다. 그때 파티 주인공이 모습을 드러내고 사람들은 주인공과 인사를 나누기 위해 모여들었다. 이때 많은 사람들과 인사를 나눠야 하는 주인공의 걸음걸이는 굉장히 느릴 수밖에 없다. 마치 몸이 아주 무거운 사람처럼 말이다.

잠시 후에 파티장 입구 쪽에 서 있던 누군가가 흥미로운 소식을 전했다. 그러자 먼저 입구 쪽에 모인 사람들이 이 소식에 대해 떠들기 시작했고, 곧이어 중앙에 있던 사람들도 소식을 듣기 위해 입구 쪽으로 이동했다. 그들은 소식을 듣고 나서 다시 중앙으로 이동해 자신의 주변에 있는 사람들과 이 이야기를 나눴다. 그러자 이번에는 파티장 구석에 있던 사람들이 소식을 듣기 위해 중앙으로 몰려들었다. 이처럼 소식은 파도가 치는 것처럼 파티장 안으로 퍼져나갔다.

이 예시에서 파티장에 있는 사람들은 힉스 입자들이고, 파티장은 힉스장을 나타낸다. 페르미온, W보손, Z보손이 장에 나타나면 힉스장과 상호 작용이 일어난다. 이때 페르미온, W보손, Z보손은 누군가에게 끌려가는 느낌을 받게 되고, 관찰자의 입장에서는 입자들에 질량이 생긴 것처럼 보인다. 조금 더 전문적인 용어로 설명하면, 기본 입자들은 힉스장에서 상호작용이 일어나고 힉스장에 의해 질량을 부여받게 된다.

사실 위에서 설명한 모든 예시에서 질량은 하나의 관측치에 불과하며, 입자와 장의 상호작용으로 발생한 현상을 나타낸다.

2012년 유럽 입자물리연구소에서 대형 강입자 가속기를 이용해 힉스 입자의 존재를 확인했고, 2013년 힉스는 노벨 물리학상을 수상했다.

연필은 어디로 쓰러질까?

힉스 메커니즘에서 또 하나의 중요한 개념은 바로 자발적 대칭성 붕괴다. 대자연은 대칭을 좋아한다. 천체는 구의 형태로 대칭을 이루고, 눈송이는 육각형으로 대칭을 이룬다. 20세기 중반에 이르러서는 상대성 이론을 비롯한 여러 가지 물리 법칙들이 널리 받아들여지게 되었다. 한편 상대성 이론의 철학적 사상은 서로 다른 좌표계에서 물리 법칙의 대칭성과 통일성에서 출발했다. 물리학자들은 모든 법칙은 대칭성을 따라야 한다고 믿는다.

하지만 우리가 깊이 생각해 볼만한 특별한 예시가 있다.

연필 한 자루가 있다고 상상해 보자. 연필은 [그림 9-2]처럼 책상 위에 거꾸로 서 있다. 거꾸로 서 있는 연필은 몇 초를 못 버티고 어느 한 방향으로 쓰러질 것이다. 연필이 거꾸로 온전히 서 있을 때는 대칭성에 부합한다. 그런데 연필이 미세한 흔들림에 의해 어느 한 방향으로 쓰러지면 대칭성을 잃게 된다. 연필은 단지 어느 한 방향을 선택해 쓰러진 것뿐인데, 이 '어느 한 방향'은 아주 특수한 방향으로 변한다.

연필이 쓰러진 것은 특정 방향에서 전해진 교란, 예를 들면 바람이나 책상의 진동 때문일지도 모른다. 그러나 물리학자들은 초전도 현상을 연구하면서 교란이 없는 상황에서도 대칭성이 자발적으로 비대

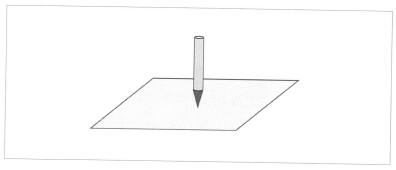

[그림 9-2]

칭성으로 바뀔 수 있다는 사실을 발견했다. 이것이 바로 자발적 대칭
성 붕괴다.

그럼 다음 예시를 한번 살펴보자.

한 무리의 신사들이 모임에 참석해 원탁에 둘러앉아 있다. 그때 종업
원이 찻잔을 가져와 신사들의 왼손과 오른손 옆쪽으로 모두 찻잔을 놓
았다. 테이블 위는 [그림 9-3]처럼 완전한 대칭을 이루고 있다.

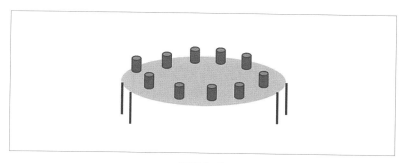

[그림 9-3]

신사들은 멀뚱멀뚱 서로의 얼굴만 쳐다봤다. 왼쪽에 있는 찻잔의 차를 마셔야 할지, 오른쪽에 있는 찻잔의 차를 마셔야 할지 몰랐기 때문이다. 만약 왼쪽에 있는 찻잔을 들었는데 다른 사람들이 모두 오른쪽에 있는 찻잔을 들어야 한다고 생각하면 아주 난처해질 테고, 반대로 오른쪽에 있는 찻잔을 들었을 때도 상황은 마찬가지다. 신사적인 그들은 난처한 상황을 피하기 위해 아무도 찻잔을 먼저 들지 못하고 가만히 앉아 있기만 했다.

모든 사람이 찻잔을 들지 않은 상태는 절대적인 대칭 상태다. 하지만 이러한 상태가 과연 좋은 것일까? 그렇지 않다. 아무도 차를 마시지 않고, 차는 차갑게 식어가고 있으니 말이다.

완전한 대칭보다 더 자연스러운 상태는 갑자기 어느 신사가 이런저런 규칙을 생각하지 않고 왼쪽이든 오른쪽이든 찻잔 하나를 들어 올리는 것이다. 그가 찻잔을 들어 올리는 순간 완전한 대칭은 깨지겠지만 이제 사람들은 자신이 어떻게 해야 할지 알게 되고, 규칙이 만들어지게 된다.

이 예시는 노벨상 수상자인 난부 요이치로가 대중에게 자발적 대칭성 붕괴를 설명할 때 언급한 것이다.

1956년 양전닝과 리정다오가 미시적 세계에서 우기성이 보존되지 않는다는 사실을 발견하면서 대칭성에 대한 과학계의 맹목적 신앙을 깨트렸다. 우기성이 보존되지 않는다는 것은 쉽게 말해 미시 입자를 거울 변환시킬 때 거울의 형상과 원래의 형상이 같지 않다는 것이다. 이를 거시적 세계에 적용하면 사람이 거울 앞에 서서 자신의 모습을 비춰

봤을 때 거울 속 왼손과 오른손의 위치가 바뀌어 있는 것과 같다.

자발적 대칭성 붕괴가 일어나는 원인은 대칭 상태가 '바닥 상태', 즉 에너지가 가장 낮은 상태가 아니기 때문이라고 이해할 수 있다. 거꾸로 서 있는 연필은 대칭 상태이긴 하지만 분명 안정적인 상태는 아니다. 이럴 때 대자연은 에너지가 가장 낮은 상태, 즉 연필이 책상에 누워 있는 상태로 전환하려고 한다. 대칭 상태에서 비대칭 상태(누워 있는 상태)로 전환하는 과정에서 연필은 수많은 경로 중 하나를 선택할 수 있다. 예를 들어, 연필은 동쪽으로 쓰러지거나 서쪽으로 쓰러지거나 별다른 차이가 없지만, 대자연은 무작위로 경로를 선택한다. 이것이 바로 자발 적 대칭성 파괴다.

물리학에서 최저 에너지 상태를 결정하는 방법은 체계의 라그랑지 언을 계산하는 것이다. 이 내용은 8장에서 소개했는데, 최소 작용량이 라고도 한다. 위의 내용은 결국 체계의 대칭 상태가 라그랑지언의 최소 상태가 아니며, 이때 체계는 라그랑지언이 최소 상태로 전환되려는 경 향 때문에 대칭성이 깨지게 된다. [그림 9-4]의 그래프를 참고하자.

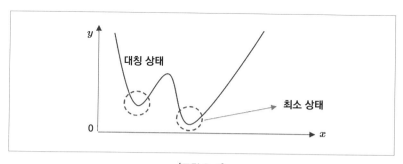

[그림 9-4]

그럼 이제 다시 힉스 메커니즘 이야기로 돌아가 보자.

8.4.1절에서 양전닝이 게이지 이론을 완성한 방법에 대해 함께 살펴봤다. 그는 함수 $A(x)$를 추가해 함수 방정식이 국소 변환 불변성을 만족하게 했다. 이 함수 $A(x)$가 바로 게이지장이다. 전자기 상호작용 중 A은 전자기장이고 대응하는 입자는 광자다.

게이지장을 추가하면 파동함수 방정식은 게이지 불변성에 부합하게 된다. 하지만 물리학자들은 $A(x)$에 대한 라그랑지언을 계산하다가 게이지장에 질량이 있으면 안 된다는 사실을 발견했다. 전자기장의 경우 게이지 입자인 광자가 질량이 없기 때문에 문제가 없다. 하지만 강약 상호작용의 경우 제한적인 원자핵 안에서의 작용력이고, 힘의 거리가 매우 짧다. 이는 힘을 전달하는 입자에 반드시 질량이 있어야 할뿐만 아니라 질량이 아주 커야 한다는 의미다. 그래서 이 계산 이후 게이지 이론의 적용은 잠시 보류되었다.

이 문제는 1960년대 힉스 등 물리학자들이 힉스 메커니즘을 제시하면서 새로운 전환점을 맞이하게 된다. 그는 함수 $A(x)$ 외에 새로운 스칼라장을 하나 더 도입했고, 새로운 스칼라장의 진공값이 0이아니라는 걸 발견했다. 결과적으로 국소 게이지 변화하에서 최소 결합이 스칼라장에 게이지장 A의 질량을 부여하게 된 것이다. 다시 말해, 힉스 메커니즘이 강약 상호작용의 전달 입자에 질량을 가질 수 있도록 허용한 것이다. 이를 전문적인 용어로 다시 정리해 보면 다음과 같다.

힉스 메커니즘이 강약 상호작용에 자발적 대칭성 파괴를 촉진하고, 이로써 페르미온, W보손, Z보손에 질량을 부여한다.

위의 문장에서 '힉스 메커니즘이 강약 상호작용에 자발적 대칭성 파괴를 촉진한다'는 부분은 힉스장이 에너지가 가장 낮은 바닥 상태를 만들어 기존의 대칭 상태를 바닥 상태로 전환한다고 이해하면 된다. 이러한 전환 과정에서 상호작용(금속으로 둘러싸인 엘리베이터 벽이 광자를 잡아당기는 것과 유사한 작용)이 발생할 수 있고, 이를 통해 페르미온 등 입자들이 질량(관측 가능한 질량)을 갖게 된다.

이처럼 힉스 메커니즘은 게이지 이론의 결함을 보완해 게이지 이론을 다시 무대 중앙으로 돌아오게 했다.

1970년대 이후 입자 가속기 기술이 발달하면서 W보손, Z보손 등 수많은 입자들이 실험실에서 발견되었고, 게이지 이론은 20세기 후반 최고의 물리학 이론으로 자리 잡게 되었다.

2013년에 힉스 보손이 발견되면서 게이지 이론, 힉스 메커니즘, 입자 물리학의 눈부신 성과에 아름다운 마침표를 찍게 되었다.

자욱한 '에테르'

소리는 공기를 통해 전파되고, 진공 상태에서는 전파되지 않는다. 그래서 달 위에서는 서로 마주 보고 대화를 나눌 수 없다. 달에는 공기가 없기 때문이다. 물결은 수면이라는 매개를 통해서만 전파될 수 있다. 19세기 사람들은 빛을 일종의 파동이라고 생각했다. 만약 빛이 파동이라면 반드시 전파 매개가 있어야 한다. 그래서 당시 과학자들은 '에테르'라는 전파 매개를 생각해 냈고, 우주 전체에 에테르가 퍼져 있어 빛이 우주 공간을 마음대로 이동할 수 있다고 믿었다.

지구는 공전하기 때문에 우주에 가득 찬 에테르와 상대적인 운동을 한다. 당시 과학자들은 지구의 공전 방향을 따라 움직이는 빛은 에테르가 빛의 운동을 방해하기 때문에 운동 속도가 느릴 것이라고 가정했다. 반대로 지구의 공전 방향과 반대로 움직이는 빛은 에테르가 빛의 운동을 촉진하기 때문에 운동 속도가 더욱 빠를 것이라고 생각했다. 우리가 역풍을 맞으며 달리는 것보다 바람이 부는 방향으로 달릴 때 속도가 더 빠른 것과 같은 이치다. 20세기 초, 미국의 두 과학자 마이컬슨과 몰리는 에테르의 존재를 직접 확인하기 위해 유명한 마이컬슨-몰리 실험을 진행했다. 두 사람은 실험의 정확성을 높이기 위해 최선을 다했지만 결국 에테르의 존재는 확인하지 못했다.

그 이후 아인슈타인이 광속 불변의 원리를 제시하며 에테르의 존재를 부정했고, 새로운 시공간 체계를 구축했다. 이때부터 에테르의 개념은 주로 특수 상대성 이론의 위대함을 부각시키는 용도로 사용되고 있다.

현재까지도 과학계에서는 아인슈타인의 특수 상대성 이론의 주장이 정확한 것으로 보고 있다. 에테르는 존재하지 않으며 광자는 에테르와 같은 매개를 통해 전파되지 않는다. 그러나 우주는 에테르가 아니더라도 무언가로 가득 차 있다. 예를 들어, 우주학자들이 연구하는 암흑 에너지나 힉스장 같은 것으로 말이다. 실제로 힉스장은 우주 전체에 퍼져 있고, 힉스 보손 역시 우주에 산재해 있는 입자다. 이러한 장은 질량을 발생시키는 메커니즘을 제공하고, 모든 페르미온, W보손, Z보손과 상호작용한다. 어떻게 보면 에테르가 신분을 바꿔 다시 돌아온 것이 아닐까 하는 생각이 들기도 한다.

암흑 에너지가 과연 무엇인지 현재로서는 아직 명확히 알 수 없다. 우주 전체에 퍼져 있는 힉스장 역시 아직까지는 눈으로 확인할 수도, 만져볼 수도 없는 미지의 존재다. 힉스장은 힉스 입자의 발견을 통해 이러한 장이 존재한다는 사실을 알게 된 것뿐이다. 암흑 에너지와 힉스장 외에 또 어떤 것들이 우주를 가득 채우고 있는지 아직은 알 수 없다. 한 가지 확실한 건 우주가 칠흑같이 캄캄한 공간이라고 해서 텅 비어있는 것은 아니라는 점이다.

9.5
현실과 환상

우리는 일상생활 속에서 여러 가지 물리 매개 변수들을 접한다. 그 중에서도 질량은 의심할 여지 없이 가장 중요한 변수다. 질량은 객관적 실재론을 구성하는 철학적 기반이다.

그런데 힉스 메커니즘에서는 질량이 단순한 관측치일 뿐이고, 입자와 힉스장의 상호작용의 결과일 뿐이라고 말한다. 이러한 상호작용이 강렬하면 비교적 큰 질량을 얻게 되고, 상호작용이 일반적일 때는 일반적인 크기의 질량을 얻게 된다. 한편 상호작용이 일어나지 않으면 질량도 발생하지 않는다.

톰슨은 질량의 개념을 명확히 이해한 뒤, 소피아에게 힉스 메커니즘에 관해 설명했다. 그는 체중과 질량은 허상의 개념일 뿐이라면서 앞으로 체중에 연연하지 않고 마음껏 먹고 마시겠다고 선언했다. 톰슨은 이번에는 소피아가 자신의 주장을 반박할 수 없을 거라 확신했다. 하지만 소피아는 설령 질량이 물질과 힉스장의 상호작용 강도를 나타내는 수치일 뿐이라고 해도 무언가의 속박을 받으니 질량이 없는 광자처럼 모든 곳을 자유롭게 오고 가고 싶다고 말했다. 결국 톰슨은 소피아를 설득하지 못하고 체중 감량 계획을 세웠다. 그리고 두 사람은 이번 학기부터 매일 밤 운동장에서 5km를 달리기로 약속했다.

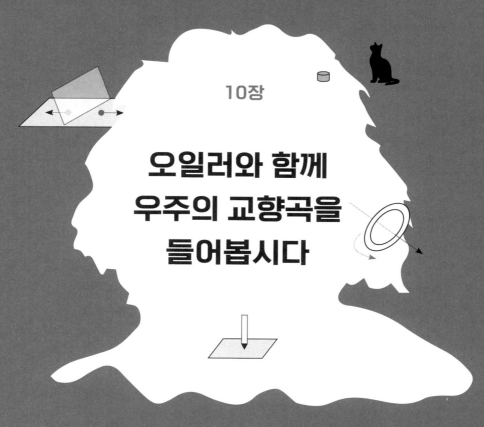

10장

오일러와 함께
우주의 교향곡을
들어봅시다

끈 이론

학교 도서관 뒤편에는 거대한 풀밭이 펼쳐져 있다. 봄이 되면 싱그러운 풀들이 산들바람에 흔들리며 신선한 풀 향기를 내뿜는다. 학생들은 도서관에서 공부를 하다가 지치면 풀밭으로 나와 친구들과 대화를 나누며 휴식을 취했다. 톰슨과 소피아도 풀밭에 앉아 이야기하는 것을 좋아했다. 이야기를 하다가 그대로 풀밭에 누워 파란 하늘에 떠다니는 구름을 관찰하기도 했다.

"내 머리 좀 땋아줄 수 있어?"

소피아가 톰슨에게 고무줄 하나를 건네며 말했다.

"나는 못해. 머리 땋는 일은 내가 해 본 그 어떤 공부보다 어려운 거 같아."

톰슨이 고개를 절레절레 저으며 말했다.

"한 번 해봐. 잘 못 땋아도 뭐라 하지 않을게. 응?"

"그럼 알겠어."

소피아가 계속 조르자 톰슨도 마지못해 대답했다.

톰슨은 소피아가 건넨 고무줄을 보다가 갑자기 이런 말을 꺼냈다.

"고무줄은 이 세상에서 가장 특별한 물건인 것 같아."

"왜?"

"고무줄은 가만히 놔두면 느슨한 상태로 있지만 잡아당기면 곧바로 팽팽해지 잖아. 그런 면에서 보면 고무줄과 쿼크는 정말 닮은 것 같아."

다른 여학생이 이런 이야기를 들었다면 굉장히 어리둥절했을 것이다. 하지만 소피아는 이미 이런 일에 익숙해져서인지 아무렇지도 않게 대답했다.

"위대한 과학자님, 얼른 제 머리나 잘 땋아보시죠."

톰슨의 말처럼 쿼크는 정말 고무줄의 특성과 비슷한 성질을 갖고 있으며, 이로써 새로운 이론이 탄생하기도 했다.

10.1
무한대의 난제와 쿼크 감금

1950년대 실험 과학을 통해 입자가 실체를 가진 작은 알맹이라는 관념이 깨졌다. 원자, 원자핵은 모두 공 모양의 실체를 갖고 있지 않으며 기본 입자는 일반적으로 반지름이 0인 점입자로 여겨진다. 기본 입자들 사이의 상호작용은 대부분 역제곱 법칙을 따른다. 즉, 작용력과 거리가 역제곱의 관계에 있으며 거리가 멀어질수록 작용력이 작아진다는 의미다. 만약 어떤 입자가 생성하는 장이 자신에게 미치는 영향을 계산할 때 반지름이 0이라는 것은 분모가 0이라는 의미이므로 계산 결과는 무한대로 커지게 된다. 과학자들에게는 이것만큼 골치 아픈 문제가 없다.

만약 기본 입자에 반지름이 있다면 어떨까? 그럼 문제는 더욱 복잡해진다. 반지름 범위 안의 모든 힘의 장을 고려해야 하기 때문이다. 이러한 계산은 굉장히 복잡할 뿐만 아니라 계산 결과가 광속을 초과해 특수성 상대성 이론에 위배되는 결론이 나올 수도 있다. 그래서 과학자들은 계속해서 점입자 가설을 따르고, '에너지 절단'이라는 개념을 설정해 현재의 이론이 에너지가 가장 낮은 상태에서만 적용된다는 사실을 인정하고 있다. 이렇게 해서 좋은 점은 계산 결과가 무한대로 발산되지 않고 유한한 값을 가진다는 것이다. 이러한 이론의 틀 안에서는 입자의 자기 모멘트 등 지표를 정확하게 계산해낼 수 있고, 이는 실험 결과에도 적절히 부합한다. 과학자들은 위와 같은 방법을 재정렬화라고 부른다.

재정렬화의 방법을 통해 이론적인 계산과 실험 결과를 서로 일치시킬 수 있지만, 이것은 결과가 현실에 근접하게 일치한다는 뜻이지 궁극적인 이론은 아니다. 플랭크 척도 범위까지 깊이 들어가면 에너지가 '에너지 절단' 범위를 훨씬 초과하고 척도는 10^{-35}m까지 축소되는데, 이런 경우에는 전통적인 양자장 이론이 효력을 잃게 된다.

이론과학이 막다른 길에 들어설 때, 실험과학 역시 불가사의한 현상을 발견한다. 일반적으로 기본 입자(광자, 전자, W보손, Z보손)들은 단독으로 관측될 수 있고, 쿼크 역시 물질을 구성하는 기본 입자로 특별한 점이 없어 보인다. 하지만 여러 번의 실험 끝에 쿼크는 단독으로 분리될 수 없다는 사실을 발견했다. 쿼크는 영원히 단체 생활을 하는 입자들로, 여러 개의 쿼크가 모여 전기적으로 중성인 중성자를 만들거나 정수 전하의 양성자를 만든다. 전하의 수량은 반드시 정수여야 하고, 쿼크로 구성된 물질은 색 중립성을 유지해야 한다.

실제로 쿼크를 한 곳으로 모으는 강한 상호작용은 점진적으로 자유로워진다는 특징을 갖고 있다. 세 개의 쿼크가 강입자 내부에 있거나 아주 가까이 있으면 마치 자유 입자처럼 움직인다. 그런데 외부의 힘을 가해 세 개의 쿼크를 떨어뜨려 놓으려고 하면 쿼크들은 내부로 당기는 강력한 힘을 발휘해 저항한다.

예전에 어떤 과학자가 쿼크들을 강제로 분리시키려는 시도를 한 적이 있는데, 그때 아주 신기한 일이 벌어졌다. 분리된 쿼크가 강한 상호작용에서 벗어나자마자 허공에서 반쿼크와 글루온을 끌어당겨 두 개의 색 중립성 체계를 형성한 것이다. 결국 이 과학자는 쿼크를 단독으로 분리하는 데 실패한 셈이었다.

허공에서 반쿼크를 끌어당기는 과정은 사실 강한 상호작용의 위치에너지가 질량-에너지 방정식에 따라 물질의 형태(반쿼크)로 전환되어 색 전하가 단독으로 노출되는 것을 피하려는 행위다. 그런데 이 과정에서 정말 놀라운 점은 각각 자신만의 복잡한 형태를 가진 쿼크와 반쿼크가 허공에서 순식간에 결합할 수 있다는 것이다.

과학자들은 쿼크가 단독으로 노출되지 않는 현상을 '쿼크 감금'이라고 불렀다.

쿼크들 사이의 상호작용은 고무줄의 특징과 정말 유사하다. 고무줄을 책상 위에 올려놓고 움직이지 않으면 느슨하게 늘어져 있지만 고무줄을 잡아당기면 곧바로 팽팽한 긴장감이 느껴진다. 그러다 만약 고무줄을 더욱 세게 잡아당기면 줄이 끊어져 고무줄은 둘로 분리되어 버린다. 과학자들은 쿼크 감금 현상을 보면서 쿼크와 같은 기본 입자들도 고무줄과 같은 형태를 가질 수 있을까 궁금해했다.

진동하는 끈

10.2.1 오일러 이야기

프랑스의 수학자 오일러는 평생 그의 이름이 붙은 수많은 정리, 공식, 함수 등을 만들었다. 그중 β함수라는 아주 중요한 함수가 있다. 이 함수는 임의의 실수 P에 대해 $Q > 0$라는 의미를 나타낸다.

$$B(P, Q) = \int_0^1 x^{P-1}(1-x)^{Q-1}dx$$

함수에는 대칭성이라는 중요한 속성이 있기 때문에 $B(P, Q) = B(Q, P)$가 된다. 그 밖에도 β함수는 Γ함수를 이용해 구성할 수 있으며 둘의 관계는 다음과 같다.

$$B(P, Q) = \frac{\Gamma(P)\Gamma(Q)}{\Gamma(P+Q)}$$

Γ함수는 오일러가 22살 때 골드바흐 수열의 일반항 공식을 풀 때 사용한 함수다.

1968년 일본의 물리학자 스즈키 마히코가 한 수학 서적을 읽다가 우연히 β함수를 발견했다. 그녀는 β함수가 기본 입자의 강한 상호작용에 필요한 모든 성질을 만족한다는 사실을 발견하고 놀라움을 금치 못했다. 그러나 스즈키 마히코 외에도 당시 이탈리아의 물리학자인 베네치아노가 이미 β함수를 채택해 베네치아노 모형을 구축해놓은 상태였다.

$$A(s,\,t) = \frac{\Gamma[-a(s)]\,\Gamma[-a(t)]}{\Gamma[-a(s)-a(t)]}$$

베네치아노 모형을 관찰해 보면 β함수와 똑 닮아있다는 것을 알 수 있다.

베네치아노 모형은 β함수를 산란 진폭으로 해석하고, 이를 통해 중간자 강한 상호작용의 여러 가지 현상을 설명한다. 1970년 난부 요이치로, 홀게르 베크 닐센, 레너드 서스킨드 등의 인물들은 베네치아노 모형이 강한 상호작용을 진동하는 끈(특정한 공간 확장량)처럼 생각한다고 주장했고, 이로써 '끈'의 개념이 등장하게 되었다.

10.2.2 우주 교향곡

악기는 현의 진동을 통해 아름다운 소리를 낸다. 예를 들어, 기타는 탄성을 가진 현을 나무판의 양 끝에 고정하여 현의 길이를 고정시킨다. 그러면 손가락으로 현을 튕기면 일정한 높이의 음이 나온다. 길이가 서로 다른 현을 조합하면 무수히 많은 곡을 연주할 수 있다. 예로부터 인류는 슬픈 음악, 신나는 음악, 차분한 음악, 격앙된 음악 등 다양한 음악을 창조해왔다. 어떤 음악은 들으면 흥이 나고, 어떤 음악은 듣자마자 눈물이 흐르기도 한다.

끈 이론에서 끈은 에너지, 온도, 시공간 등 환경의 차이에 따라 진동 방식이 바뀌게 된다. 이처럼 입자마다 진동 방식이 모두 다르다. 끈의 진동이 격렬할수록 입자의 에너지와 질량은 커진다. 반대로 끈의 진동이 약할수록 입자의 에너지와 질량은 작아진다.

현재 우리가 알고 있는 61종의 입자 중에서 사람이 직접 눈으로 확인한 입자는 없다. 불확정성의 원리에 의해 기본 입자는 특정 공간에 정지해 우리가 그 모양을 관찰할 수 있도록 기다리고 있지는 않는다. 흔히 어떤 입자는 전자고, 어떤 입자는 중성미자라고 하는 것은 실험을 통해 입자의 전하, 각동량, 스핀 등 속성을 측정해서 확인한 것이다. 끈 이론에서 입자들은 형태의 차이가 없다. 다만 끈이 각기 다른 진동 방식을 채택해 각기 다른 전하, 질량 등 속성이 나타나면 과학자들이 이를 특정 입자로 분류하는 것이다.

끈으로 만들어진 우주 교향곡은 무려 138억 년째 쉬지 않고 연주되고 있다. 우주는 탄생 초기부터 거대한 에너지로 형성된 끈 구조가 모든 것을 지배해왔다. 우주 탄생 초기에는 온도가 굉장히 높고 진동이 격렬해 마치 냄비가 끓고 있는 것 같은 모습이었을 것이다. 이후 길고 긴 시간을 거치면서 끈의 진동이 점점 약해지고, 점점 더 안정적인 물질 구조가 등장하면서 오늘날과 같은 세계가 만들어졌다.

10.2.3 끈의 구조

고전 물리학에서는 입자를 점의 형상으로 보고, (t, x, y, z) 좌표를 이용해 입자의 시공간적 위치를 나타냈다. 한편 끈 이론에서는 기본 입자(쿼크보다 훨씬 작은)를 하나의 끈으로 보고, (σ, τ) 좌표를 이용해 표시한다. 이 중 σ는 공간 좌표를, τ는 시간 좌표를 가리킨다. 끈이 진동할 때 시공간의 2차원 곡면을 지나가게 되는데 이를 세계면이라고 부른다. 고전 물리학에서 입자는 작용량이 가장 작은 세계선을 따라 움직이고, 끈 이론에서 입자는 작용량이 가장 작은 세계면을 따라 움직인다. 난부 요이치로 등의 인물들은 현이 [그림 10-1]과 같이 시공간 안에서 2차원 곡면을 따라 움직인다고 생각했다.

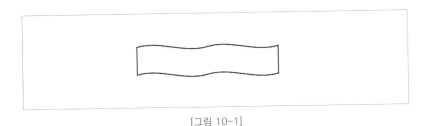

[그림 10-1]

원형으로 막혀 있는 끈의 시공간 안에서의 운동 궤적은 [그림 10-2]와 같은 고무 튜브의 형태로 나타난다.

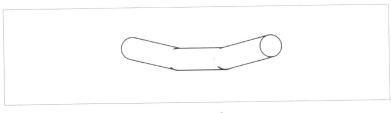

[그림 10-2]

만약 두 개의 끈이 시공간에서 서로 만났다가 다시 헤어지면 [그림 10-3]과 같은 형태의 궤적이 나타난다.

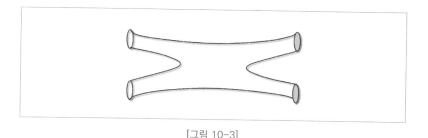

[그림 10-3]

이러한 그림을 수학식으로 나타내려면 β함수를 사용해야 한다.

끈 이론의 바탕은 입자 모형이 아니라 파동 모형이기 때문에 고전 이론이 직면한 각종 난제들을 피해갈 수 있다. 예를 들어, 고전 이론에 따르면 입자가 근접할 때 중력이 무한대(중력은 거리의 제곱에 반비례한다)로 커지지만 파동 모형은 이러한 문제와 관련이 없다. 또 물리학 이론의 양대 산맥인 상대성 이론과 양자 이론 사이에는 타협할 수 없는 문제가 존재한다. 상대성 이론은 미분다양체를 기반으로 만들어졌고, 대응하는 시공간은 매끄럽고 평평하다. 반면 양자 이론은 미시적 측면에서 보면 양자의 격렬한 흔들림이 존재한다. 이러한 차이는 두 가지 이론이 동시에 정확할 수 없거나 완전하지 않다는 의미로 해석할 수 있다. 그런데 끈의 구조가 있으면 연속성과 양자의 속성이 공존할 수 있다.

10.2.4 끈의 상호작용

고전 물리학에는 치명적인 문제가 하나 있다. 바로 광속을 초월한 작용이다.

일상생활 속에서 관찰할 수 있는 현상들은 대부분 순식간에 발생한다. 예를 들어, 전자기 코일 주변에 전자가 나타나면 전자는 순간적으로 자기장의 영향을 받는다. 우주에 갑자기 우주선이 나타난다면, 우주선은 곧바로 근처의 행성에 이끌려 추락하게 된다. 네 가지 기본 힘에는 '지연 효과'가 나타나지 않기 때문에 모든 힘은 순간적으로 작용한다. 그런데 이것은 힘을 전달하는 보손(광자, W보손, Z보손, 글루온, 관련 내용은 7장을 참고한다)이 광속을 초월한 속도로 움직인다는 의미이므로 특수 상대성 이론에 위배된다.

끈 이론에서는 진동하는 끈을 물질을 구성하는 기본 요소로 생각한다. 끈과 끈은 서로 접합과 단절의 방식으로 상호작용이 일어나는데, 이러한 동작이 순간적으로 완성된다는 것은 충분히 이해할 수 있다. 무수히 많은 끈이 모두 이와 같은 순간 작용으로 계속 확장되면서 결과적으로 물질 상호작용의 순간 발생을 유도하고 광속을 초월한 작용을 순조롭게 피할 수 있게 된다.

10.2.5 새로운 시각

끈 이론의 기본적인 내용을 이해하고 나면 많은 문제가 쉽게 해결된다는 것을 알게 된다.

예를 들어, 파동-입자 이중성에서 입자가 파동의 속성을 갖는 아주 자연스러운 일이며 진동하는 끈은 당연히 파동성을 갖는다.

또한 실험 기자재가 나날이 첨단화되고 있지만 사람들은 여전히 물질을 구성하는 진짜 실체를 찾는 데 어려움을 겪고 있다. 물질을 구성하는 하나의 기본 구조를 발견하고 나면 뒤이어 더욱 미세한 구조가 발견되는 일이 계속 반복되고 있기 때문이다. 그렇다고 아예 입자를 반지름이 0인 점입자로 인정하면 계산 결과가 무한대로 커지는 문제가 발생한다. 그런데 끈 이론을 적용하면 실체와 반지름 0의 딜레마를 해결할 수 있다.

양자 역학에서 주요한 작용을 하는 전자기력, 약한 상호작용력, 강한 상호작용력은 각각 힘을 전달하는 보손인 광자, W보손, Z보손, 글루온을 갖고 있다. 플랭크 척도에 도달하면 중력과 기타 힘의 강도는 큰 차이가 없지만 고전 이론에서는 중력자의 개념을 설명하지 못했다. 반면 끈 이론의 계산 결과는 중력자의 존재를 허용하며 이로써 네 가지 힘의 통일을 실현하게 해준다.

고전 이론을 바탕으로 쿼크 감금 현상을 이해하는 것은 어렵다. 쿼크를 단독으로 분리하려는 실험에서 쿼크는 허공에서 반쿼크를 끌어당겨 자신의 색전하를 감출 수 있다. 하지만 허공 어디에 반쿼크의 원재료가 있단 말인가? 허공에 특별한 재료가 존재하는 건 분명 아니다. 유일한 가능성은 쿼크들 사이의 강한 상호작용이 에너지를 방출하고, 이 에너지가 주변의 시공간을 왜곡시키는데, 이러한 시공간의 왜곡이 인류의 실험실에서 반쿼크로 관측되는 것이다.

상대성 이론에서 질량이 큰 천체는 주변의 시공간을 왜곡시킨다. 하지만 중력의 힘이 미미하기 때문에 태양, 지구와 같은 천체 주변에서 일어나는 시공간의 왜곡 효과는 두드러지게 나타나지 않는다.

강한 상호작용력은 중력보다 약 10^{38}배 강하다. 강한 상호작용력을 시공간의 왜곡으로 전환하면 단위원 부피 내에서 발생하는 왜곡 작용이 중력보다 훨씬 강하므로 반쿼크의 왜곡 구조를 형성할 수 있다. 게다가 이러한 왜곡 구조는 3차원 공간과 1차원 시간에 제한되지 않기 때문에 더욱 높은 차원의 공간 왜곡을 초래할 수 있다.

쿼크 감금을 설명하는 실험에서 끈 이론만큼 설득력을 가지는 이론은 없다.

더 높은 차원을 향해

우리는 길이, 너비, 높이로 이루어진 3차원 공간에 살고 있고, 여기에 1차원 시간을 더하면 4차원 시공간이 된다.

1차원 시간 개념은 쉽게 이해할 수 있다. 어제 톰슨의 상태와 내일 톰슨의 상태는 같지 않다. 그의 시간선이 끊임없이 뒤로 흐르고 있기 때문이다. 상대성 원리 및 열역학 제2법칙에 따르면 시간은 거꾸로 흐를 수 없으며, 시간이라는 차원은 한 방향으로만 움직인다. 3차원 공간의 개념도 비교적 명확하게 이해할 수 있다. 우리가 살고 있는 세계의 물체들은 세 개의 자유도를 갖고 있다. 예를 들면, 톰슨은 캠퍼스에서 자유롭게 산책을 하며 동서남북으로 위치를 바꿀 수도 있다. 만약 톰슨이 엘리베이터를 타고 8층에 올라간다면 방향에 변화는 없지만 높이에 변화가 생긴다.

아주 오랫동안 차원에 대한 인류의 연구는 4차원 시공간에 머물러 있었다. 그러나 이제 끈 이론의 출현으로 차원의 한계가 깨졌다.

10.3.1 광자의 질량은 0이 아니다

특수 상대성 이론에 따르면 광자의 정지 질량은 0이다. 질량을 가진 모든 물체는 광속에 도달할 수 없고, 기껏해야 광속에 근접한 정도인데, 이는 특수 상대성 이론의 축소 효과 때문이다. 질량을 가진 물체의 운동 속도가 광속에 근접할 때 질량은 관찰자에 비해 무한대로 커진다. 그러나 현실 세계에서 질량이 무한대로 커지는 일은 불가하므로 광자의 정지 질량이 0이라고 추론하게 된 것이다.

끈 이론을 만든 인물 중 한 사람인 난부 요이치로는 3차원 공간 가설에 따라 계산한 광자의 정지 질량이 0이 아니라는 것을 발견하고 어딘가에 문제가 있는 것이라고 판단했다. 나중에 그는 끈의 진동 공간이 3차원이 아니라 더 높은 차원이라면, 광자의 정지 질량이 0이 아니라는 결론을 얻을 수도 있다는 걸 깨달았다.

이 계산 과정은 간단하다. 광자도 마찬가지로 끈으로 구성되어 있는데, 광자의 질량은 끈의 최저 에너지와 진동 에너지의 합으로 결정된다.

광자의 질량 ∝끈의 최저 에너지 + 끈의 진동 에너지

양자 진동 에너지를 1로 본다면 진동을 일으키는 양자의 자극 에너지는 양자 진동 에너지를 두 배한 값이어야 한다. 그러므로 위의 공식에서 끈의 진동 에너지는 2다.

끈의 최저 에너지는 끈이 진동을 멈췄을 때의 에너지다. 다만 양자의 등락 효과 때문에 진동이 완전히 멈춘다 하더라도 약간의 에너지를 갖고 있다. 이러한 양자 등락 에너지의 크기와 진동수는 비례하고, 진동수는 [그림 10-4]에서처럼 노드의 수에 의해 결정된다. 노드는 하나만 있을 수도 있고 두 개, 세 개, 네 개, 심지어 무한하게 많은 노드를 가질 수 있다. 정지 지점의 수량이 많을수록 진동수도 높아진다. 그리고 계산을 할 때는 모든 가능성을 더한다.

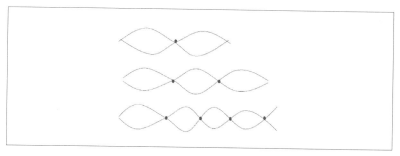

[그림 10-4]

3차원 공간에서 끈은 동서, 남북, 상하 세 개의 방향으로 진동할 수 있다. 더 높은 차원에서는 끈이 진동하는 방향수는 공간의 차원 수와 같고 대문자 D로 표시한다. 광자는 전파 방향에서 진동하지 않으므로 1을 빼서 D-1이 된다. 진동의 차원의 수에 위에서 설명한 가능성의 합을 곱하면 끈의 최저 에너지를 얻을 수 있다.

그러면 다음과 같은 식이 만들어진다.

$$\text{광자의 질량} \propto (1+2+3+\cdots) \times (D-1)+2$$

오일러는 일찍이 $1+2+3+\cdots$은 $-\dfrac{1}{12}$이라는 자연수의 합을 계산한 결과를 내놓았다. 이러한 결과는 무한급수의 강제수렴(정규화)에 의해 나온 것으로 정규화는 물리학에서 자주 사용하는 방법이기도 하다. 초기 끈 이론에서는 위의 결론을 이용해 D=25이라는 결과를 도출해냈고, 여기에 1차원 시간을 더해 26차원 시공간이 되었다. 이것은 끈 이론에서 최초로 제시한 시공간 차원수다.

이후 끈 이론을 연구하는 과학자들은 끈 이론의 여러 가지 이론적인 문제점들을 보완한 초끈 이론을 제시했다. 초끈 이론에서는 끈이 일반 공간에서 진동하는 것 외에도 초공간의 그라스만 좌표 방향에서도 진동한다고 주장했다. 일반 공간의 진동은 보손(파울리의 불호환성 원리를 만족할 필요 없으며, 동일한 상태의 보손은 무한하게 중첩될 수 있다)을 형성하고, 초공간의 진동은 페르미온(파울리의 불호환성 원리를 만족한다)을 형성한다.

초끈 이론에서 다시 계산한 결과, 9차원 공간에 1차원 시간이 더해져 총 10차원 시공간이 나왔다. 사람은 그중 3차원 공간만 감지할 수 있고 나머지 6차원 공간은 칼라비-야우 공간의 형식으로 축소되어 숨어 있기 때문에 보거나 느낄 수 없다. 이 내용은 다음 절에서 더 자세히 소개하도록 하겠다.

끈 이론은 기존의 과학 이론들과 달리 모든 결론이 엄격한 추론을 거친 것이다. 시공간의 정확한 차원수에 대해서는 아직 명확히 결론이 나지 않았다. 다른 영향력 있는 이론에서는 11차원 혹은 그 이상으로 보기도 한다. 그러나 우선 양자 역학, 상대성 이론, 게이지 이론이 모두 정확하다면 시공간 차원 수가 4가 넘는다는 것만큼은 확실한 사실이다.

10.3.2 0차원에서 11차원까지

0차원은 길이도 너비도 높이도 없는 하나의 점이다. 이 점을 무한하게 확대해도 그저 점일 뿐이다. [그림 10-5]처럼 종이 위에 연필로 그린 작은 점은 0차원 사물을 나타낼 수 있다.

[그림 10-5]

1차원은 [그림 10-6]처럼 너비가 없는 선이다.

[그림 10-6]

가장 대표적인 1차원 사물은 바로 시간이다. 시간은 앞뒤로만 움직이며, 시간의 방향은 하나의 자유도를 나타낸다.

2차원은 [그림 10-7]처럼 두께가 없는 평면이다.

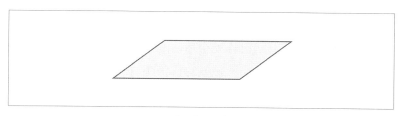

[그림 10-7]

2차원 평면에는 두 개의 자유도가 있는데, x축과 y축이 있다고 임의로 상상할 수 있고 2차원 평면 위의 사물 및 사물이 놓인 위치는 $P(x, y)$와 같은 함수를 통해 나타낼 수 있다. [그림 10-7]은 평평한 공간의 평면을 나타내며, 비유클리드 틀 안에서는 구면이거나 쌍곡면 혹은 기타 기하학 평면이 될 수도 있다.

3차원 공간은 세 개의 자유도가 있고, 사람들에게 가장 익숙한 차원이다. [그림 10-8]을 살펴보자.

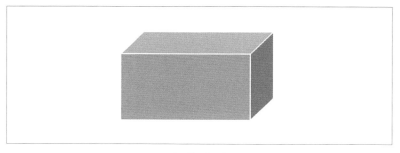

[그림 10-8]

3차원 평면의 사물 및 사물의 위치는 $P(x, y, z)$와 같은 함수를 이용해 나타낼 수 있다. 3차원 공간은 2차원 공간에 비해 자유도가 하나 더 늘어났기 때문에 훨씬 풍부하고 다채롭다.

[그림 10-9]는 4차원 공간을 상상해본 것이다. 이 그림은 상상일 뿐이고, 실제로는 존재하지 않는 공간이다. 1차원 직선이 0차원의 점으로 투영될 수 있고, 2차원 평면은 1차원 직선으로 투영될 수 있으며, 3차원 구체는 2차원 원형으로 투영될 수 있다.

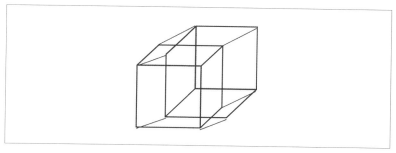

[그림 10-9]

그러므로 4차원 공간의 물체는 이론적으로 3차원 공간에서 입방체에 투영될 수 있다.

상상의 관점에서만 본다면 5차원 이상의 공간 역시 가시적인 방법으로 표현할 수 있다. 꼭짓점, 각, 면 등의 요소만 추가해 주면 된다. 하지만 이러한 상상으로 만들어진 사물을 3차원 공간에 있는 사람은 육안으로 볼 수 없다.

수학자의 관점에서는 4차원이든 n차원이든 모두 간단하게 해결할 수 있다. 매개 변수에 일부 좌표만 추가해 $P(x_1, x_2, x_3, x_4, \cdots, x_n)$라고 써주면 되기 때문이다. 사물 및 사물의 위치를 설명할 때 $x_i(i > 3)$ 역시 자유도로 각기 다른 수치를 나타낼 수 있다. 예를 들어, A입자가 $P(1, 1, 1, 1)$에 위치해 있고, B입자가 $P(1, 1, 1, 2)$에 위치해 있다면 수학자의 관점에서 두 입자는 중첩되지 않고 각기 다른 위치에 있는 것으로 본다.

끈 이론에서는 3차원 이상의 차원에 대해 차원이 말려 들어가 있다고 해석한다. 원래 우주는 11차원이지만 대폭발 이후 그중 7개 차원이 말려들어 갔고(1차원 시간은 별도), 3차원 세계에서는 말려 들어간 차원을 더 이상 관측할 수 없게 된 것이다.

[그림 10-10]과 같은 파이프가 있다고 가정해 보자. 가까운 거리에서 관찰했을 때, 이 파이프는 길이와 너비 그리고 두께를 가지는 3차원 사물이다. 하지만 1km 밖에서 파이프를 관찰하면 1차원으로밖에 보이지 않는다. 다시 말해, 나머지 2차원은 말려 들어가 버린 것이다. 기본 입자의 상황도 이와 비슷하다. 우리가 기본 입자를 관찰할 때는 3차원밖에 안 보이지만 아주 크게 확대해서 관찰하면 각 차원마다 두 개 이상의 자유도를 갖고 있으며, 여기에 1차원 시간이 더해져 총 11차원이 된다.

[그림 10-10]

톰슨은 끈 이론에 대해 공부하기 시작했는데, 끈 이론이 다양한 수학적 지식을 요구하는 터라 이해하는 데 많은 어려움을 겪었다. 그런데 차원이 말려 들어간다는 내용에 대해 톰슨은 조금 다른 생각을 갖고 있었다. '말려 들어간다'는 것은 기술적인 문제가 아니다. 확대경을 이용해 아주 크게 확대한다고 해도 3차원 세계에서는 나머지 7차원 세계를 볼 수 없다. 이것은 거리의 문제가 아니라, 말려 들어간 7차원이 과연 우주에 존재하는가에 관한 문제다.

[그림 10-11]과 같이 종이 위에 표시된 원점을 관찰해 보자. 관찰자는 종이 위의 2차원 원점이 정지 상태로 움직이지 않는다고 생각한다. 하지만 2차원 공간을 떠나 3차원 공간에 놓고 보면 이 원점이 하나의 선으로 종이를 통과하고 있는 것을 발견할 수 있다. 마찬가지로 어떤 차원에서 정지 상태로 놓여 있는 입자(양자 불확정성을 고려하면 불가능하지만, 여기에서는 편의를 위해 고려하지 않는다)를 관찰할 때, 사실 입자는 보이지 않는 차원에서 자유도를 갖고 있고, 모든 자유도의 위치와 상태는 3차원 세계의 관측 결과를 결정한다.

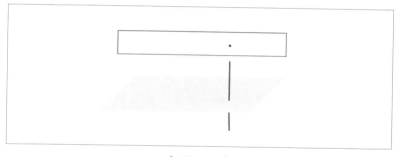

[그림 10-11]

톰슨은 말려 들어간 공간 개념을 처음 접했을 때, 이러한 공간이 과학자들의 상상 속에서 나온 것이라고 생각했다. 하지만 강한 상호작용력, 허공에서 끌어당겨진 반쿼크, 쿼크의 복잡한 속성 등을 고려하면 입자의 구조는 3차원보다 훨씬 더 복잡할 거라는 생각이 들었다. 강한 상호작용력의 강도는 중력의 10^{38}배다. 중력의 작용만으로도 3차원 시공간에 왜곡이 생길 수 있는데, 중력보다 힘의 크기가 훨씬 큰 강한 상호작용력이 고차원 공간의 왜곡을 일으키는 것은 충분히 가능한 일이다. 이러한 관점에서 보면 11차원 가설은 결코 터무니없는 이야기가 아니다.

10.3.3 칼라비-야우 공간

1954년 이탈리아의 기하학자 칼라비가 세계 수학자대회에서 유명한 칼라비 추측을 발표했다. 그리고 이후 중국계 미국인 과학자 야우싱퉁이 칼라비 추측을 증명하는 데 성공했고, 이러한 업적으로 필즈상을 수상했다. 야우싱퉁은 저서 『휜, 비틀린, 꼬인 공간의 신비』에서 칼라비 추측을 다음과 같이 설명했다. 팽팽한(유한한 범위의) 어떤 공간에서 특정한 위상 조건을 만족한다면 리치 플랫(리치 텐서가 0인)의 기하 조건도 만족할 수 있지 않을까?

칼라비 추측이 성립한다면 폐쇄 공간에 물질 분포가 없는 중력장이 존재한다는 의미가 된다. 또한 칼라비 추측은 축소된 공간 구조의 존재를 예견했다.

칼라비 추측은 복잡한 편미분 방정식을 풀어야 했고, 칼라비 본인도 자신의 명제에 오류가 있을 수 있다고 생각했기 때문에 증명의 난이도가 굉장히 높았다.

칼라비 추측이 발표되었을 때 야우싱퉁은 겨우 21살이었다. 이 젊은 천재 수학자는 또 다른 중국계 미국인 과학자 천싱선의 제자였고, 기하학에 큰 관심을 갖고 있었다. 야우싱퉁은 4년이라는 시간에 걸쳐 칼라비 추측의 정확성을 증명했고, 이로써 칼라비-야우 정리를 완성했다. 칼라비-야우 정리에 대응하는 공간을 칼라비-야우 공간이라고 부른다.

3차원 공간에 있는 관찰자들에게 칼라비-야우 공간은 [그림 10-12] 처럼 아무렇게나 구겨 놓은 종이 뭉치처럼 보인다. 만약 누군가 칼라비-야우 공간 안에서 앞으로 종이 뭉치를 던지면, 종이 뭉치는 다시 그 사람 뒤에서 날아와 그의 머리에 부딪힐 것이다. 다시 말해, 칼라비-야우 공간은 클라인 병이나 뫼비우스의 띠와 같은 구조를 갖고 있어 한 바퀴 돌고 나면 다시 시작점으로 돌아온다.

[그림 10-12]

칼라비-야우 공간의 가장 큰 특징은 바로 '축소'의 속성이다. 이러한 속성은 끈 이론을 연구하는 학자들에게 정말 중요하다. 끈 이론에서 연구하는 축소된 차원은 칼라비-야우 공간을 통해 설명할 수 있다.

1984년 무렵 프린스턴 고등연구소의 물리학자 앤드류 스트로밍거가 야우싱퉁을 찾아가 칼라비-야우 공간과 끈 이론의 관계에 대해 함께 토론했다. 수학자인 야우싱퉁이 칼라비-야우 공간을 연구하는 이유는 공간의 구조가 아름답다고 생각했기 때문이었다. 두 사람은 오랜 토론 끝에 다시 한번 수학과 물리학의 완벽한 결합을 이루어냈다. 스트로밍거는 초대칭성이 물리와 회전 대칭성을 연결하고, 회전 대칭성은 칼라비-야우 공간으로 건너가는 다리 역할을 한다고 주장했다. 1980년대 끈 이론의 중요한 특징은 초대칭성을 갖는다는 점이었다. 초대칭성은 구체의 대칭과는 다른 개념으로 더욱 넓은 의미를 가진 개념이다. 회전 대칭성은 쉽게 설명하면 어떤 공간 구조에서 한 바퀴를 돌고난 이후 시작점과 도착점의 차이다.

스트로밍거의 주장은 칼라비-야우 공간과 끈 이론 사이의 중요한 연관성을 설명했다. 칼라비-야우 공간은 초대칭성의 요구를 만족하고, 칼라비-야우 공간에서 한 바퀴를 돌아 원점으로 돌아왔을 때 벡터량에 변화가 생기거나 차이가 발생할 수 있다. 이 두 가지 내용은 끈 이론을 연구하는 과학자들이 좋아하는 특징이다.

스트로밍거는 그 이후에 다시 프린스턴으로 돌아와 에드워트 위튼을 찾아갔다. 당시 위튼 역시 비슷한 이론을 정리 중이었다. 위튼과 스트로밍거를 포함한 네 사람은 1984년 정식으로 칼라비-야우 공간에 관한 논문을 발표했고, 이로써 칼라비와 야우싱퉁 등 인물의 연구 성과가 세상에 알려지게 되었다.

그럼 이제 칼라비-야우 공간이 어떻게 물리적 세계와 연결되는지 알아보자.

한 가지 가설은 축소된 차원(M이론 발표 이전에 과학자들은 우주에 10차원 공간이 있고, 그중 6차원은 말려 들어가 있다고 생각했다)에 칼라비-야우 공간이 펼쳐져 있고, 끈은 칼라비-야우 공간 사이를 여러 유형(미분기하학의 개념)으로 감아내고 있다는 것이다. 이러한 끈은 칼라비-야우 공간 속의 구멍을 한 번 혹은 여러 번 통과할 수 있다. 끈의 길이와 장력(선형 에너지 밀도라고도 부른다)의 곱과 입자의 질량, 끈의 진동과 입자 에너지는 서로 관련이 있다. 그 밖에도 자유도와 말려 들어가는 차원에도 연관성이 있다. 말려 들어가는 차원의 수가 높을수록 자유도도 높다. 모든 끈의 물리적 상태와 진동 상태를 표 하나에 정리하고 실제 입자와 비교해 보면 끈의 물리적 상태와 진동 상태가 최종 생성된 입자들과 어떤 관계가 있는지 알 수 있다. 이러한 관계가 실제 관측한 결과와 충돌하거나 모순이 생기지 않으면 이론이 성립한 것으로 본다.

또 다른 가설은 파동-입자 이중성을 핵심으로 시공간의 기하 구조가 입자에 대응하는 파동 상태에 어떻게 영향을 미치는가를 연구해 공간 구조와 입자 형태 사이의 관계를 찾아내는 것이다. 야우싱퉁은 저서 『휜, 비틀린, 꼬인 공간의 신비』에서 파도의 예를 들었다. [그림 10-13]처럼 좁고 얕은 만에서는 해저의 지형이 바다 표면에 치는 파도의 모양에 영향을 끼친다. 연안에 물이 얕은 지역에서도 큰 파도가 칠 수도 있는데, 이것은 대부분 해저의 지형에 기인한 현상이다. 마찬가지로 칼라비-야우 공간을 배경으로 하는 기하학 구조는 입자의 파동 형태에 영향을 줄 수 있다.

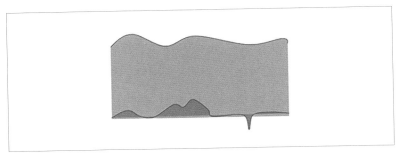

[그림 10-13]

칼라비-야우 공간과 현실 세계의 관계를 심도 있게 연구하려면 상당히 높은 수준의 수학적 기교와 입자 물리학에 대한 두터운 배경 지식이 필요하다. 학부생인 톰슨 역시 일부 내용을 이해하는 것으로 만족했다.

10.4
깊이 있는 탐구

끈 이론을 뒷받침하는 수학적 기반은 미분기하학이고, 물리적 기반은 양자 역학, 상대성 이론, 게이지 이론 등으로, 끈 이론의 최종 목표는 우주의 궁극적 이론으로 자리 잡는 것이다. 오늘날의 끈 이론은 20세기 초의 상대성 이론이 그랬던 것처럼 명확히 이해하는 사람이 드물고, 이론을 이해하기 위해서는 수학과 물리 방면에 꽤 깊이 있는 배경 지식이 요구된다.

10.4.1 개념의 탄생

1968년 이탈리아의 물리학자 베네치아노는 26살의 나이에 박사 과정을 졸업했다. 그는 π 중간자 간의 충돌 산란 진폭을 연구하다가 200년 전 오일러의 β 함수를 떠올렸다. 당시 아직 이름이 알려지지 않았던 베네치아노는 자신이 발견한 내용을 휴지에 대충 적어놓았는데. 이것이 바로 현대 끈 이론의 중요한 씨앗이 되었다.

1969년 시카고 대학의 난부 요이치로(2008년 노벨 물리학상 수상자) 등의 인물이 베네치아노 모형을 분석하며 우주를 구성하는 기본 구조는 미립자가 아니라 진동하는 현이라는 결론을 제시했다. 이러한 끈은 두 개의 반대 방향의 작용력에 의해 미묘한 평행이 유지된다. 하나는 끈의 양 끝을 잡아당기는 장력이고, 다른 하나는 끈의 양 끝을 분리시키는 가속력이다.

이러한 끈의 개념은 등장하자마자 큰 관심을 불러일으켰고, 1960년대 말부터 1970년대 초까지 학계의 가장 뜨거운 연구 주제였다.

10.4.2 수렁에 빠지다

1970년대 초, 끈 이론은 수많은 물리학자들의 관심을 받았다. 그들은 베네치아노의 초기 모형을 바탕으로 이론을 탐색하고 해석했다.

가장 초기의 끈 이론에 대응하는 시공간 차수는 무려 26차원이었다. 미국의 물리학자 멜빈 슈바르츠(1988년 노벨 물리학상 수상자)는 계산을 통해 바닥 상태(혹은 최저 에너지 상태)의 끈이 가상 질량(제곱이 음수)을 갖고 있다는 사실을 발견했는데, 이는 대응하는 입자 속도가 질량이 0인 광자보다 빠르다는 의미가 된다. 그러나 특수 상대성 이론에 따르면 세상에는 광속보다 빠른 입자는 없으므로 이 결론은 정확하지 않다.

더 중요한 것은 끈 이론은 주로 플랑크 척도 안에 있는 물질 구조를 연구하기 때문에 실험 과학을 적용하기 힘들고, 그렇기 때문에 끈 이론에서 제기된 관점은 실험을 통해 검증되기 힘들다는 점이다.

끈 이론이 이제 막 첫발을 뗄 무렵, 다른 한편에서는 강한 상호작용 이론을 설명하는 이론인 양자색역학(QCD)이 큰 성공을 거두었다. 양자색역학은 이론에서 예견한 쿼크의 존재가 실험실에서 실제로 증명됨으로써 각광을 받았고, 강한 상호작용에 관한 대표 이론으로 부상했다. 이러한 분위기에서 아직 걸음마 단계에 머물러 있던 끈 이론은 큰 주목을 받지 못하고 점점 더 깊은 수렁에 빠졌다.

10.4.3 1차 혁명

슈바르츠는 끈 이론의 초기 개척자로, '초대칭 이론'을 제시하고 '초대칭'의 개념을 끈 이론에 접목시키려고 시도했다.

초대칭 이론의 핵심은 모든 기본 입자들이 자신만의 초대칭 짝입자를 갖고 있다는 것이다. 페르미온에게는 보손이 있고, 보손에게는 페르미온이 있다. 이로써 기본 입자의 수량은 두 배가 된다. 또한 초대칭 이론은 표준 모형의 등급 문제나 대통일 이론의 상수 결합 문제를 해결할 때 사용할 수 있는 유용한 이론이다. 하지만 안타까운 것은 이 이론이 제기된 지 50년이 넘은 지금까지도 실험실에서 초대칭 짝입자를 발견하지 못했다는 사실이다. 2015년에 마지막으로 유럽의 대형 강입자 충돌기 LHC를 통해 초대칭 짝입자를 찾기 위한 실험이 진행되었지만 아무런 소득이 없었다.

1980년 슈바르츠와 그린이 함께 끈 이론과 초대칭 이론을 통일한 '초끈 이론'을 발표했다. 두 사람은 끈 이론 모형에 질량이 0이고 스핀이 2인 입자가 나타날 수 있다는 사실을 발견했다. 일반적으로 보손은 양의 정수로 나타나고, 여기서 광자의 질량은 0, 자기 스핀은 1, 기타 보손의 질량은 0이 아니다. 질량이 0이고, 자기 스핀이 2인 입자는 중력자의 후보가 될 수 있다.

끈 이론, 초대칭 이론은 주로 강한 상호작용력을 설명하는 데 사용되었는데, 끈 이론을 통해 강한 상호작용력을 설명하려고 할 때 실험 결과에 부합하지 않거나 결과가 무한대로 커지는 상황이 나타나기도 했다. 하지만 우연히 나타난 중력자를 통해 초끈 이론으로 중력을 설명할 수 있다는 사실을 발견했고, 중력을 설명할 때 무한대의 결과가 나타나지도 않았다.

상대성 이론과 양자 역학은 현대 물리학의 중요한 기반이다. 그중 상대성 이론은 거시적 현상을 설명하고, 양자 역학은 미시 영역을 설명하므로 두 이론은 하나로 통일되기 힘들다. 그런데 초끈 이론의 등장으로 미시적 관점에서 거시적 관점의 중력을 설명할 수 있게 되었다.

초끈 이론은 끈 이론과 비교해 다음과 같은 두 가지 중요한 발전을 이루었다.

(1) 초기 끈 이론은 쿼크 감금으로부터 출발했다. 주로 점진적인 자유 현상을 설명했고, 오직 진동하는 끈을 통해 쿼크 사이의 연결 효과를 해석했다. 다시 말해, 초기 끈 이론은 주로 강한 상호작용력의 전달자인 보손을 설명하고, 이러한 보손을 진동하는 끈이라고 상상한 것이다. 한편 초끈 이론은 페르미온을 이론의 틀에 포함시켰고, 이로써 모든 입자를 설명할 수 있게 되었다.

(2) 초기 이론에 대응하는 시공간은 무려 26차원으로, 끈 이론을 처음 창시한 사람조차 너무 높은 차원이라고 생각했다. 초끈 이론에서는 26차원을 10차원까지 끌어 내렸고, 이로써 수학의 복잡성도 훨씬 줄어들었다.

1984년 슈바르츠와 그린은 이론을 한 단계 더 보완했다. $SO(32)$대칭을 따르는 새로운 이론은 왜곡과 무한대의 상황을 피하고, 10차원 끈의 서로 다른 진동 방식으로 각종 입자를 얻을 수 있게 되었다. 앞서 게이지 이론을 공부하면서 $U(1)$, $SU(2)$에 대해 알아봤다. $SO(32)$는 더욱 높은 차원의 군으로, 아벨 군(교환 가능한 군)에 속한다.

군론은 끈 이론에 적용하면 문제를 해결하는 데 도움이 된다. 아주 복잡한 현상도 그의 동형 군을 찾아 분석하면 쉽게 해결할 수 있기 때문이다. 다시 말해, 수학에서 가장 간단한 $SO(32)$를 찾아 분석해 얻은 유용한 결론을 끈의 물리 현상까지 일반화할 수 있다는 의미다.

초끈 이론은 개념적으로 기존의 입자 이론과 자연스럽게 구별된다.

앞서 렙톤, 쿼크, 보손 등 입자의 종류가 61종에 달한다는 사실을 함께 확인했다. 과학자들의 목표는 간결하고 깊이 있는 법칙을 찾아내는 것이지만, 실험실에서는 점점 더 많은 기본 입자들이 발견되고 있고, 이러한 입자들을 설명하는 매개 변수들도 점점 더 복잡해지고 있다. 만약 하나의 표에 기본 입자들을 정리하면 이 표는 원소 주기율표보다 훨씬 복잡해질 것이다.

초끈 이론은 세상을 전혀 다른 관점으로 해석한다. 과학자들은 다양한 끈의 진동 방식에 따라 각종 기본 입자를 설명하는데, 이는 더욱 깊이 있는 시각으로 우주의 본질을 꿰뚫어 보려는 시도다.

우리는 단 7개의 음표와 몇 개의 음조만으로 수천수만 가지 아름다운 음악을 연주할 수 있다는 사실을 잘 알고 있다. 모든 음악은 자신만의 스타일이 있고, 음악마다 각기 다른 감정을 표현한다. 세상에 수없이 많은 음악들은 모두 단순한 음표와 음조의 조합으로 탄생한 것이다. 철학적인 관점에서 생각해 보면 복잡해 보이는 이 세계도 어쩌면 단지 진동하는 끈의 조합으로 이루어진 것인지도 모른다.

초끈 이론의 등장으로 끈 이론은 다시 한번 무대의 중심에 서게 되었다. 수많은 젊은 학자들이 네 가지 힘의 통일과, 상대성 이론과, 양자 이론을 통일한 궁극적 이론의 탄생을 기대하며 초끈 이론 연구에 참여했고, 다양한 이론 모형들이 잇따라 등장했다.

1985년 미국의 데이비드 그로스(2004년 노벨 물리학상 수상자), 제프 하비, 에밀 마티넥, 리안 롬이 공동으로 잡종 끈 이론을 발표했다. 이 네 사람은 프린스턴 대학교의 '현악 4중주'로 불렸다. 같은 해, 위튼 등 인물이 초끈 이론의 여섯 개의 초과 차원을 칼라비-야우 공간으로 축소해 넣어야 한다고 주장하면서 칼라비-야우 공간이 끈 이론 연구의 중요한 화두로 떠올랐다.

그 해에만 총 다섯 가지 이론 모형이 등장했다. 다섯 가지 이론 모형

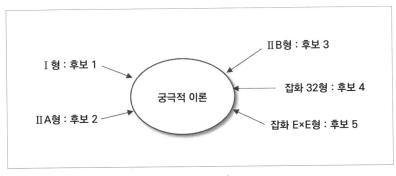

[그림 10-14]

은 [그림 10-14]에 나와 있는 것처럼 Ⅰ형, ⅡA형, ⅡB형, 잡화 32형, 잡화 E×E형이다. 이 다섯 가지 이론 모형의 방정식은 각기 다른 수많은 해에 대응하고, 각각의 해는 성질이 각기 다른 우주를 갖고 있다.

이처럼 다양한 초끈 이론 모형이 나올 수 있었던 이유는 이러한 모형들이 섭동 이론을 이용했기 때문이다. 6장에서 살펴본 '무한 퍼텐셜 우물'의 예시에서 알 수 있듯이, 양자 역학 방정식은 아주 특수한 상황에서만 해를 구할 수 있다. 한편 입자 물리학 및 끈 이론은 방정식의 차수가 높아질수록 점점 더 복잡해지기 때문에 이때는 섭동이라는 근사 방식을 사용한다. 고차원 방정식의 해를 구할 때는 먼저 1차 근사를 확인하고, 근사의 결과를 이용해 더 정밀한 결과를 구하는 경우가 많다.

위의 초끈 이론 모형 역시 섭동 이론을 이용해 방정식의 해를 구한 것이다. 하지만 사람마다 각기 다른 근사법, 즉 각기 다른 섭동 이론을 사용하기 때문에 끈 이론 방정식은 형태가 복잡하고, 방정식마다 차이도 크다.

그런데 자칭 궁극적 이론의 후보라는 이론들이 여기저기서 다양한 판본을 가지고 등장하자 지켜보던 사람들도 점점 미덥지 못하게 생각했다. 1990년대 초, 초끈 이론의 연구는 다시 한번 한계에 부딪혔고, 사람들의 관심도 조금씩 사그라지기 시작했다.

10.4.4 2차 혁명

20세기 초 상대성 이론과 양자 이론이라는 두 개의 중요한 기둥을 세운 물리학의 거물들이 세상을 떠난 이후, 당대에는 물리학계를 대표할 만한 위대한 인물을 찾기 힘든 상황이다.

1990년대 초, 위튼은 당시 등장한 다섯 개의 초끈 이론 모형에 대해 심도 있는 연구를 진행했다. 그는 수학적으로 모든 초끈 이론은 동일한 11차원 이론의 서로 다른 극한이라는 사실을 증명해냈고, 다섯 개의 초끈 이론 모형과 11차원 초중력 이론을 통일해 M이론을 만들었다.

[그림 10-15]는 다섯 개의 초끈 이론 모형과 M이론 사이의 관계를 나타낸 것이다.

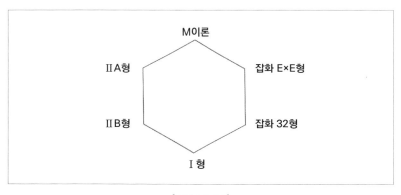

[그림 10-15]

위튼은 수학에 천부적인 재능이 있었다. 그는 1990년에 필즈상을 수상했고, 이로써 물리학계에서 유일하게 수학 분야의 최고 영예를 안은 인물이 되었다.

M이론은 일종의 비섭동 기반 위에 세워진 이론이다. 이 이론은 1차원 끈에 사실은 시간 차원이 숨어 있다는 사실을 발견했다. 숨어 있는 차원을 펼치면 2차원의 얇은 막이 형성되고, 새로 발견된 차원 덕분에

방정식에 섭동 이론을 적용하지 않고도 해를 구할 수 있다. 여기서 새로 발견된 1차원 시간은 시작과 끝이 없고 영원히 존재하는 허구의 시간이다.

M이론에 따르면 우주는 여러 층으로 이루어진 막의 형식으로 여러 층의 초공간에 위치해 있다. 인류가 관찰할 수 있는 공간은 사실 접을 수 있는 형태의 삼막체 공간에 존재하고, 나머지 7차원은 아주 작은 공간 속에 축소되어 있어 발견되지 않는다. 이러한 축소 과정을 콤팩트화라고 한다. [그림 10-16]을 살펴보자.

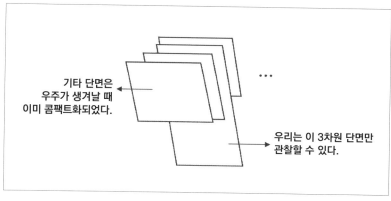

[그림 10-16]

M이론은 등장하자마자 블랙홀 연구 분야에서 큰 성공을 거뒀다. 스티븐 호킹의 블랙홀 연구에 따르면, 블랙홀은 우주에서 엔트로피가 가장 큰 존재다. 호킹은 통계 물리학과 양자 이론의 기본 원리를 결합해 다음과 같은 블랙홀 엔트로피 복사 계산 공식을 추론해냈다.

$$S = \frac{Akc^3}{4hG}$$

위의 식에서 S는 블랙홀의 엔트로피, A는 블랙홀 사건의 지평선 면적, k는 볼츠만 상수, c는 광속, h는 플랑크 상수, G는 만유인력 상수를 나타낸다.

M이론은 끈 장력과 끈 결합 상수의 관계에 따라 여러 종류의 브레인으로 나뉠 수 있는데, 그중 한 종류가 디클레이 브레인 혹은 D-브레인이다. 끈 이론 학자들은 D-브레인을 블랙홀, 즉 어떤 물질도 빠져나갈 수 없는 객체라고 해석했다. 열린 끈은 블랙 브레인 안에 숨겨져 있는 닫힌 끈이라고 볼 수 있고, 블랙홀은 7개의 콤팩트 차원의 블랙 브레인으로 구성되어 있다고 볼 수 있다. M이론을 바탕으로 계산한 블랙홀 엔트로피와 호킹의 공식은 완전히 일치했고, 이것은 M이론의 가장 큰 성과로 손꼽혔다.

10.4.5 새로운 발전

1995년 폴친스키는 수학에서 가장 심오한 학문인 대수 기하학, 범주론, 매듭 이론 등을 끈 이론과 결합한 D-막 이론을 발표했다. 이는 끈 이론의 새로운 판본 혹은 수학 구조로, 가장 큰 특징은 우주의 3차원 구조를 거대한 D-막으로 간주함으로써 현대 우주학 이론의 틀 안에 포함될 수 있었다는 것이다.

1990년대 말, 끈 이론에 ADD모형이 새롭게 등장했다. 이 모형은 현실 세계의 게이지 대칭 작용력(전자기력, 약력, 강력)이 D3-막에 속박되어 있는 반면, 중력은 속박되어 있지 않고 나머지 차원으로 새어나갈 수 있다고 생각해 중력과 나머지 세 힘의 차이가 그토록 큰 이유를 설명했다.

끈 이론은 이론 물리학의 뜨거운 감자다. 끈 이론은 계속 발전해 나가고 있고, 새로운 이론 모형들도 끊임없이 등장하고 있다. 이러한 이론 모형들은 각자의 세부적인 영역, 예를 들면 미시적 현상에 대한 해석이나 우주학의 신모형 등의 분야에 적용되고 있다. 하지만 아직까지는 실험이 뒷받침되지 않아 이론이 모형 단계에 머물러 있는 단계고, 각 모형마다 논리적 일관성을 가져야 한다는 것이 큰 숙제로 남아 있다.

10.4.6 가설과 검증

끈 이론은 이론의 대통일을 실현하고, 물질의 본질과 우주의 근원을 파헤친다는 점에서 위대한 이론으로 칭송받고 있다. 하지만 아무리 위대한 이론도 실험 검증의 과정을 거쳐야만 진리가 될 수 있는데, 끈 이론도 예외는 아니다. 끈 이론이 세상에 등장한 지 어느덧 50여 년의 시간이 흘렀다. 하지만 최근 10년 동안은 별다른 성과가 없었는데, 가장 큰 이유는 실험 검증의 난이도가 너무 높아서다.

끈 이론은 실험을 통해 진리로 거듭날 수 있기 위해 몇 가지 실험 가설을 세웠다.

첫 번째 가설은 분수 전하를 가진 입자의 존재다.

전자, 양성자는 각각 -1, 1의 전하를 띠고, 쿼크는 $\frac{1}{3}$, $\frac{2}{3}$의 전하를

띤다고 알려져 있다. 끈 이론에 따르면 세상에는 기이한 분수 전하를 가진 입자가 있으며 대응하는 전하는 $\frac{1}{5}$, $\frac{1}{11}$ 등이 있다. 만약 이렇게 기이한 전하를 찾을 수 있다면 끈 이론을 성립시키는 중요한 증거가 될 수 있을 것이다.

두 번째 가설은 초입자의 존재다.

우리가 알고 있는 입자에는 끈의 진동 방식에 따라 초대칭 짝 입자가 생겨나야 한다. 이러한 초대칭 짝 입자는 거대한 질량을 갖고 있는데, 아직까지 지구 혹은 지구 주변에서 발견되지 않았다. 현재 가장 첨단기기로 알려진 강입자 충돌기로 끈 이론 가설에 대한 검증을 시도해 봤지만 아무 성과가 없었다.

끈 이론이 연구하는 공간의 지름은 10^{-32}m를 넘지 않는데, 이는 원자핵보다도 훨씬 작은 크기다. 그러므로 사람이 끈 이론의 공간을 관찰한다는 것은 우주만큼 큰 사람이 지구상에 반지름이 머리카락의 백분의 일밖에 되지 않는 크기의 미생물을 관찰하는 것이나 다름없다. 이처럼 끈 이론이 연구하는 공간은 인류가 관측할 수 있는 한계를 벗어날 만큼 미세하다.

미시 세계에 대한 탐구는 주로 입자 가속기에 의존한다. 현재 세계에서 가장 규모가 큰 입자 가속기는 유럽의 대형 강입자 충돌기 LHC로, 여기서 생성된 양성자의 충돌 에너지는 $14\,TeV$에 다다른다. 하지만 아무리 큰 에너지도 최대 10^{-19}m 정도의 공간까지만 관측할 수 있을 뿐이고, 이것은 끈 이론이 연구하는 공간 크기와 여전히 10^{-13}m의 차이가 존재한다.

　이처럼 초소형 척도를 통해 돌파구를 찾는 것이 어렵다면, 초대형 척도에서 접근해 보기로 하자. 끈 이론 연구자들은 우주 대폭발 당시 생겨난 소수의 끈들이 우주와 함께 팽창되어, 수백억 년이 지난 오늘날 관측이 가능할 만큼 큰 척도로 진화했을 거라고 예견했다.

　과학자들은 주로 우주 마이크로파 배경 복사 그림에서 단서를 찾았다. 비록 마이크로파 배경 복사가 전반적으로 균일한 우주를 보여주지만, 여전히 미세한 온도 기복(10^{-5}급의 차이)이 존재하고, 이러한 미세한 차이도 은하계에서는 아주 중요하다. 그중 일부 차이가 우주 끈이 존재한다는 증거가 될 수 있기 때문이다. 마이크로 배경 복사 분포도는 과학자들에게 금광이나 마찬가지다. 2006년 노벨 물리학상은 존 매더와 조지 스무트에게 수여되었는데, 두 과학자는 1989년에 발사된 COBE 위성을 통해 우주 배경 복사의 흑체 형태와 이방성의 특징을 알아냈다. 세대를 거듭하면서 위성을 통해 얻는 우주 배경 복사도 역시 점점 선명해지고 있어 과학자들에게 더 많은 정보를 제공하고 있다.

　끈 이론 및 이후 탄생한 초끈 이론, M이론은 지난 50년 동안 꾸준한 연구와 발전을 통해 비교적 완전한 지식 체계를 갖추게 되었다. 그러나 이 이론은 여전히 연구 가치가 높고 수많은 해결 과제가 남아 있는 젊은 이론에 해당한다. 다만, 여기서 논의하는 내용은 물리학의 가장 궁극적인 문제들이고, 연구 대상은 10^{-35}급의 미세한 공간 안에 숨어 있기 때문에 단시간 내에 이론 물리학과 실험 물리학이 함께 발맞추어 나가는 것은 어려워 보인다.

미시 세계에 대한 관측 기술이 계속 발달하고, 끈 이론 연구가 꾸준히 진행되다 보면 언젠가 궁극적 이론의 후보군이었던 이론 모형들이 큰 빛을 발하게 되는 날이 올 것이다. 톰슨 역시 앞으로 끈 이론을 조금 더 집중적으로 공부해 보기로 마음먹었다. 그의 목표는 앞으로 실험 수준에 부합하고 검증이 용이한 가설을 찾아내는 것이다.

11장

앨런 구스와 함께
별이 가득한 하늘을
감상해 봅시다

진공의 신비

톰슨과 소피아는 어느덧 4학년이 되었다. 소피아는 벌써 인턴 실습을 나가고 있고, 톰슨은 물리학 연구에 더욱 매진하고 있다. 그는 이대로 계속 박사 과정까지 공부할 예정이다.

북쪽에 위치한 이 작은 도시는 아직 10월인데도 날씨가 꽤 추워졌다. 어디에선가 불어오는 차가운 바람이 나뭇가지들을 흔들었다. 학생들은 이제 모두 따뜻한 스웨터에 두꺼운 외투까지 걸치고 등교했다. 날씨가 추워지면 한 가지 무척 불편한 일이 있었는데, 그건 바로 물이 너무 차가워진다는 것이다. 수업 시간에 컵에 따뜻한 물을 한 잔 따라 놓으면 얼마 지나지 않아 금방 차가워졌다. 찬물을 마시려니 입안이 얼어붙는 것 같았고, 감기에 걸릴까 봐 걱정이 되기도 했다.

금요일에는 소피아도 인턴 실습을 가지 않고 학교에 왔다. 소피아가 가방에서 보온병 하나를 꺼내 톰슨에게 건넸다.

"날씨도 추워졌는데 이 보온병을 사용해 봐. 언제든 따뜻한 물을 마실 수 있을 거야."

보온병은 소피아가 인턴 실습을 해서 번 돈으로 톰슨에게 선물한 것이었다.

톰슨은 감동한 목소리로 소피아에게 말했다.

"정말 고마워."

톰슨은 이제 따뜻한 물을 마실 때마다 소피아를 떠올리게 될 것이다. 이 얼마나 좋은 선물인가!

톰슨은 보온병을 가만히 관찰하다가 보온병의 두꺼운 벽이 눈에 들어왔다. 두

꺼운 벽 중간이 진공으로 되어 있어 보온 작용을 하는 구조였다.

"진공하니까 생각난 건데, 너는 진공이 뭐라고 생각해?"

"진공? 그건 아무것도 없는 상태잖아. 수학에서는 0에 해당하는 개념이지."

소피아는 톰슨이 한 번씩 뜬금없이 던지는 질문에 이미 익숙해져 있었다.

"아, 그렇지. 수학에서는 0에 해당하는 개념이구나. 하지만 최근 연구 결과를 보면 진공이 완전히 비어 있는 상태가 아닐 수도 있다고 해. 0에 가까울 뿐이지, 완전한 0은 아닌 거야. 예를 들면, 0.01 정도인 셈이지."

톰슨이 진지하게 말했다.

"뭐? 0.01? 정말 신기한 발상이네."

소피아가 웃음을 터트렸다.

끓고 있는 진공

11.1.1 진공은 비어있지 않다

1654년 독일의 마그데부르크시에서 흥미로운 실험을 진행했다.

당시 마그데부르크의 시장은 황동으로 만들어진 두 개의 반구 껍데기에 고무링을 끼우고, 물을 채운 다음 하나로 합쳤다. 그다음 물을 빼내고 두 반구 사이에 진공 상태를 만들었다. 시장은 여덟 마리의 건장한 말들을 데려와 양쪽에서 반구를 잡아당겨 떼어놓게 했다. 시장의 명령이 떨어지자마자 말들은 줄다리기를 하듯 반구를 있는 힘껏 양쪽으로 잡아당겼다. 실험 결과, 말들이 아무리 힘을 써도 두 개의 반구는 떨어지지 않았다. 이 실험은 진공의 독특한 성질을 세상에 처음 알린 최초의 진공 실험이었다.

대기 환경에는 강력한 기압이 존재한다. 하지만 진공 환경에서의 압의 강도는 0이다. 우주 환경에서는 압력뿐만 아니라, 온도, 물질의 밀도 모두 0에 가깝다. 우주는 빛이 없어 칠흑같이 어둡고, 따듯한 열도, 물질도 아무것도 없다. 진공은 이름 그대로 비어 있는 상태를 의미한다. 오랫동안 사람들은 비어 있는 상태인 진공을 굳이 연구하려고 하지 않았고, 연구의 필요성도 느끼지 못했다. 진공은 비어 있는 무대 배경 같

은 것이었다. 지구 표면의 대기층은 진공이라는 바탕 위에 산소와 이산
화탄소 등의 분자들이 더해진 상태고, 이로써 대기층이라는 의미도 갖
게 된다. 지구의 대기층은 마치 0에 실수 하나를 더한 것 같은 결과다.
물론 0은 바로 진공을 의미한다. 그런데 진공은 정말 0의 상태일까?

양자 역학에는 불확정성 원리라는 개념이 있다.

$$\triangle p \times \triangle q \geq \frac{\hbar}{2}$$

위의 식에서 $\hbar$는 플랑크 상수($\frac{h}{2\pi}$와 동일), $\triangle p$는 운동량 변화량, $\triangle q$
는 위치 변화량을 나타낸다. 불확정성 원리는 물질의 운동량과 위치가
정확한 물리량이 아니라는 것을 보여준다. 이러한 불확정성은 미시 세
계에 진입한 이후 더욱 두드러진다. 불확정성은 일종의 기본 원리로 기
계의 정밀도와는 관련이 없다. 불확정성 원리는 다음과 같이 변환할 수
있다.

$$\triangle E \times \triangle t \geq \frac{\hbar}{2}$$

$\triangle E$는 에너지 변화량, $\triangle t$는 시간의 변화량을 나타낸다. 시간의 변
화가 아주 짧은 경우, 예를 들면 10^{-34}초라고 하면 단위 공간당 최소 1
줄의 에너지 변화가 생긴다. 시간의 변화가 더 짧아져 플랑크 시간으로
변한다면(10^{-43}초), 단위 공간당 최소 10억 줄의 에너지 변화가 생긴다.
불확정성 원리를 나타내는 식의 부호는 등호보다 크다. 이는 '최소'의

개념을 의미하는 것으로, 플랑크 시간 변화는 10억 줄보다 훨씬 큰 에너지 변화를 일으킬 수 있다는 의미다. 여기서 훨씬 크다는 것이 도대체 얼마나 큰 정도인지는 알 수 없다.

이러한 불확정성 관계는 입자의 존재 유무를 떠나 우주 전역에서 나타나고 있다. 진공 상태에서는 아주 짧은 시간 안에 거대한 에너지 변화가 일어날 수 있고, 거대한 에너지는 순간적으로 물질 입자로 변할 수 있지만 찰나에 사라진다. 허공에서 입자들이 갑자기 생겨났다가 또 갑자기 사라지는 현상은 냄비 안에서 바글바글 끓고 있는 국처럼 보이기도 하는데, 이러한 현상을 양자의 플럭투에이션이라고 부른다.

미시적인 플랑크 시간 척도에서 진공은 매 순간 격렬하게 요동치고 있는데, 이것은 진공이 비어있지 않다는 의미를 나타내기도 한다. 거시적인 척도에서 순간적으로 나타났다가 사라지는 물질 입자는 일반적으로 감지되지 않는다. 하지만 무수히 많은 우연은 필연을 탄생시키기도 한다. 즉, 극히 개별적으로 창조된 물질 입자가 짧은 시간 안에 사라지지 않고 남아있는 경우다. 이러한 효과는 진공에 입자가 생성될 가능성을 갖게 한다. 광활한 우주 진공 환경에서 이러한 입자의 생성 과정이 다량으로 발생하고, 오랜 시간에 걸쳐 진화해 입자의 응집이 이루어지면 가시적인 천체가 형성되기도 한다.

이것이 바로 무에서 유가 창조되는 과정이다. 비록 아주 작은 확률이지만 광활한 우주 안에서는 이처럼 아주 작은 확률을 가진 사건들이 매분 매초 일어나고 있다.

11.1.2 창조의 힘

우주는 약 138억 년 전 대폭발에 의해 탄생했다. 상식적으로 생각했을 때 폭발은 어느 한 지점에서 일어나는 사건인데, 사실상 우주 대폭발의 정확한 폭발 지점을 찾는 것은 불가능한 일이다. 과학자들은 우주 대폭발과 일반 폭탄의 폭발을 다른 것으로 본다. 우주 대폭발과 같은 폭발은 특정 공간에서 일어나는 폭발이 아니라, 공간 자체가 폭발로 인해 생겨난 것이다. 다시 말해, 대폭발 이전에 공간이라는 의미는 아예 존재하지 않았다. 소위 폭발 지점이라는 것은 존재하지 않기 때문에 이러한 지점을 찾으려는 시도는 의미가 없다.

특정 공간 안에서 폭발 지점을 찾으려는 시도는 의미가 없지만 어쨌든 최초의 폭발 지점은 존재하기 마련이다. 바로 이 공간의 크기가 없는 '점' 하나가 오늘날 우주의 모든 것을 만들어냈다. 이처럼 특별한 점은 우주 대폭발 특이점이라고 불린다. 1960년대 호킹과 펜로즈는 특이점에 대한 활발한 토론을 벌였다. 두 사람은 일부 적당한 조건만 만족시킨다면 초기 특이점이 발생한다고 정리했다.

공간의 척도가 극히 작을 때는 양자 이론이 우위를 점하게 된다. 불확정성의 원리에 따라 입자의 위치와 운동량은 동시에 정확한 측정이 불가능한데, 이러한 이론은 우주 초기의 모습을 설명할 때 지배적인 위치를 차지한다. 양자 효과가 있으면 특이점을 피할 수 있는 가능성도 보인다.

자, 이쯤 되면 머리가 슬슬 복잡해지기 시작할 것이다. 실제로 물리학 천재들조차 초기 우주가 양자 우주인지 상대론적 우주인지를 놓고 깊이 고민했다. 현재 주류적인 관점은 특이점을 아예 논하지 않는 것이다. 특이점의 존재 자체가 여러 가지 문제를 만들어내기 때문이다. 우주 탄생의 0초부터 지극히 짧은 임계 시간까지는 상대성 이론이 적용되지 않는다. 이 지극히 짧은 시간은 이론적인 논의가 불가능한 시간에 속한다.

임계 시간의 크기에 관해 물리학자들은 광속, 중력 상수, 플랑크 상수를 이용해 다음과 같은 식을 만들었다.

$$t_p = (\frac{Gh}{c^5})^{1/2} = 10^{-43}(초)$$

임계 시간은 플랑크 시간이라고도 불린다. 우주 대폭발 과정은 $t \rightarrow 0$, $E \rightarrow \infty$, 즉 지극히 짧은 시간(플랑크 척도) 동안 거대한 진공 잠재 능력이 집중 방출된 것이라고 이해할 수 있다. 질량-에너지 관계 $E = mc^2$에 따르면 에너지는 곧 물질로 전환된다. 그리고 수억만 년의 진화를 거쳐 우리가 사는 다채로운 세상이 만들어진 것이다.

이런 의미에서 보면 어쩌면 진공은 우주를 탄생시킨 창조의 힘이었는지도 모른다.

11.1.3 암흑 에너지

1929년 허블이 우주의 팽창 상태를 관측했고, 그의 관측 결과는 기존의 우주관을 완전히 뒤집기에 충분했다. 고전 물리학에서 우주의 천체 사이에는 만유인력이 존재하고, 이론적으로 봤을 때 서로 가까이 자리 잡고 있어야 한다. 하지만 허블의 관측 결과, 천체들은 서로 멀리 떨어져 있을 뿐만 아니라 멀어지는 속도도 점점 빨라졌다. 정말 이상한 일이 아닐 수 없었다. 과연 누가 우주에 가속 팽창할 수 있는 동력을 제공하는 걸까?

현대 우주학은 아인슈타인이 창시한 이후, 가모프(열 대폭발 이론 제시), 앨런 구스(팽창 이론 제시) 등의 인물들이 더욱 완비하고, 허블(우주 팽창 발견), 펜지어스와 윌슨(우주 마이크로파 배경 복사 발견)의 실험이 뒷받침되면서 표준 우주 모형으로 자리 잡았다. 표준 우주 모형에 따르면 우주 가속 팽창은 암흑 에너지에 일어난다. 암흑 에너지는 우주 전체의 68%를 차지하고, 나머지 27%는 암흑 물질이, 그리고 5%는 가시적인 물질이 차지하고 있다. 현재 우주의 가속 속도를 이용해 계산한 암흑 에너지 밀도($1\text{erg}=10^{-7}J$)는 다음과 같다.

$$u_{\text{암흑에너지}} = \rho_c \Omega_\Lambda c^2 \fallingdotseq 6 \times 10^{-9} \text{ergcm}^{-3}$$

위의 식에서, ρ_c는 임계 밀도, Ω_Λ는 우주학 상수, c는 광속을 나타낸다. 사실 이것은 굉장히 작은 에너지 밀도에 해당하지만, 우주가 끝없이 광활하다는 것을 고려하면 우주 가속 팽창을 촉진할 만큼 큰 힘을 발휘할 수 있다.

그런데 암흑 에너지는 과연 무엇일까? 암흑 에너지라는 이름이 붙은 이유는 과학자들이 이것이 어떤 에너지인지 알지 못했기 때문이다. 현재 암흑 에너지에 관해 확인된 정보는 다음과 같다.

(1) 빛을 내지 않는다.
(2) 압력 p가 $-\rho$에 근접하고, 0보다 작아(음수) 우주 가속 팽창을 촉진하다.
(3) 공간에 균일하게 분포되어 있다.

현재 암흑 에너지의 최적 후보는 진공 에너지다. 진공 에너지는 실제 존재하는 에너지고, 우주 공간에 분포되어 있는 에너지이기 때문이다. 한편, 진공 에너지의 밀도는 다음과 같다.

$$u_{진공} \fallingdotseq \frac{2c^7}{\hbar G^2} \fallingdotseq 10^{115}\text{ergcm}^{-3}$$

진공 에너지 밀도에 관해 일반적으로 최소 $10^{111}\text{ergcm}^{-3}$ 도달한다고 보는 계산도 있다.

진공 에너지는 암흑 에너지보다 120배 더 크다. 이는 진공 에너지가 어떤 음의 작용에 의해 상쇄될 수 있다는 의미이기도 하다. 이러한 음의 작용은 119배까지는 진공 에너지와 크기가 동일하고 120배에 이르러 차이가 발생한다. 차이가 생기는 부분에서 암흑 에너지가 생성되며 우주를 현재의 가속도에 따라 팽창시킨다.

이처럼 텅 빈 공간인 줄만 알았던 진공은 사실 우주를 창조하고, 우주의 가속 팽창을 촉진할 만큼 큰 힘을 숨기고 있을지도 모른다. 언젠가 인류가 진공 에너지를 사용할 수 있는 날이 온다면 핵융합보다 훨씬 크고 보편적인 에너지를 얻게 될 것이다.

11.1.4 만물은 모두 0이다

세상의 모든 수 가운데 가장 특별한 수는 뭐니 뭐니 해도 0이다. 0은 어떤 수와 곱해도 결과가 0이고, 어떤 수를 더해도 변하지 않는다. 더 중요한 것은 0은 모든 정수의 시작이라는 점이다. 0이 없으면 1이나 3, 나아가 무한대도 존재할 수 없다.

수학적인 관점에서 보면 0은 가장 중요한 수이고, 물리학적 관점에서 보면 0은 사물의 본모습과 비슷하다.

물질은 일반적으로 원자로 구성되어 있지만 사실 원자의 99.99%의 공간은 텅 비어 있고, 나머지 0.01%의 공간은 원자핵이 차지하고 있다. 그런데 이러한 원자핵 역시 중성자, 양성자로 이루어져 있고, 중성자와 양성자 역시 쿼크로 이루어져 있는 형태다. 현재 쿼크는 위 쿼크와 아래 쿼크 등의 구조로 다시 한번 나눌 수 있다고 알려져 있다. 그러나 이러한 위 쿼크와 아래 쿼크 역시 기술이 더욱 발달하면 다시 한번 더 작은 입자로 나눠질 수 있다고 믿고 있다. 만약 세상에 정말로 더 이상 나눠질 수 없는 기본 구조가 존재한다면, 구조의 부피의 합은 생략해도 무방할 만큼 미미할 것이다. 육안으로 볼 수 있는 물질은 사실 대부분의 공간이 비어 있고, 실제로 전체 부피가 0(혹은 0에 가깝다)이라고 봐도 무방하다.

질량의 관점에서 보면, 사실 질량이라는 것은 일종의 허구의 느낌으로 힉스 메커니즘 안에서 입자의 측정 가능한 양을 나타낸다.

지구에서 사람들이 느끼는 무게는 질량과 밀접한 관련이 있으며, 질량에 중력 가속도(9.8m/초^2)를 곱하면 무게를 얻을 수 있다. '무겁다', '가볍다'의 개념을 논할 때는 물체가 놓인 중력 환경과 고려해야 한다. 동일한 물체가 지구에서는 아주 무겁게 느껴지고, 달에서는 지구에서의 중량의 $\frac{1}{6}$밖에 되지 않으며, 심지어 우주 공간에서는 무게가 아예 느껴지지 않는다. 그러므로 무게에는 객관적이고 절대적인 지표가 존재하지 않고, 중력의 강약에 따라 달라질 뿐이다.

아인슈타인은 상대성 이론에서 중력이 일종의 기하학적 영향이라고 설명했다. 물질은 대체로 가장 긴 세계선을 따라 움직이고, 이로써 지구가 태양을 따라 공전하고, 달이 지구를 따라 공전하게 된다. 관련 내용은 상대성 이론에 관한 책을 찾아보면 더 자세히 알 수 있다. 다시 말해, 중력의 본질은 수치의 크고 작음이 아니라 기하학적 영향인 것이다.

지금까지 공간, 질량, 중력의 개념을 살펴봤다. 그럼 이제 시간에 대해 알아보자. 사방과 위, 아래를 우宇라고 하고, 과거와 현재를 주宙라고 한다. 뉴턴의 고전 역학에서는 절대적인 시공간이 존재한다고 여겼다. 즉, 절대적이고 어느 곳에서든 정확한 시간축이 존재한다고 생각한 것이다. 그러나 아인슈타인은 세상에 절대적인 시공간은 존재하지 않는다고 주장했다. 서로 다른 운동 좌표계와 서로 다른 중력 환경에서 시간은 각기 다른 속도로 흐른다. 극단적으로 블랙홀의 사건의 지평선에서의 시간은 완전히 정지해 있는 상태로 영원히 흐르지 않는다. 상대성 이론은 양자 이론과 더불어 20세기를 대표하는 물리학 이론이다. 상대성 이론의 등장으로 사람들은 시간에 대한 새로운 인식을 갖게 되었다.

사실 시간이란 인류가 임의로 만들어놓은 개념일 뿐이다. 지구에서의 시간 개념은 주변에서 일어나는 여러 가지 사건들의 인과 관계를 정리하는 데 큰 도움을 주지만, 먼 우주 공간으로 나가면 지구에서의 시간 개념은 아무 의미가 없어진다.

이러한 내용을 살펴보니 모든 것이 그저 '느낌'일 뿐, '객관적인 실재'가 아니라는 생각이 든다. 고전 물리학자들은 물질은 쪼개질 수 없는 기본 입자인 원자로 구성되어 있고, 질량, 중력, 시간은 객관적으로 존재하는 물질의 속성이라고 생각했다. 4장에서 살펴봤듯이, 고전 물리학자들은 현상이 곧 본질이라고 생각했다. 예를 들면, 회절과 간섭 현상을 보면 곧바로 파동을 떠올리는 것처럼 말이다. 현대 물리학에 이르러서야 사람들은 가속도, 운동량, 위치 등 매개 변수들이 측정 결과일 뿐이라는 사실을 인식했다. 이러한 이는 물질이 특정 조건에서 보여주는 측정 가능한 결과로, 물질의 완전한 모습을 보여주는 것은 아니다. 물질의 완전한 모습이 어떠한가에 관해서는 오늘날까지도 명확한 결론이 내려지지 않았다. 가장 간단한 전자를 예로 들어보면, 전자에 대한 일반적인 인식은 전량과 자기 스핀의 속성이 있다는 정도다. 그러나 전자 그 자체가 어떤 모양인지 아무도 알지 못한다.

만물은 하나다

11.2.1 0에 대한 고찰

앞에서 살펴봤듯이 0이란 결코 간단한 숫자가 아니다. 0인 것처럼 보이는 사물이 있다면 [그림 11-1]처럼 확대하고 또 확대하고, 늘리고 또 늘려서 살펴봐야 한다.

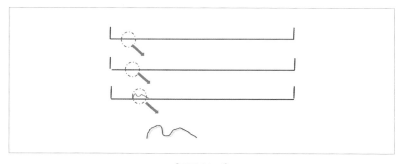

[그림 11-1]

처음에는 0인 것처럼 보이는 사물도 아주 자세히 관찰하거나, 기계의 힘을 빌려 크게 확대해 보면 결코 0이 아니라는 걸 발견하게 된다.

아주 오랜 시간 진공은 0이라고 생각해 왔다. 하지만 앞에서 설명했듯이 진공 상태에서 양자는 펄펄 끓는 냄비 속에 있는 것처럼 요동친다. 플랑크 척도에 무한대로 접근할 때 에너지 등락은 매우 거대한 수치가 나올 수 있으며 무수히 많은 등락 과정에서 입자를 새롭게 만들어 낼 확률도 있다. 다시 말해, 텅 비어 있는 진공에서 객관적 세계의 물질이 창조될 수 있고, 이러한 과정이 우주 곳곳에서 시시각각 일어나고 있다.

우주는 138억 년 전 대폭발을 통해 생겨났는데, 그 출발점은 바로 0이었다. 만약 138억 년 전으로 돌아가 보면, 그 당시 우주에는 시간도 공간도 아무것도 없었다는 것을 알 수 있다. 그러다 원인을 알 수 없는 대폭발이 일어나고, 오늘날 우리가 사는 다채로운 세상이 만들어졌다. 우주의 창조 과정은 진공 상태에서 물질이 만들어지는 과정보다 훨씬 더 위대하고, 연구 난이도도 높다. 우주 창조와 관련해서는 자료도 충분하지 않고, 이를 설명할 강력한 이론도 없다. 하지만 한 가지 확실한 것은 모든 것은 '0'(대폭발 특이점)에서 출발했다는 점이다.

11.2.2 하나에서 셋이 되다

0에서 하나가 생겨나는 과정을 이해했다면, 하나에서 셋이 되는 과정은 훨씬 쉽게 이해할 수 있다. 바로 자기 복제를 통해서다!

대자연은 게으른 면이 있어서 복잡한 물질을 구성할 때는 자기 복제의 방식을 사용한다. 사실 대자연은 물질을 구성할 때만 게으른 것이 아니다. 빛은 직선을 따라 움직이고, 물체는 세계선을 따라 움직인다. 최소 작용의 원리와 대칭성 역시 대자연이 어떻게 하면 더욱 간소화시킬 수 있을까 하는 생각에서 만들어진 게으른 법칙이다. 만약 평행 우주가 있다면 그곳의 자연 법칙은 더 복잡할지도 모른다. 하지만 과연 간단한 것과 복잡한 것 중에 어떤 것이 더 좋은 걸까? 판단은 여러분의 몫이다.

기본 입자는 자기 복제와 결합의 과정을 통해 복잡한 양성자와 중성자를 형성하고, 양성자와 중성자는 서로 결합해 원자핵을 형성한다. 비록 우주에는 수소, 헬륨, 탄소, 산소, 금, 은, 동 최소 100여 종의 다양한 원소가 존재하지만, 그들의 원자핵은 모두 양성자와 중성자로 구성되어 있다. 바꿔 말하면, 다양성을 자랑하는 원소의 본질은 사실 양성자와 중성자가 어떤 비율로 결합되어 있는지의 차이일 뿐, 모두 양성자와 중성자의 복제의 산물일 뿐이다.

원자는 자기 복제와 결합을 통해 복잡한 분자를 형성한다. 예를 들어, 두 개의 수소 원자와 한 개의 산소 원자가 결합해 물(H_2O)을 만들고, 한 개의 탄소 원자와 두 개의 산소 원자가 결합해 이산화탄소(CO_2)를 만든다. 이러한 결합은 액체 상태의 물과 기체 상태의 이산화탄소와 같이 서로 완전히 다른 형태의 물질을 만들어내기도 한다.

분자 역시 자기 복제와 결합을 통해 고분자 구조를 만든다. 고분자 구조가 일정한 정도까지 복제되면 세포와 같이 생명을 이루는 단위를 형성하고, 이로써 무기물에서 유기물이 되고 생명을 탄생시킨다.

세포는 자기 복제와 결합을 통해 최종적으로 복잡한 생명체를 형성한다. 세균 등 미생물과 같이 단순한 생명체들이나 몸집이 큰 동물이나 식물 등 복잡한 생명체, 그리고 인류와 같이 의식을 가진 고차원 생명체까지 모두 세포의 자기 복제와 결합을 통해 만들어진다. 생명체는 자라나는 과정에서도 자기 복제를 한다. 예를 들면, 꽃양배추는 자라는 과정에서 끊임없이 자기 복제를 한다. 모든 작은 구조는 상위 구조의 복제 결과이며 최종적으로 하나의 총체를 형성한다.

생명이 존재하는 형태 역시 알고 보면 '생로병사'의 자기 복제 과정을 거친다. 세상의 그 어떤 생명체든 수명은 유한하다. 생명체는 번식이라는 방법을 통해 유전 물질 DNA를 복제하고 이러한 DNA는 어머니 세대에서 자식 세대로 전달된다. 만약 어머니 세대에서 더 이상 전달이 불가능한 경우 자식 세대가 이를 이어 받아 과업을 완성한다. 이와 같은 생명의 복제와 순환은 벌써 수억 년을 이어져 왔고, 인류는 이러한 생명의 굴레를 벗어나지 못한다.

11.2.3 셋에서 만물이 나오다

하나에서 셋이 되는 과정의 핵심은 복제를 통해 단순한 무언가가 복잡한 무언가로 변하는 것이다. 셋에서 만물이 되는 과정에도 독특하고 오묘한 비밀이 숨어 있는데, 바로 '섭동'이다.

삼체와 같은 구조는 아주 작은 요동에도 거대한 변화가 일어날 수 있다. 삼체보다 더 복잡한 체계의 경우 섭동이 거대한 위력을 발휘한다.

'나비 효과'는 매 순간 일어나고 있으며, 작은 나비의 날갯짓이 시스템 전체를 전혀 다른 방향으로 이끌어갈 수 있다. 이러한 결과가 한편으로는 다양성을 선사해 우리가 사는 세상을 더욱 다채롭게 만들어주지만, 또 다른 한편으로는 자연선택과 진화를 불러온다. 여러 가지 가능성이 동시에 나타났을 때 당시의 환경에 적응하는 것은 더욱 크게 발전한다. 하지만 환경에 적응하지 못하는 것은 자연적으로 사라지게 되는데 이것이 바로 진화의 과정이다. 생물들의 체계뿐만 아니라 우주 체계에도 진화는 똑같이 적용된다. 입자의 탄생, 각종 매개변수의 진화, 우주 구조의 형성은 모두 진화의 결과물이다.

일부 과학자들이 주장하는 평행 우주에 대해, 만약 평행 우주가 실제로 존재한다면 그 역시 자연 선택의 결과라고 볼 수 있다. 처음에는 거의 비슷했던 두 개의 우주가 아주 작은 변수의 차이로 완전히 다른 방향으로 진화하게 되어 생긴 결과인 셈이다. 둘 중 우주의 진화에 더 적합한 쪽이 남겨지고, 부적합한 쪽은 사라지게 된다. 우리의 우주는 지난 138억 년을 꿋꿋이 존재해 왔으니 진화에 적합한 쪽에 속했던 것이 분명하다.

11.2.4 만물은 하나다

만물은 형태를 놓고 본다면 파동과 입자로 나눌 수 있다. 과학자들은 수백 년의 연구를 통해 최종적으로 파동과 입자는 하나라는 결론을 내렸다. 둘은 다만 어느 순간에는 파동의 속성을, 또 어느 순간에는 입자의 속성을 드러내는 것뿐이다.

차원의 관점에서 보면 만물은 3차원 공간과 1차원 시간 안에서 움직인다. 특수 상대성 이론에서는 시간과 공간이 서로 영향을 주고받으며 하나가 된다고 설명한다.

거시적, 미시적 관점에서 보면 거시적 사물은 상대성 원리가 적용되고, 미시적 사물은 양자 이론이 적용된다. 두 이론은 최종적으로 블랙홀의 특이점과 같은 기이한 사물을 설명할 때 서로 만나게 된다.

대칭성의 관점에서 보면 미시적 입자는 모두 서로 다른 차원의 대칭성 요구를 만족한다. 대칭성이 깨지면 약한 상호작용이 일어나게 된다. 우리가 느끼는 질량은 사실 대칭성이 깨짐으로 생기는 것이다.

과학 연구의 발전에 따라 사람들은 만물이 어떠한 형태를 띠든, 어떠한 차원에 놓여 있든, 또 어떠한 구조를 갖고 있든 결국에는 하나라는 사실을 발견하게 되었다. 여전히 수많은 과학자들이 대통일 이론을 연구하고 있고, 언젠가 하나의 이론으로 만물의 모든 작용을 설명할 수 있는 날이 오리라 기대한다.

그 후의 이야기

소피아는 조금 있으면 졸업을 하고, 톰슨은 학교에 남아 연구를 계속하기로 했다. 지난 4년 동안 두 사람은 함께 공부하고, 거의 모든 학교생활을 함께 하면서 서로의 존재에 너무나도 익숙해졌다. 그러나 모든 일에는 언제나 끝이 있는 법. 소피아는 이제 학교를 떠나 상아탑 밖에서의 새로운 인생을 시작하려 한다. 다행인 건, 소피아가 계속 이 도시에 머무를 예정이기 때문에 학교를 졸업하더라도 두 사람은 자주 만나 서로의 근황을 확인할 수 있을 것이다.

두 사람의 인생은 이제 막 시작되었고, 앞으로 어떤 길을 걸어가게 될지는 오로지 각자의 노력과 의지에 달렸다. 어쩌면 어느 순간 작은 나비의 날갯짓이 두 사람의 인생을 완전히 바꾸어 놓을지도 모른다. 하지만 자연 과학에 대한 톰슨과 소피아의 애정은 언제까지나 변치 않을 것이다. 이제는 두 사람은 캠퍼스 밖으로 나가 그동안 쌓은 지식을 세상에 적극 활용할 것이다. 두 사람의 앞날에 무궁한 발전을 기원하며 이 책을 마친다.

에필로그

이 책에 영감을 준 이론은 바로 리만 가설과 그 증명 과정이다. 리만 가설을 연구하며 순수한 수학이란 아무도 모르는 사이에 우리 생활 속에 스며들어 영향을 주는 것이라는 생각이 들었다. 리만 가설 외에도 진공 에너지, 질량의 생성, 대칭성의 응용 등을 공부하며 우리가 살아가는 세상이 결코 단순하지 않으며, 그 안에 정말 많은 이치가 담겨 있음을 깨달았다. 그리고 이러한 깨달음 속에서 이 책을 써야겠다는 결심을 하게 되었다.

나는 물리학이나 수학 분야에 종사하는 전문가는 아니다. 그저 고등학교 때부터 자연과학을 사랑한 아마추어 과학자일 뿐이다. 십 년 넘게 다른 일을 하면서 수학이나 물리학 분야에서 일해 보고 싶다는 생각을 꾸준히 해왔다. 내가 그동안 보고, 듣고, 느끼고, 연구한 모든 것들을 자연과학을 사랑하는 친구들과 함께 나누고 싶었기 때문이다.

이 책을 쓰는 과정에서 다수의 서적을 참고했다. 전문 과학자들이 쓴 책들 중에는 철학적으로 깊이 있고 수준 높은 내용을 다루는 책도 있었는데, 그들 중에는 일반 독자들이 어려운 개념과 공식을 이해하지 못할까 봐 에세이 형식으로 쉽게 풀어 쓴 것들이 많다. 그런데 어려운 내용을 쉽게 풀어 놓은 책들은 읽기에는 수월할지 몰라도 자칫 그 안에 숨어 있는 핵심 내용들을 놓치기 쉽다. 그래서 과학을 이해하기 위해 읽은 책들이 오히려 과학으로부터 멀어지게 할 수도 있다.

이 책을 쓸 때 참고한 또 다른 서적은 바로 대학 교재다. 이러한 교재들은 엄격하고 정확하며 내용면에서도 개념, 공식, 추론 그리고 결론에 이르기까지 완벽한 체계를 갖추고 있다. 이러한 책들은 물리학이나 수학의 개념을 이해하는 데 큰 도움이 되었지만 한편으로는 한 권의 책을 이해하기 위해 기초 지식이 담긴 기본서들을 최소 세 권 이상 읽어야 한다는 번거로움도 있었다. 그래서 해당 분야를 전공과목으로 공부하지 않는 사람들은 읽기 힘든 책들이다.

이 책은 두 가지 유형의 중간쯤 위치해 있는 책이다. 어렵고 복잡한 물리학과 수학의 개념을 이해하기 쉬운 용어와 그림 등을 이용해 설명하고, 과학과 대중의 거리를 좁히기 위해 노력했다.

나 또한 20세기에 등장한 위대한 물리학 이론들이나 현대에 등장한 새로운 이론들에 대해 모든 내용을 완벽히 이해하고 있는 것은 아니다. 게다가 전 세계적으로 뛰어난 능력을 가진 전문가들이 과학 이론의 수준을 계속해서 더 높은 차원으로 끌어올리고 있는 상황에서 이 책은 자연 과학의 일부 개념과 위대한 과학자들의 업적을 가볍게 다루고 있는 정도다. 이 책을 읽으면서 특별히 흥미롭게 읽은 부분이 있거나 더 깊이 이해하고 싶은 내용이 있다면 언제든 자유롭게 생각을 나눠주기를 바란다.

[참고 문헌]

[1] B.A 슘 : 딥 다운 씽즈– 숨막히게 아름다운 입자물리학의 세계 [M]. 베이징 : 칭화대학출판사, 2016

[2] 루창하이盧呂海 : 리만 가설 만담– 수학의 절정에 오른 천재 [M]. 베이징 : 칭화대학출판사, 2016

[3] 징샤오공井孝功 자오용팡趙永芳 : 양자 역학 [M]. 하얼빈 : 하얼빈공업대학출판사, 2012

[4] 차오톈위안曹天元 : 신의 주사위가 던져졌다– 양자 물리학의 역사 [M]. 베이징 : 랴오닝교육출판사, 2011

[5] B.A 루드니크 : 알기 쉬운 양자 역학[M]. 베이징 : 과학출판사, 1979

[6] P.C.W 데이비스 : 슈퍼 스트링– 모든 것의 이론[M]. 베이징 : 중국대외번역출판공사, 1994

[7] 야오 싱퉁, 스티브 나디스 : 휜, 비틀린, 꼬인 공간의 신비 [M]. 창사 : 후난과학기술출판사, 2018

[8] 브라이언 그린 : 엘러건트 유니버스[M].창사 : 후난과학기술출판사, 2002

[9] 위윈창俞允強 : 상대성 이론 개론[M].2판. 베이징 : 베이징대학출판사, 1997

아인슈타인과 논쟁을 벌여 봅시다

펴낸날 2024년 10월 20일 1판 1쇄

지은이 후위에하이
옮긴이 이지수
감수자 천년수
펴낸이 김영선
편집주간 이교숙
책임교정 나지원
교정·교열 정아영, 이라야
경영지원 최은정
디자인 박유진·현애정
마케팅 신용천

펴낸곳 미디어숲
주소 경기도 고양시 덕양구 청초로 10 GL 메트로시티한강 A동 20층 AA-2002호
전화 (02) 323-7234
팩스 (02) 323-0253
홈페이지 www.mfbook.co.kr
출판등록번호 제 2-2767호

값 24,800원
ISBN 979-11-5874-232-4(03420)

(주)다빈치하우스와 함께 새로운 문화를 선도할 참신한 원고를 기다립니다.
이메일 dhhard@naver.com (원고투고)